미국의
6 · 25
전쟁사

왜, 비긴 전쟁으로
마무리할 수밖에 없었을까?

미국의 6 · 25전쟁사

왜, 비긴 전쟁으로 마무리할 수밖에 없었을까?

2015년 5월 29일 초판 1쇄 발행
2023년 4월 30일 초판 2쇄 발행

지은이 정길현 | **펴낸이** 이찬규 | **펴낸곳** 북코리아
등록번호 제03-01240호 | **전화** 02-704-7840 | **팩스** 02-704-7848
이메일 sunhaksa@korea.com | **홈페이지** www.북코리아.kr
주소 462-807 경기도 성남시 중원구 사기막골로 45번길 14
　　　우림라이온스밸리2차 A동 1007호
ISBN 978-89-6324-428-0 03390

값 17,000원

미국의 6·25 전쟁사

왜, 비긴 전쟁으로
마무리할 수밖에 없었을까?

정길현 지음

북코리아

김일성, 탱크, 피난, UN군, 인천 상륙, 공중폭격, 고지전, 전사, 포로, 휴전…….

이러한 6·25전쟁(이하 '한국전쟁'과 혼용함)의 파편들은 길고도 험했던 역사의 흔적으로 우리의 의식 속에 아직까지 어지럽게 흩어져 있다. 한편 북한 핵, 대남 전략, NLL, 전시작전권 등 분단의 현실에서 해결되지 못한 난제들은 이 땅에 6·25가 아직 끝나지 않은 전쟁임을 입증하고 있다.

많은 연구자들이 이 흩어진 조각들을 하나의 퍼즐로 맞추기 위해 6·25전쟁을 연구하고 늘 새롭게 조명해왔다. 그러나 한국전쟁의 배경과 영향 등에 관한 국제정치학적 연구의 성과에도 불구하고, 정작 전쟁 수행과정의 실재(實在)에 관한 군사전략적 접근의 연구는 미비한 실정이다. 가장 중요한 퍼즐 조각 하나를 미지의 영역으로 남겨놓고 있는 것이다. 이 책은 이러한 문제의식에서부터 시작했다.

따라서 이 책은 일본 도쿄에 위치했던 UN군 사령부의 군사전략과 한국전쟁 수행 경과에 초점을 맞춰 6·25전쟁 전반을 객관적으로 살펴봄으로써 전쟁(戰爭)의 실체에 대한 이해와 교훈을 얻는 데 역점을 둔 것으로, 벌써 60여 년이 지난 현재의 시각에서 관련 국가 혹은 인물을 비평하거나 이념적 대립을 조장하기 위한 책이 아님을 밝혀둔다.

'천안함 사건' 이후인 2010년 7월 9일, 미 항공모함 조지워싱턴호가 한 · 미 합동훈련을 목적으로 서해에 진입하려 하자 중국 정부는 자국의 안보가 위협을 받는다는 이유로 반대했다. 2013년 10월, 조지워싱턴호가 한 · 미 · 일 해상훈련을 위해 부산항에 입항하자, 북한군 총참모부는 "조선 인민군 각 군종, 군단급 부대들에게 작전계획을 점검하고 즉시 전투에 진입할 수 있는 동원태세를 유지하라"는 긴급지시를 하달했다. 미 항공모함의 능력이 과연 어느 정도이기에 중국의 안보를 위협하고, 북한군이 동원태세를 발령했을까?

조지워싱턴호는 2기의 원자로를 가동하여 그 동력으로 움직이는 9만 7,000톤급 핵 추진 항공모함이며, 비행갑판은 폭 92m 길이 360m로 축구장 3개를 합친 정도의 크기이고, 마스트까지는 81m로 아파트 20층 정도의 높이이다. 항모비행단은 슈퍼호넷(F/A-18E/F) 전폭기 5개 비행대, 호크아이(E-2C) 조기경보기, 전자전기(EA-6B), 스호크(SH-60F) 대잠초계헬기 등 최신예항공기 60여 대로 편성되어 있다. 또한 항모전단은 항공모함을 중심으로 이지스 대공방어시스템과 사거리가 2,500km에 달하는 미사일을 장착한 순양함 및 구축함 7척, 핵 잠수함 4척 그리고 각종 보급함과 지원함으로 구성되어 있기 때문에, 항모전단의 전체적인 능력은 웬만한 나라의 군사능력을 초과한다. 때문에 조지워싱턴호는 미국의 세계전략을 구현하는 상징으로서, "떠다니는 군사기지"라 불린다.

항공모함 전단이 한반도 해역에 처음 들어와 북한 및 중국에 영향을 끼친 것은 6 · 25전쟁 때의 일이다. 당시 미 제7함대는 필리핀에 기지를 두고 있었지만, 미 대통령 트루먼이 참전을 결심하자 즉각 출동하여

1950년 7월 3일 미명에 한반도 서해에 그 위용을 드러냈다. 그리고 곧 미 항공모함 밸리 포지(Valley Forge)호의 함재기 F4U 및 AD기 28대가 평양 비행장을, 영(英) 항공모함 트라이엄프호의 함재기 21대가 해주 비행장을 공습함으로써 제공권을 장악하게 되었고 극동해군은 동ㆍ서해안을 봉쇄했다. 이후 한국전쟁 기간 UN군의 항공모함은 총 22척이 참전했는데, 동서해 상에서 최대 7척의 항공모함이 동시간대에 작전을 수행하여 공중과 해상에서 완벽하게 포위하였다.

　미국의 지상군이 적시에 전개할 수 있었던 것도 해상통제를 바탕으로 한 해상수송능력 때문에 가능했다. 일본에 전개해 있던 사단들은 3-4일, 미 본토의 사단들이 태평양을 횡단하여 한반도에 투입하는 데는 보름이 조금 더 걸렸다. 또한 미국이 한반도에 수송한 전쟁물자는 월평균 88-140만 톤이었는데, 140만 톤이라고 하면 이를 20톤 차량 7만 대에 나누어 실었을 때에 서울-부산 간 경부고속도로 왕복 8차선을 가득 메우고도 남는 양이다.

　미국의 군사력은 제2차 세계대전을 마무리하면서 이미 세계 최강의 반열에 올라 있었다. 1950년 당시 우리 군의 총참모장과 일선 사단장들의 평균 나이가 30세였음에 반해, 한국전쟁을 지휘했던 맥아더 극동군사령관과 미 제8군사령관, 극동해군 및 극동공군사령관, 제7함대 사령관의 나이는 평균 60세로 모두 제1차 세계대전과 제2차 세계대전을 경험한 역전의 노장들이었다.

　북한군이 서울을 3일 만에 점령하고 T-34 탱크를 앞세워 경부가도를 질주하고 있던 1950년 7월 초, 도쿄의 극동군사령부가 증강된 1개 대대 규모를 먼저 투입한 것은 북한군이 미군과 조우하게 되면 전쟁을 포기할 것이라는 우월적 자신감 때문이었다.

이후 미군은 UN군의 주력으로 3년여를 싸웠지만 52만 8,083명의 인명피해를 입고, 항공기 2,150대를 잃은 채, 지금의 휴전선에서 '비긴 전쟁'으로 마무리할 수밖에 없었다. 역전의 노장들이 우세한 무기체계와 압도적인 군수지원 하에서 공산군(북한군 또는 북한군+중공군)과 비길 수밖에 없었던 이유는 무엇일까?

우리가 이러한 질문을 통해 한국전쟁을 재조명해보아야 하는 이유는 다음과 같다.

첫째, 한국전쟁은 최소 20개국이 참전한 국제전이었고, 미국은 전쟁 전반의 흐름을 주도하고 마무리한 주역이었기 때문이다. 미국은 즉각 참전을 결정했고, 트루먼 대통령은 UN의 집행대리인으로서 UN군을 편성하고 전쟁을 지도했다. 그리고 미 제8군사령관의 진출 통제선 '캔자스'는 지난한 전투와 교섭을 거쳐 오늘의 휴전선이 되었다.

둘째, 미 행정부의 전쟁정책과 UN군사령부를 겸했던 극동군사령부의 군사작전 수행을 이해함으로써 6 · 25전쟁 전반에 대한 해석이 가능하기 때문이다. 예컨대 NLL이 군사분계선인가, 미군이 일방적으로 그은 통제선인가에 대한 논란은 휴전 협정문의 자구적 해석만으로 논쟁을 잠재울 수 없으며, UN군의 한국전쟁 수행과정을 총체적으로 들여다볼 때 그 진실을 쉽게 판명할 수 있을 것이다.

셋째, 지나간 역사의 교훈을 되새겨 미래의 안보위협에 대비해야 하기 때문이다. 우리 안보의 근간인 '한 · 미동맹'은 한국전쟁 수행과정에서 태동되었으며, 당시 미군의 한반도 전개, 육 · 해 · 공 합동작전, 연합작전 체계 등은 현재의 군사작전 구상과 계획발전의 모델이 되기에도 충분한 근거를 제공한다.

독자 제위들께서는 한국전쟁을 지휘한 '극동군사령부'가 미 행정부의 전쟁정책(전쟁의 정치적 목적)을 어떻게 이해하고, 주어진 군사력을 어떻게 운용했는지 장별로 주어진 질문에 대한 답을 찾아가며 정독하길 바란다.

2

이 땅에 다시 전쟁의 참화가 번지는 것을 막기 위해서는 국민들이 깨어 전쟁의 실체를 이해하고, 평화를 위하여 전쟁에 대비해야 한다는 의지가 충만해야 함을 덧붙이고 싶다.

부산시 교육청은 2014년 6월 '이달의 책'으로 『10대와 통하는 한국전쟁 이야기』를 선정하여 11개 도서관에 비치했다. 그러나 그 책의 내용 중에는 "북한군이 점령지역의 집집마다 식량을 조사하고 이를 뒤져내 마을의 굶은 사람에게 나눠주었다"고 미화하거나, "민간인의 희생을 야기한 미군의 폭격은 국제법 위반"이라는 어린아이의 투정 같은 비평이 산재한다. 이는 일반 국민도 아닌 공무원들조차 한국전쟁의 본질이 무엇인지 알지 못하고 있다는 사실을 적나라하게 보여주는 사례다.

클라우제비츠(Clausewitz)는 일찍이 전쟁의 삼위일체성을 '정치가, 군대, 국민'이라고 갈파했지만, 민주주의 국가에서 국가안보의 근간은 국민이다. 왜냐하면 국민의 뜻을 살펴 정치가가 정책을 결정하고, 군은 그 정책의 범주 내에서 군대를 양성하고 전쟁의 수행방법을 결정하기 때문이다.

최근 계속되는 군의 사고와 방위산업 비리 등으로 말미암아 군에 대한 염려와 비판 수위가 높아가고 있다. 물론 군 스스로도 문제 해결을 노력 위해 노력해야 하지만, 군을 변화시켜나가는 근본적인 주체는 국민이

어야 한다. 국민이 전쟁을 이해하고 바람직한 군의 모습을 요구할 때 군대는 건강한 모습으로 다시 태어날 수 있을 것이며, 고가의 무기체계 구입이나 양병(養兵)을 위한 국방비 집행 또한 국민적 관심과 평가로 말미암아 투명성과 효용성이 높아질 수 있을 것이기 때문이다.

3

이 책의 출판까지에 이르는 여정에서 여러 친구와 선후배님들의 도움이 있었다. 특별히 올곧은 군인의 본보기가 되어주셨던 박홍렬 연대장님, 전투와 전술의 과학성을 일깨워주신 백남환 사단장님, 전략과 작전술의 심오함을 작전계획 수립과 군사연습의 실재에서 가르쳐주신 김병관 사령관님, 늦은 나이에 박사논문을 작성하면서 포기할 뻔했던 순간까지 정성껏 지도해주시고 채워주신 함택영 교수님, 그리고 국가 안위에 대한 열정에 공감하여 출판을 결심하고 적극 협력해주신 북코리아 이찬규 사장님과 기꺼이 감수를 맡아준 삼성테크원 마호명 부장에게 깊은 감사를 드린다. 아울러 동반자로 섬겨준 아내 조원자, 사랑하는 한결이와 석훈이가 아름답게 성장해줘서 큰 힘이 되었음에 고마움을 전한다.

이 책을 37년간 군복을 입게 해준 자랑스러운 대한민국과, 미래 안보의 주체인 국민, 어떠한 위기와 전쟁에도 직접 대비해야 하는 군의 후배들에게 바치면서, 특별히 군대가 변화하는 환경에 능동적으로 대처하기 위하여 공부하며 치열하게 토론하는 문화가 장교단 내에 싹트길 소망한다.

차례

미국이
한국전쟁을
주도했다

대한민국의 국민이라면 누구나 '6·25전쟁'을 알고 있다고 말한다. 하지만 '스탈린의 사주하에 김일성이 주도한 남침전쟁'이었다는 이념 논쟁의 결말 이외에 실제 전쟁이 어떻게 진행되었으며, 어느 나라의 군대가 어떤 무기로 어떻게 싸웠는지를 묻고 따지는 사람은 많지 않다. 참전 용사들의 조촐한 기념식마저 세간의 뉴스가 되지 못하고, 한국전쟁의 쓰라렸던 상처와 현대사의 교훈도 국민들의 관심 밖으로 밀려나고 있다. 왜 그럴까? 필자는 이러한 현상의 주요한 원인으로 다음의 세 가지를 꼽는다.

첫째, 1953년 7월 27일 정전협정이 체결되고 60년이 지난 지금까지 우리는 남북분단과 대결의 특수 상황 하에서 한국전쟁의 책임에 관한 이념 논쟁, 관련국가의 정치적 의도와 역할 등에 관한 논의에 집중해왔기 때문이다.[1] 이는 국제정치적 시각의 분석이 주를 이룬 것으로, 전쟁은 곧 정치의 연속이며 군사는 정치적 목적을 구현하는 수단일 뿐이라는 일견 논리적 타당성에 근거한 것이었다.[2] 그러나 이와 같은 국제정치적 분석만으로는 전쟁이 실제로 어떻게 진행되었으며 미래 국가안보를 위해 되새겨야 할 교훈이 무엇이었는지 제대로 분별할 수 없는 일이었다.

둘째, 그간의 논의는 한국전쟁은 '우리의 전쟁'이라는 시각에서 접근했다. 따라서 '6·25사변', '6·25동란', '한국전쟁', '6·25전쟁' 등 시대별로 정치적 해석을 달리한 명칭을 사용했을 뿐 전쟁의 실재(實在)에는 관심이 적었다. 한국전쟁은 북한군의 기습남침으로 시작되었지만, 3년여의 전쟁 기간에 북한과 소련 및 중국군, 한국과 16개국으로 편성된 UN군 등 총 20개국의 군인들이 참전하여 힘들게 싸운 국제전이었다.

UN군의 전쟁 수행 전략(戰略)을 누가 기획했으며, 전쟁 지도와 전략적 결심을 누가 했는지의 관점에서 보면 그 한국전쟁의 주인공이 우리가 아닐 수도 있다는 점을 인정할 때, 비로소 전쟁 수행과정 전반에 대한 객관적인 이해가 가능해진다.

셋째, 우리의 전쟁이라는 인식의 연장선상에서 한국전쟁을 지상군 전투 위주로 해석했기 때문에, '한국전쟁' 하면 낙동강 방어선, 1·4 후퇴, 백마고지 전투, 전사자, 포로, 휴전선 등이 연상될 수밖에 없었다. 그러나 실제로 한국전쟁에서는 한반도의 동서해 상에 수 척의 항공모함이 전개한 상황에서 평균 1,200대의 UN군 항공기가 공중작전을 계속했다. 공산군 측의 공군력도 계속 증강되었고, 1951년 10월 23일에는 UN군 항공기 100여 대와 공산군 MiG기 150여 대가 압록강 남쪽 상공에서 전쟁 사상 치열한 공중전을 치렀으며, '북한 지역 비행장 복구'는 휴전교섭의 중요한 의제였다.[3] 당시 우리 해군력과 공군력이 미약했다고 하지만, 해군과 공군작전을 포함한 입체적인 전쟁 수행과정에 대한 분석 없이 한국전쟁을 이해하는 것은 불가능하다.

대한민국의 국민이 한국전쟁 수행과정을 제대로 이해하지 못하고, 우리 군(軍)이 한국전쟁에서의 교훈을 세심하게 분석하여 미래의 안보위협에 대비하지 못한다면, 그 처절했던 역사적 경험은 무용지물이 되고 말 것이다. 한국전쟁은 과거의 역사이자 정전체제, NLL, 북한 핵문제 등 외교안보적 현안의 뿌리이고, 미래의 위기상황을 예견할 수 있게 할 지혜의 보고이다. 그러므로 한국전쟁은 '아직도 끝나지 않은 전쟁'이다. 따라서 보다 새로운 시각에서의 연구가 계속되어야만 한다.

한편 '한국전쟁'이라는 산은 높고 방대하다. 미 연방의회도서관(library of congress)에는 한국전쟁에 관한 각종 기록물과 웹페이지를 제외하고도 5,456권의 장서가 있다. 한국전쟁은 정치, 군사, 외교, 경제, 심리, 이념, 문화 등 다양한 시각에서의 연구가 필요하고, 군사 분야도 전략, 동맹, 연합작전, 작전술, 전술, 무기체계, 군수, 전쟁 지도 및 지휘, 군사사상, 전장

심리, 포로, 민군작전, 전사상자 처리 등 다방면에서의 접근과 심층적 분석이 요망된다.

본서는 위와 같은 이유에서 우선 한국전쟁의 큰 줄기를 새롭게 정리하기 위한 군사전략적 수준의 연구 결과이다. 군사전략적 수준의 연구는 참전 국가가 어떤 정치적 목적을 가지고, 어떠한 규모와 성격의 군사력을 투입하여, "군사작전을 어떻게 수행했는지(how to fight)" 전쟁의 실재를 체계적으로 분석하는 데 집중한다. 이는 정책과 의도가 사실관계의 확인이 어려운 비밀이지만, 실제 군사작전은 그 정책과 의도가 행동으로 드러난 결과이자 역사적 사실이기 때문이다.

미국이 한국전쟁을 주도했다

북한이 기습적으로 남침하자 미국은 김일성의 예상과 달리 개전 이틀째인 6월 26일 즉각 개입하였으며, 1950년 7월 7일 UN 안전보장이사회가 채택한 'UN군사령부 설치에 대한 결의안 제84호'에 근거하여 한반도 분쟁문제 처리를 위한 UN의 '집행대리인(executive agent)'이 되었다. 이후 한국전쟁은 UN 사무총장이 아닌 미 대통령의 지도 및 지휘하에 수행되었는데, 미 행정부의 정책 및 전략지침은 훈령으로 극동군사령관에게 하달되었다.[4]

한국전쟁은 실제로 미국이 주도한 전쟁이었다. 미 행정부는 연병력 178만 9,000명을 파병함으로써 한국전쟁 기간 중 UN군 지상군의 50.3%, 해군의 85.9%, 공군의 93.4%가 미군이었다. 인천상륙작전의 화려한 성공 이후 38도선 돌파, 중공군 참전 이후 '휴전' 정책의 모색, 현 휴전선 설정의 배경이 된 캔자스-와이오밍 선, 휴전교섭 정책과 전략 등 모

든 중요 국면의 결정은 미 행정부의 몫이었다. '미국이 주도한 한국전쟁'
이라는 관점에서의 연구는 한국전쟁이 미국의 전쟁이라는 주장이 아니
라, 미 행정부가 한국전쟁을 어떻게 이해하고 군사작전을 수행했는지를
주목하고자 하는 것이다.

　당연히 미국은 자국의 국가 이익에 근거한 정책과 세계전략의 차원
에서 한국전쟁을 수행했다. 〈그림 1〉과 같이 UN군을 총지휘한 극동군
사령관의 지휘소는 도쿄(東京)였으며, 극동공군 등 주요전력과 군수지원
부대는 일본에 전개되어 있었다.

　일반적으로 군대 지휘소는 작전지역 후방에 설치된다. 군사교리적 측
면에서 지휘소의 위치가 전쟁 수행의 공간적 범위를 의미한다고 보면,
UN(극동)군사령관은 한국전쟁의 승리를 위해 매진한 것이 아니었다. 그
런 연유에서였는지 몰라도 한국전쟁사의 주역이었던 맥아더 장군은 하

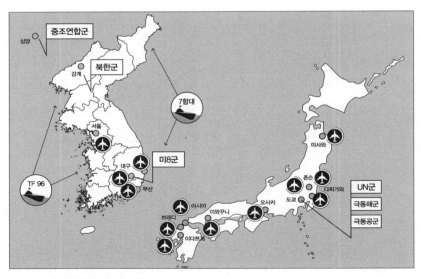

그림 1 UN군사령부 및 주요전력 배비(1950. 11. 1)
출처: 퍼트렐(Robert Frank Futrell), 『한국전쟁에서의 미 공군전략』, p. 200 참조 재구성.

　　　　　　　　　　　　　　　　　　미국의 6·25전쟁사

룻밤도 한국 땅에서 머물지 않았다. 다시 말하면 한국전쟁을 총지휘한 UN(극동)군사령관은 일본 도쿄에서 미국의 세계전략, 최소한 미국의 아시아 전략의 일환으로 "한반도 전구작전"을 수행했던 것이다.

미국의 한국전쟁 수행을 보다 자세히 들여다보면, UN(극동)군사령관은 자신에게 주어진 임무와 미국의 국가이익을 위한 전쟁을 수행했기 때문에 한국 국민의 관점이나 기대와는 다를 수밖에 없는 전쟁을 수행했다. 우선 UN(극동)군사령관은 자신에게 부여된 첫 번째 임무가 '일본의 방위'라고 여겼다. 예컨대 1951년 8월 말 휴전회담을 압박할 목적으로 미 제8군사령관 밴 플리트(James A. Van Fleet) 장군이 원산 상륙을 포함한 총공세(Talons 계획)를 건의하자 UN군사령관 겸 극동군사령관 리지웨이(Matthew B. Ridgway) 장군은 일본에 주둔 중인 미 제16군단을 상륙부대로 투입하는 공세작전은 '일본의 안전'을 기본 임무로 여겨야 하는 극동군사령관으로서 동의할 수 없다고 기각하였으며, 1953년 5월 이승만 대통령이 휴전의 전제조건으로 한미상호방위조약을 요구했을 때에도 당시 UN군사령관 클라크(Mark W. Clark) 장군은 '일본 방위'라는 극동군사령관에게 주어진 주 임무에 상충된다는 이유로 반대했다.[5]

1951년 중반 이후 한국전쟁이 지금의 휴전선 근처에서의 진지전으로 고착되고 미국의 전쟁정책이 '휴전'으로 바뀌어가는 과정에서, 미국은 한국 정부 및 국민과의 갈등을 피할 수 없었다. 우리 국회와 국민은 휴전 협상 자체에 대하여 반대했다. 1952년 5월 UN군사령관으로 부임한 클라크 장군은 자신의 직무를 수행하면서 특별히 어려웠던 상대는 미 행정부의 휴전정책에 반대하는 이승만 대통령이었다고 후술하였다.[6]

미 행정부와 미 극동군사령부가 한국 정부와 국민이 바라는 전쟁을 수행한 것은 아니지만, 한국전쟁 기간 중 한·미동맹은 태동되었고 이후의 안보상황에 따라 변화와 발전을 지속했다. 그러므로 '미국'이 수행한 한국전쟁에 관한 연구는 한국전쟁의 실상을 이해하기 위하여 반드시 거쳐야 하는 관문일 뿐만 아니라, 한·미동맹의 지평과 한계를 예측하는 출발점인 것이다.

그런데 왜 오랜 기간 미국의 한국전쟁 정책 및 군사작전 수행전략에 관한 연구가 심도 깊게 이루어지지 않았을까? 그것은 한·미동맹을 근간으로 하는 우리의 안보현실에서 미국의 전쟁 수행에 대한 비판적 연구가 이념 논쟁으로 비화될 가능성, 그리고 군사전략적 연구가 저급하거나 군인들의 몫이라는 오해에서 비롯되었던 같다. 따라서 이제라도 미국의 한국전쟁 수행에 관한 연구를 보다 내실 있게 수행함으로써 미래 안보위협에 대비할 수 있는 합리적인 정책과 전략을 모색하는 새로운 출발점으로 삼아야 할 것이다.

미 극동군사령부는 군사작전을 어떻게 수행했는가

미 극동군사령부(Far East Command: FECOM)는 정치적 목적 달성을 위하여 할당되었거나 가용했던 모든 수단을 활용하여 한국전쟁을 수행하였으며, 이를 위하여 작전지역으로 승인된 구역을 '전구(戰區, theater)'라고 한다.

'전구 작전(theater operation)'에는 기능적으로 육군, 해군, 공군, 해병대, 민사작전, 전투근무지원 등 다양한 작전행동이 있고, 규모 면에서 소대, 중대 등 소부대 전투로부터 연대, 사단 등 제병 협동작전, 군단급 이상 제대의 합동작전 등 수많은 전투와 작전으로 구성되며, 공간적으로는 접적지역과 후방지역으로 구분할 수 있지만, 모든 작전활동은 전쟁의 정치적 목적을 위하여 조화롭고 긴밀하게 연결되어 있다. 그럼에도 불구하고 다양하고 수많은 전투와 작전활동이 모두 미 극동군사령관이 의도하였거나, 미 극동군사령관의 판단과 결심에 영향을 주었다고 볼 수는 없다. 그렇다면 미 극동군사령관이 수행한 '전구 작전', 다시 말하면 한국전쟁은 어떻게 수행되었는가? 이 질문에 대한 가장 정확한 답은 극동군사령관 및 참모가 시기별 전장정보 판단, 군사적 목표, 이를 위해 실시한 작전 수행과 그 결과를 직접 기술한 자료에서 찾아야 할 것이다.

그러나 기억의 문제는 그렇다고 하더라도 불확실성, 우연, 마찰 등 전장의 본질과 특성을 고려할 때 전쟁 수행 경과의 완전한 기술은 결코 쉬운 일이 아니다. 따라서 극동군사령부가 수행한 한국전쟁의 재구성은 워싱턴 및 예하 부대와 주고받은 훈령과 메시지, 그리고 전투상보 및 기록 등 각종 사료를 근거로 하되, 연구자의 군사적 상상력에 의존할 수밖에 없는 일이다. 필자는 극동(UN)군사령관이 주요 국면에서 한국전쟁 상황을 어떻게 인식하고 판단했으며 결심한 내용이 무엇이었는지 추론하는 데 주력했다.

UN군사령부의 역할을 수행했던 미 극동군사령부의 한국전쟁 수행에 관한 연구는 다음과 같은 유익이 있다. 먼저 미국이 어떠한 목적과 의도로 한국전쟁을 수행했는지를 공인된 사실에 근거하여 비교적 정확하게 분석할 수 있다. 왜냐하면 미 행정부의 기록물을 중심으로 하는 국제정치적 수준의 연구는 전쟁의 '목적'과 '의도'를 추정할 수 있을 뿐이지만, 미 극동군사령부의 한국전쟁 수행에 관한 연구는 드러난 역사적 사실을 확인하고 인과관계를 분석해나가는 작업이기 때문이다.

둘째로 미 극동군사령부의 한국전쟁 수행에 관한 연구를 통하여 미국이 자국의 군사사상과 교리에 근거하여 한반도에서 실제로 군사작전을 어떻게 수행했는지(how to fight)를 분석할 수 있다. 한국전쟁은 미국의 육·해·공 3군 체제에 의한 첫 번째의 '합동 전역(Campaign, 일련의 군사작전)'이었을 뿐만 아니라, 극동군사령부가 각기 다른 정치적 목표를 가진 17개 참전국의 군대로 '연합작전'을 수행한 특별한 전쟁이었다.[7]

한국전쟁을 수행함에 있어서 미 행정부와 극동군사령관의 가장 강력한 군사적 수단은 항공력이었다. 미군의 한국전쟁 개입은 1950년 6월 27일 오전 8시경 극동공군의 F-82 전투기가 김포공항 상공의 북한군 YAK기를 격추하면서 시작되었고, 낙동강 방어선에서 북한군을 무력화했던 수단도, 중국군 개입이 확인되었을 때 이를 차단하려 했던 수단도, 미(美) 측의 휴전 조건을 강요하기 위한 군사적 압력의 수단도 모두 항공력이었다. 또한 극동해군은 한반도 주변해역에 수 척의 항공모함을 운용하여 함재기에 의한 항공폭격을 실시하고, 각종 함정을 동원하여 동서해안을 봉쇄한 상태에서 지상군 전투를 지원하였다.[8]

한편 군사작전의 수행방법은 그 나라의 전쟁 경험과 축적된 군사사상의 지배를 받는다. 태평양전쟁 기간 1945년 봄부터 여름까지 미 공군의 B-29 중(重)폭격기들은 거의 매일 일본 본토의 인구밀집지역을 소이탄으로 폭격하여 폐허로 만들었고, 8월에는 히로시마와 나가사키에 원자폭탄을 투하함으로써 일본의 항복을 이끌어냈다.[9] 제2차 세계대전 중 돋보인 전략폭격의 유용성으로 말미암아 1947년 미 공군이 창설되었지만, 1949년 10월 미 의회의 청문회에서 미군의 화력전 수행에 관한 논쟁이 정면으로 충돌했다. 미 공군과 일부 전략가들은 전략 공군의 대폭 확충을 주장한 반면, 일부 정치인과 언론은 인구밀집지역에 대한 전략폭격이 비인도적이라고 비판했다. 그러나 브래들리(Omar Bradley) 미 합참의장은 공군의 전략폭격은 도시를 폭격하는 것이 아니라 적국의 전쟁 수행능력 또는 잠재력에 대한 공격이라고 정의함으로써 논쟁을 진화했으며, 그러한 논의 과정에서 전략폭격은 오히려 유용한 군사작전 수행방법이라는 가치를 인정받게 되었다.[10] 그럼에도 불구하고 한국전쟁 초기 미 공군이 소이탄을 사용하지 않고, 군사적 목표에 대한 '정밀폭격'을 작전수행 방침으로 제시한 것은 제2차 세계대전의 경험과 더불어 인구밀집지역에 대한 전략폭격이 비인도적이라는 기존의 비판적 주장 때문이었다.

셋째로 극동군사령관에게 주어진 미 행정부의 과업과 지침이 무엇이고, 그 범주 안에서 가용한 군사력을 어떻게 사용하여 한국전쟁을 수행했는가에 대한 실체적 분석은 한국전쟁의 대강을 이해하는 데 유용하고도 필수적인 과업일 뿐만 아니라 한·미동맹의 지평과 한계를 예측하여 미래 위협에 대비하는 참고점이 될 것이다. 왜냐하면 1950년과 비교하여 한반도의 지형적 특성과 지정학적 위치가 다르지 않고 주변국의 정치적·전략적 이해가 유사하기 때문이다.

미국이 비긴 것은 '제한전' 정책 때문이었는가

제2차 세계대전을 연합국의 승리로 견인하면서 세계 최강국으로 인정받았던 미국이 한국전쟁에서 승리했는지, 승리하지 못하고 비겼다면 왜 비겼는지는 우리에게 매우 중요한 사안이다. 왜냐하면 우리의 안보태세가 한·미동맹을 축으로 하고, 역사는 다시 반복될 소지가 있기 때문이다.

전쟁에서 '승리(victory)'의 의미는 무엇인가? 클라우제비츠(Clausewitz)는 "전쟁이란 다른 수단에 의한 정치의 계속으로, 상대방에게 의지를 강요하기 위한 폭력행위"라고 정의했다.[11] 이러한 관점에서 한 나라가 전쟁으로 정치적 목적이나 군사적 임무를 완수했을 경우에 '성공적(successful)' 이었다고 평가할 수 있으며, 흔한 일이지만 전쟁을 치른 쌍방 모두가 성 공적인 경우도 있다. 하지만 전쟁이란 상대방에게 의지를 강요하는 폭 력행위이며 상대방이 있는 경기와 같기 때문에, 일방이 의지를 강요하여 '승리(victory)'한다면 다른 일방은 '패배'한 것으로 평가될 수밖에 없다. 그렇다면 군사작전의 '성공(success)'은 전쟁에서 '승리'를 의미하는가? 군 사적 성공 그 자체가 전쟁의 동기를 충족시킬 수 없는 경우도 있으며, 반 드시 전쟁의 승리를 가져다주는 것도 아니다.[12] 전쟁에서의 '승리'는 군사 작전에서의 '성공'과 구별되는 개념인 것이다.

전쟁에서의 승리를 얻는 비결은 무엇인가? 군사력이 우세하면 이기 고 열세하면 패한다는 '우승열패(優勝劣敗)'는 동서고금을 막론하고 일반 적인 전쟁 수행의 원리로 여겨왔다.

한국전쟁기 미국의 군사력은 현대화되었고 압도적으로 우세했다. 미 군의 '해상수송지원부대(Military Sea Transportation Service: MSTS)'는 1950년 9월까지 동원선박으로 병력 20만 7,000명, 화물 279만 6,000톤을 수송 했으며, 극동군사령부는 평균 1,200여 대의 항공기를 운용하여 제공권 을 장악하고 최대 7척의 항공모함과 각종 함정으로 한반도의 동·서해 안을 봉쇄한 상태에서 M-26 퍼싱(Pershing) 전차 등 신예 무기체계와 군 수지원능력으로 전략적 주도권을 장악했다.[13] 1952년 5월까지 한국전쟁 에서 미 해군과 해병대가 사용한 탄약의 양은 태평양전쟁 기간 미군 전 체가 소비한 양과 같았다.[14] 미 국방정보센터(Center for Defense Information: CDI)가 2009년 발표한 자료에 의하면, 당시 한국전쟁의 비용은 670억 달러(현재의 화폐 가치로 환산하면 6,910억 달러)로 미국은 제2차 세계대전 다 음으로 많은 전쟁비용을 한국전쟁에서 지출했다.[15] 요컨대 미국은 한국전쟁에서 승리하기 위하여 가용한 인적 · 물적 자원을 최대한 동원했던 것이다.

그런데 전략적 가치마저 부정했던 조그만 한반도에서 B-29 중폭격기, 항공모함 등 최신의 군사기술로 무장한 미군이 식량과 탄약도 제대로 공급하지 못하는 나라들과 힘들게 싸웠고, 38도선 근처의 캔자스-와이오밍 선에서 미국은 건국 이래 한국전쟁을 '이기지 못한 최초의 전쟁'으로 마감했다.[16] 미국의 대표적인 전쟁사학자 트레버 듀피(Trevor N. Dupuy)는 미국의 입장에서 한국전쟁은 '비긴' 전쟁이라고 평가했다.[17]

이와 같이 미국이 우세한 군사력을 투입하고도 한국전쟁을 비긴 전쟁으로 마무리한 것은 '제한전(制限戰)'이라는 미 행정부의 정책 때문이었다는 것이 일반적인 정설이다. 미국은 세계전략의 연장선상에서 소련과의 전면전 가능성을 항상 염두에 두고 한국전쟁 수행전략을 검토하였으며, 유럽 중시의 사조 때문에 한반도에 병력을 추가로 파병하는 것도 어려웠다는 것이다.

한편 소련의 스탈린은 코토프(Gennody P. Kotov) 중장을 베이징에 소련 군사고문단장으로, 자하로프(Semen E. Zakharov)를 스탈린의 특사로 파견하여 휴전이 성사될 때까지 중국군의 작전계획 수립에 적극적으로 관여했으며, 소련은 한국전쟁 지원을 위해 2-3개의 전투기 사단, 2개의 방공사단, 1개 탐조등 연대, 1개의 정비사단 및 통신부대로 구성된 제64전투기군단(Fighter Aviation Corps)을 1950년 11월경 만주에 파병했다.[18]

이러한 한반도의 국제정치 및 군사적 상황 때문에 미 행정부는 1950년 9월 인천상륙작전의 화려한 성공 이후에도 소련군이나 중국군의 개입이 없는 조건에서만 UN군이 38도선 이북에서의 작전을 수행하고, 소련군이나 중국군이 개입하는 경우에는 UN군이 즉시 방어태세로 전환할 것을 요구하는 등 제한전 정책의 기조를 유지한 것은 사실이다.

그러나 과연 미국이 분명하게 이길 수 있었던 한국전쟁을 '제한전' 정책 때문에 비긴 것일까? 사실 중군군의 개입 이후에 미국은 한국전쟁 수행의 수단과 방법을 확대했다. 1950년 11월 중국군 참전이라는 새로운 상황에 직면하여 맥아더 장군은 중국군과 북한군의 은신처가 될 만한 모든 도시와 농촌을 군사적 목표로 간주하고, 소이탄으로 불태우는 '초토화' 작전을 명령했다. 또 휴전을 교섭하면서도 군사적 압박을 계속했다. 1952년 6월에는 압록강 상류의 수풍 발전소 등 북한의 전력시설을, 1953년 5월에는 미곡 생산을 방해할 목적으로 관개 저수지마저 폭격했다. 미 행정부도 만주와 중국 본토를 포함한 공간적 범위는 물론 핵무기 사용 가능성 등 방법과 수단 면에서도 전쟁의 확대를 검토했다.[19]

미국이 한국전쟁에서 비길 수밖에 없었던 더 직접적인 이유는 군사작전의 수행 교리와 전략 및 전술상의 문제였다. 휴전회담이 시작될 즈음 지상전투의 양상이 진지전으로 변환되었고, UN군의 항공력은 더 이상 군사적 압박수단이 되지 못했다. 미 육군이 차량으로 기동이 가능한 도로를 중심으로 주간 위주 전투를 실시한 반면에 북한군과 중국군은 산악 및 야간전투를 통해 UN군의 인명피해를 지속적으로 강요했다. 휴전 교섭이 지지부진한 가운데 미국 내의 반전여론은 확산되었고 UN 참전국 간의 불화도 심화되었다. 결국 미국은 한국전쟁에 우세한 군사력을 투입하고도 지금의 휴전선 일대에서 진지전으로 버틴 공산군을 압박할 만한 확실한 군사적 수단과 방법이 더 이상 없었기 때문에, UN군 부대의 안전과 체면을 유지하는 선에서의 정전(停戰)에 만족해야 했다.

본서는 미국이 한국전쟁에 즉각 개입하여 역사상 최초로 승리가 아닌 '휴전'으로 서둘러 전쟁을 종결한 원인을 밝히고자, 〈표 1〉과 같이 미

미국의 6·25전쟁사

국의 전쟁정책 변화를 기준으로 4장으로 나누어 한국전쟁을 개괄했다.[20]

표 1 미국의 한국전쟁 수행과정

구분	진출선	기간	소요일수
즉각 개입	38선 ⇒ 함안-왜관-포항 선	1950. 6. 25- 1950. 9. 14	82일 (2개월 20일)
맥아더의 전쟁	낙동강 선 ⇒ 정거동-초산-혜산진-청진 선	1950. 9. 15- 1950. 11. 24	71일 (2개월 10일)
중국군과 새로운 전쟁	압록강 선 ⇒ 평택-삼척 선 ⇒ 문산-화천-간성 선	1950. 11. 25- 1951. 6. 23	211일 (6개월 28일)
지리한 교섭과 군사작전	캔자스-와이오밍 선	1951. 6. 24- 1953. 7. 27	765일 (25개월 4일)

출처: 국방군사연구소, 『한국전쟁피해통계집』, p. 16; 강창국, 『무기운용으로 본 6 · 25전쟁의 기원과 전개에 관한 연구』, p. 46을 참고하여 재구성.

제1장 미국의 '즉각 개입' 단계는 1950년 9월 14일까지는 미국이 군사력을 한반도에 투입하여 북한군의 공세를 저지하는 데 총력을 기울였던 기간이며, 제2장 '맥아더의 전쟁'은 맥아더 장군의 천재성과 의지로 이룬 인천상륙작전의 화려한 성공 이후에 압록강-두만강까지 진격하여 한국전쟁을 종결하고자 했던 2개월 10일간이다. 제3장 '중국과의 새로운 전쟁'은 미 극동군사령부가 중국군의 개입을 인정하게 된 1950년 11월 25일의 중공군의 제2차 공세일로부터 1951년 6월 23일 전선이 진지전으로 고착되기 시작하고 소련의 UN 대표인 말리크(Jacob Malik)가 방송을 통하여 휴전을 제안한 날까지 6개월여의 기간이며, 제4장 '지리한 교섭과 소모전'은 전쟁을 끝내기 위하여 교섭을 시작했지만 쌍방 모두 참전의 명분과 승리를 얻기 위해 25개월 4일 동안이나 실시한 또 다른 전쟁이었다.

본서에 제시된 자료는 미국 등 UN군 측 자료와 소련 및 중국, 북한의 각종 사료를 비교분석한 결과물이다. 그럼에도 불구하고 인명피해의 경우 〈표 2〉와 같이 공산군과 UN군 측 통계의 격차가 너무 커서 일단 피해 당사국의 공개된 자료를 인용했지만, 1950년 당시 쌍방의 전시 행정과 북한군 및 중공군의 충원, 전사상자 처리과정에 비추어 볼 때, 공산군 측 자료에 대한 신뢰는 여전히 낮은 수준이다.[21]

표 2 한국전쟁 기간 전사상자 통계의 차이

구분	공산군	UN군
중국, 『국가인민역사』	63만 명	216만 3,553명
한국, 『한국전쟁피해통계집』	203만 1,000명	70만 3,219명

출처: 중국 통계는 『문화일보』, 2013년 7월 26일자 33면의 기사를 재인용했고, 한국 자료는 국방군사연구소, 『한국전쟁피해통계집』, pp. 33, 110, 143-145 참고.

또한 본서는 한국전쟁에 참전한 국가 및 군대의 정치적 목적성과 이념성을 지양하고 이를 객관화하기 위하여 참전한 군대를 '한국군,' '북한군', '미군', '중국군', 'UN군', '중조연합군', '공산군'으로 호칭했음을 밝힌다.

한편 이 책을 읽는 대한민국의 국민과 군인들은 1950년 6월 바람 앞에서 꺼져가는 촛불과 같이 위급했던 전장 상황을 타개하기 위하여, 'Korea'라는 이름도 지구상의 위치도 모른 채 참전했다가 산화한 미군 5만 4,000여 명의 전사 및 사망자와 46만여 명의 부상자, 그리고 그 가족의 아픔을 기억해야 한다. 왜냐하면 그들의 희생 위에 자유민주주의와 시장경제의 꽃이 피어 오늘의 대한민국이 되었기 때문이다.

또한 한국전쟁 기간 태동된 한·미동맹은 지금 동북아 안보체제의 버팀목이 되고 있으며, 미군은 전쟁 수행기간 동안 전략·전술과 교리는 물론 사회지도층의 모범(noblesse oblige)을 행동으로 보여주었다. 낙동강 방어전투를 성공리에 지휘했던 미 제8군사령관 워커(Harris Walton Walker) 장군의 전사, 미 제24사단장으로 참전하였다가 북한군에게 포로가 되어 3년여를 견딘 딘(William F. Dean) 소장, 그리고 아이젠하워(Dwight David Eisenhower) 대통령을 포함한 수많은 미군 장성의 자제들이 참전하였다가 UN군사령관 클라크 대장과 미 8군 사령관 밴 플리트 장군의 아들들이 전사하는 등 사회지도층의 자제 35명이 죽거나 부상을 당함으로써 여타의 미군 전사상자 가족과 슬픔을 같이하고 그들에게 위로가 되었다.

이와 같은 미국의 한국전쟁 수행에 관한 군사학적 연구는 오로지 현재와 미래 안보태세의 밑거름이 되어야 할 것이며, 본서가 다양한 각도에서 객관적이며 체계적인 6 · 25전쟁 연구의 새로운 단초를 제공하여 군(軍)은 물론 많은 국민이 전쟁사를 재미있게 공부하는 계기가 되기를 간절히 바라는 마음이다.

1부

즉각 개입

1950. 6. 25-1950. 9. 14

1950년 6월 25일, 북한군의 기습 남침으로 한국전쟁이 발발하자 미국
은 즉각 개입하였다. 본 장은 당시 미국의 안보정책과 전략, 미국의 한국
전쟁 개입 과정과 초기 전투상황을 육·해·공군의 합동작전 시각에서
입체적으로 조명한다.

질문들

- 1950년 1월 소위 '애치슨 라인'은 미국의 태평양 측 방위선(defensive perimeter)이 알류샨 열도 – 일본 본토 – 필리핀을 연결하는 선이라는 이유를 들어 한반도의 전략적 가치를 부인했었다. 하지만 한국전쟁이 발발하자 미국은 즉각 개입했다. 그 배경과 이유는 무엇인가?

- T-34 전차, SU-76 자주포 등 소련제 무기로 중무장한 북한군 10개 사단이 기습 남침한 상황에서 일본 도쿄에 위치했던 미 극동군사령부는 스미스 특수임무 대대(TF Smith, 540명)를 오산의 죽미령에 우선 투입했는데, 이는 대대 규모의 전투력으로 북한군의 공세를 저지할 수 있다고 판단한 결과였는가?

- 미국이 한국전쟁에 즉각 참전하기로 결정한 이후에 극동군사령부는 육군, 해군, 공군을 어떤 순서로 어떻게 전쟁에 투입했는가?

- 1950년 7-8월 동안 미국은 증강된 4개 사단과 6개의 중(重)전차대대 등 지상 군 전력을 일본과 미 본토에서 한반도에 투입했다. 지상군 전개에 소요된 시간은 어느 정도이며, 수송수단 등 방법은 어떠했는가?

- 맥아더 극동군사령관은 북한군을 격멸하기 위해 어떤 전략을 계획했는가?

1

북한군의 남침과 미국의 대응

1950년 미국의 안보정책과 전략

제2차 세계대전 이후 세계가 미국을 중심으로 하는 민주진영과 소련을 중심으로 하는 공산진영으로 분열되던 중에, 소련은 국경을 맞대고 있던 동독, 폴란드, 헝가리, 루마니아, 불가리아, 유고슬라비아, 체코슬로바키아, 알바니아 등 동유럽 국가들과 만주 및 북한에 소련군을 주둔시키며 공산정권 수립을 적극적으로 지원했다.

소련의 팽창 위협에 대하여 윈스턴 처칠 영국 수상은 '철의 장막'이라며 비난했고, 미국은 소련의 세계적화를 막을 수 있는 것은 미국의 막강한 경제력과 군사력, 그리고 책임감뿐이라 믿게 되었다. 자연히 미국의 대외군사정책은 '유럽 방위 우선'과 '소련의 팽창주의 제어'에 주안을 두게 되었고, 이 기조는 1947년 3월 12일 트루먼 미국 대통령이 상하양원 합동회의에서 행한 연설에서 '봉쇄정책(Containment Policy)'으로 공식화했다.[1]

미국의 봉쇄정책은 핵무기를 군사적 수단으로 채택하는 전략적 개념이었으며, 이를 근거로 미 합동참모본부는 1946년 암호명 핀처 (PINCHER)라는 소련과의 전쟁계획을 수립했었다. 이 계획의 요지는 소련군이 유럽과 중동지역을 공격한다면, 미국은 재래식 전쟁과 더불어 소련의 20개 도시에 50개의 핵무기를 투하함으로써 소련 산업시설의 50%를 파괴한다는 것이었다.[2] 트루먼 행정부의 '주변기지전략'도 소련과의 경쟁에서 우위를 점하고 있었던 공군력과 핵무기를 소련 주변지역의 전략공군기지에 배치함으로써 소련의 세력 확장을 봉쇄한다는 것이었다.

미국이 극동아시아 방위를 위해 채택한 도서방위전략 또한 알류샨 열도 상의 해·공군기지를 활용하여 전략공군과 핵무기로 전쟁을 수행한다는 봉쇄정책의 일환이었다. 이는 1950년 1월 12일 애치슨(Dean G. Acheson) 국무장관이 전국 기자클럽에서 행한 '아시아의 위기'라는 연설에서 미국의 방위선(defensive perimeter)은 〈그림 1-1〉과 같이 알류샨 열도-일본 본토-오키나와-필리핀을 연결하는 선이라고 적시하면서 한국과 대만을 이 방위선에서 제외했다.[3] 이는 1949년 중국의 국공내전에서 마오쩌둥(毛澤東)이 승리함으로써 중국 본토가 공산화된 이후에 중국 문제에 대해서는 더 이상 간섭하지 않으며 일본만은 반드시 확보한다는 미국의 정책 윤곽이었지만, 북한군이 남침하더라도 미국이 개입하지 않거나 제한될 것이라는 오판의 근거가 되었다.[4]

또한 미국 합동참모본부[5] 산하의 합동전략분석위원회(Joint Strategic Survey Committee: JSSC)는 '국가안보 면에서 본 미국의 대외원조'라는 보고서에서 미국의 안보와 관련된 지역을 핵심(vital)지역과 주변(peripheral)지역으로 구분하고, 그 우선순위에 따라 원조를 실시할 것을 건의했다. 이

분류기준에서 한국은 미국의 안보와 관련하여 '주변지역'이었고, 미국의 지원 우선순위에서도 밀려 있었다.

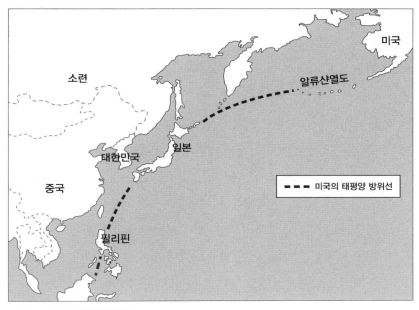

그림 1-1 미국의 태평양 방위선

따라서 미 합동참모본부는 미국이 한국에 2개 사단 4만 5,000명의 군단 병력을 유지할 만한 전략적 이해관계가 없으며, 오히려 극동지역에서 적대행위가 발생하면 주한미군이 군사적 부담으로 작용할 것이라고 우려했다.[6]

트루먼 행정부는 남한에서 단독정부 수립이 UN에 의해 지지되고 대한민국을 한반도에서 유일한 합법정부로 인정하면 한반도의 안전이 보장될 것으로 판단한 것 같았다. 결국 1949년 6월 30일 미국은 500여 명만을 남겨놓은 채로 미 제24군단을 철수시켰고, 다음 날 주한 미 군사고문단(Korea Military Advisory Group: KMAG)을 발족시켜 경찰을 포함한 한국의 국방조직 편성에 대한 자문과 훈련을 지원하고 미 군사원조의 효율성을 확인하는 데에만 관심을 가졌다.[7]

1950년 당시 미국의 군사력을 소련과 비교했을 때 병력은 146만 명으로 소련군 430만 명에 비하면 1/3 수준이었고, 원자폭탄을 제외하고는 거의 모든 분야에서 열세였다. 이는 원자탄과 항공력으로 미국의 안보를 보장할 수 있다는 확신과 "병사들을 집으로 보내라(Bring boys home)"는 사회 각계각층의 여론에 의회가 합세함으로써, 종전 당시 해외주둔군 750만 명을 포함한 1,200만 명의 병력을 1947년 6월 말까지 158만 명으로 감축함으로써 빚어진 결과였다.[8]

1950년 6월 30일 미 육군은 인가병력의 약 70%에 해당하는 59만 3,167명을 유지하였고, 그중 23만 명이 해외에서 점령군 임무를 수행하고 있었다. 또한 미 해군은 함정 670척과 항공기 4,300대, 미 해병대 7만 5,370명으로 편성되었고, 미 공군은 48개 전투비행단을 운용하고 있었다.

극동군사령부

극동군사령부는 1947년 1월 1일에 제2차 세계대전 당시의 남서태평양사령부를 모체로 재창설되었으며, 맥아더 장군이 사령관이었다. 맥아더는 당시 일본 점령을 담당하는 연합국 총사령관일 뿐 아니라, 미 태평양육군총사령관 및 미 극동육군사령관의 직위를 겸직하고 있었다.[9] 극동군사령부는 통합군사령부로서 그 예하에 육군 · 해군 · 공군 3개 사령부가 있었다.

미 극동군사령관 겸 UN군사령관, 맥아더
Douglas MacArthur, 1880-1964

1903년 미 육사를 수석으로 졸업하고, 제1차 세계대전에서 프랑스 전투에 참모장, 여단장, 사단장으로 참전하였으며, 1930년 육군 참모총장을 역임했다. 1941년 태평양 전쟁이 발발하자 남서태평양 전역 연합군사령관으로써 레이테 · 루손 전투 등을 지휘했고, 1945년 도쿄만에서 일본의 항복조인식에 승전국 대표로 참석했다. 1950년 한국전쟁이 발발했을 때는 71세로 미군의 유일한 '원수'였으며, 한국전쟁의 군사작전 수행에 있어서 실질적인 책임자였다.

미 극동군 예하의 육군은 미 제8군으로 워커 장군이 사령관이었고, 해외 주둔군중 가장 많은 10만 8,500명의 병력을 보유하고 있었다.[10] 미 제8군은 혼슈 중부의 제1기병사단, 혼슈 남부의 제25보병사단, 홋카이도의 제7보병사단, 큐슈의 제24보병사단, 그리고 오키나와의 제9방공포병단과 제29연대로 구성되어 있었고, 각 사단은 1만 2,500명이 인가되어 있었으나, 실제 병력은 인가의 93%를 유지하고 있었다.[11] 하지만 1949년까지 '일본 점령' 임무에 매진하여 전투훈련을 실시할 시간이 없었으며, 보급품의 전투예비량은 약 60일 분에 지나지 않았고, 2차 세계대전이 끝난 이후 주요 무기체계의 보급이 중단되었기 때문에 전차 등 장비의 90%와 차량 75%가 현지에서 재생한 것이었다. 더 큰 문제는 중(medium)전차나 4.2″ 박격포, 무반동총 등 중요 무기가 편제 대비 부족했으며, 1/4톤 지프 1만 8,000대 중 55%에 달하는 1만 대와 1.5톤 트럭 1만 3,780대 중 68%에 달하는 9,339대의 운행이 불가능한 상태였다.[12]

미 제8군사령관, 워커
Harris Walton Walker, 1889-1950

1차 세계대전에는 중대장으로, 2차 세계대전에는 사단장과 군단장으로 참전했던 당시 나이 61세의 노장이었다. 한국전쟁 초기 "우리는 더 이상 물러설 수도 없고, 더 이상 물러설 곳도 없다"는 명언을 남기며 낙동강 방어선을 사수했지만, 1950년 12월 23일 의정부로 가는 국도에서 교통사고로 순직했다.

워커힐(Walker's Hill)은 유엔군휴양소 용도로 사용하던 호텔을 개장하면서 워커 장군을 추모하기 위해 붙여진 이름이다.

미 극동해군사령관, 조이 제독
C. Turner Joy, 1895-1956

55세의 노장으로서 당시 해상작전을 총괄하였으며, 인천상륙작전과 흥남철수작전을 주도하였다. 1951년 7월부터 1952년 여름까지는 정전협상 시 유엔군 측 수석대표로서 공산군 측과 휴전회담을 진행하면서 "우리가 전쟁을 각오해야 그들은 협상에 임한다"는 명언을 남겼다. 그리고 후일 그 경험담을 『*How Communists Negotiate?*』(공산주의자들의 협상기법)로 발간하였는데 지금까지 협상전략의 시금석이 되고 있다.

극동해군은 해군 중장 조이 제독이 지휘하고 있었고, 임무는 방어, 공중공격에 대한 방호 그리고 유사시 미국인들의 철수 등 평화적인 일상 업무로 한정되어 있었다.[13] 그리고 극동해군사령부의 편성은 〈표 1-1〉과 같이 전투함정 위주의 제96기동부대와 상륙부대를 핵심으로 하는 제90

기동부대가 주력이었으며, 비상시에는 태평양함대 소속의 제7함대가 가용했다.[14]

표 1-1 1950년 6월 미 극동해군의 기동편성

구분	전력	지휘관
제96기동부대(TF 96)	기함: 주노(Juneau) 구축함 전대: 4척(Mansfield, De Haven, Collett, Swenson)	히긴스 소장 (John M. Higgins)
제90기동부대(TF 90)	지휘함 병력 수송함 2, 화물 수송함 1	도일 소장 (James H. Doyle)
제7함대 -태평양함대 소속 -비상시 극동군사령관 통제	항모전대: 밸리 포지 항공전대: 함재기 86대 경계전대: 구축함 8척 잠수함전대: 잠수함 4척	스트러블 중장 (Arthur D. Struble)

출처: 필드(James A. Field, Jr.), 『미 해군 한국전 참전사』, pp. 58-63; 국방부 군사편찬연구소, 『한강선 방어와 초기 지연작전』, 6 · 25전쟁사, 3권, p. 706 참조 재구성.

스트러블 해군 중장이 지휘하는 미 제7함대는 필리핀에 기지를 두고 있었으나 2차 세계대전 당시의 명성과는 달리 1개 강습부대, 1개 항공전대, 1개 잠수함전대, 유사시 미국인의 안전을 담당하는 1개 후송전대와 지원부대로 구성되어 있었다.[15] 제7함대의 핵심전력인 항공모함 밸리 포지(Vally Forge)호는 1946년에 건조된 에식스(Essex) 급으로 기준 배수량 2만 7,100톤, 속력은 33kts(약 61.116km/h)였다. 제7함대는 태평양 연안에서의 함정세력 시위를 주된 임무로 하면서, 대잠작전과 항공초계 등 장거리 수색 및 정찰임무를 수행하는 것이었다.[16]

미 극동공군은 스트래트마이어 중장이 지휘하여 예하의 제13공군, 제20공군, 제5공군이 각각 필리핀, 오키나와, 일본의 영공방위를 담당하고 있었으며, 전력은 18개 전투 및 전투폭격 비행단, 1개의 B-26 경폭격기 비행단, 1개의 B-29 중폭격기 비행단 및 수송부대로 1,200여 대에

달하는 항공기를 보유하고 있었다.[17]

제5공군은 일본 본토의 5개 공군기지에 F-80, F-82 전투기를 주력으로 17개 비행대대를 운용하고 있었으며, 한국전쟁 참전 통보를 받은 직후에 한국전쟁 참전부대와 일본의 영공방위를 담당하는 부대로 재편하여 전방사령부를 이다츠케(板村)에, 후방사령부를 나고야(名古屋)에 설치했다.[18]

미 제7함대 사령관, 스트러블
Arthur D. Struble, 1894-1983

1944년 노르망디 상륙작전 이후 태평양 전쟁의 해전에 참전했다.

7함대는 공격항모 밸리 포지함, 순양함 로체스터함, 8척의 구축함으로 구성되었으며, 제5항모항공단은 F9F-2 팬서 제트전투기, F4U-4B 코르세이어 전투기, 스카이레이더 프로펠러공격기 등 86대의 항공기를 보유했다.

미 극동공군사령관, 스트래트마이어
George E. Stratemeyer, 1890-1969

1915년 미 육사를 졸업하고 육군 항공장교로서 복무하였으며, 2차 세계대전 시에는 중국, 버마, 인도 전역에 참전했다.

극동공군은 약 1,200대의 항공기를 보유하고 있었으며, 이를 통해 필리핀에서 일본 본토에 이르는 영공을 방어했다.

미국의 6·25전쟁사

미국의 개입 과정

1950년 6월 25일(일) 새벽 4시경 북한군은 소련의 사주와 지원을 받아 기습적으로 38선을 넘어 남한을 침공했다.

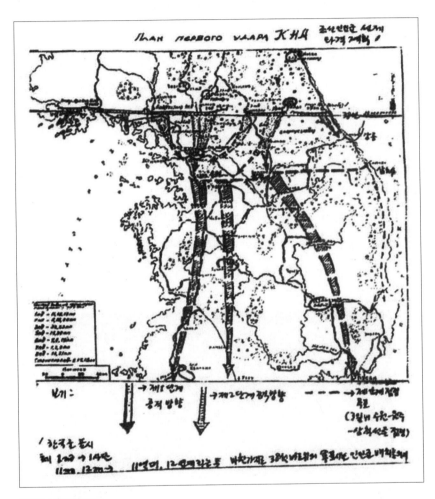

북한군 선제 타격계획

당시 북한군 작전국장이었던 유성철 소장의 증언에 따르면 북한군의 남침계획은 러시아어로 작성되었는데, 이는 소련의 군사고문관이 주동이 되어 작성된 것임을 입증한다. 이 계획의 기본 개념은 서울을 점령하여 '인민봉기'를 유발함으로써 미군의 증원을 막아 1개월 내에 전쟁을 종결하는 것이었다.

북한군은 122mm 곡사포와 76mm 평사포를 장비했고, 소련제 T-34 전차 150대와 전술항공기 180대를 전선에 투입했지만, 한국군은 전차는 물론이고 대전차화기도 전무했으며 전쟁 지도역량도 부족했다.[19]

북한군의 갑작스런 공격 소식은 1950년 6월 25일(일) 오전 9시 30분경, 워싱턴 시간으로는 6월 24일(토) 오후 8시 30분경에 미 군사고문관, 무초 대사, 그리고 연합통신 기자로부터 미 행정부로 보고되었다.[20] 미 국무성은 한국이 공산군의 무력공격에 의해 유린당하는 것을 수수방관한다면 세계대전으로 비화될 수도 있다고 UN 안전보장이사회에 호소했다.[21] 한국시간으로 6월 26일 아침에 UN 안전보장이사회가 뉴욕 주 레이크 석세스(Lake Success)에서 긴급 소집되었다. 소련 대표 말리크(Yakov A. Malik)의 불참으로 소련은 거부권을 행사할 수 있는 기회를 잃었고, 몇 시간의 토의 끝에 미국 대표가 제출한 결의안이 약간의 수정을 가하여 승인되었다. 이 결의안은 북한군의 무력공격을 '평화의 파괴행위'로 규정했고, '북한군의 38선 이북으로 철수'를 강력히 요청했다.[22]

UN 안보리에서 미국의 결의안이 채택되는 역사적인 순간

미국의 6 · 25전쟁사

그러나 북한이 UN 안전보장이사회의 결의를 따를 의도가 없다는 것이 명백해지자, 애치슨 국무장관은 미국의 해·공군이 북한군 전차와 포병 등을 공격함으로써 한국군을 최대한 도울 것을 제안했다. 이에 트루먼 대통령은 맥아더 장군이 공군력과 해군력으로 북한군의 공격을 저지하고, 미 제7함대는 중국 본토의 공산군과 타이완의 군대 간 적대행위를 예방할 것을 명령했다.[23] 합동참모본부가 맥아더 장군에게 대통령의 개입 결정을 통보하자마자 맥아더 장군은 극동공군에게 가능한 모든 전력으로 북한군을 공격하도록 명령했다.

6월 27일 태평양함대 사령관에게 워싱턴이 부여한 첫 번째 임무는 함정과 항공기를 이용하여 한국에 있는 미국 시민과 비전투원을 안전하게 대피시키는 것이었다.[24] 주한 미국인들의 철수가 6월 29일까지 계속되었다. 철수가 진행되는 동안 극동공군의 F-82 전투기가 27일 오전 8시경에 북한군의 YAK 3기를 김포 비행장 상공에서 격추시켰다. 한국시간 27일 오전 10시에 극동군사령관 맥아더 장군은 한국 육군이 예비 2개 사단마저 투입했으나 북한군의 전차가 서울 교외로 진입했다고 합동참모본부에 보고하였다. 맥아더 장군은 한국군이 북한군의 공세에 대하여 저항할 능력이나 전투의지가 없으며 붕괴가 임박했다고 판단했다. 극동군사령부는 6월 27일 밤 처지(John H. Church) 장군을 단장으로 하는 조사단을 한국에 파견했고, 그날 밤 이후 B-26 폭격기와 F-80 전투기에 의한 미군의 공중공격이 시작되었다.

이러한 미 극동공군의 지원에도 불구하고 한국군의 방어선은 무너졌고, 6월 27일-28일 밤에 한강 교량이 한국군에 의하여 폭파되었다. 결국 6월 28일 정오경에 북한군 제3·제4사단과 전차부대가 서울 시내로 진입했다.[25]

북한군 서울 점령

1950년 6월 28일, 북한군은 전쟁 개시 3일 만에 서울을 점령했다. 사진은 소련제 T-34 전차를 앞세우고 남대문을 질주하는 북한군 부대들의 모습이다.

한국군은 서울이 피탈된 이후의 방어계획마저 수립되어 있지 않았다.[26] 미 극동공군은 6월 28일부터 본격적인 작전을 개시했고 6월 29일에는 172회나 출격했다.[27] 미 극동해군의 순양함 주노(Juneau)호는 6월 28일에 동해안에 도착하여 29일부터 강릉-삼척에 포격을 개시했다. 8인치 함포의 일제사격으로 말미암은 산사태는 험준한 동해안의 도로를 차단했다.[28] 바로 그 무렵 뉴욕의 UN 안전보장이사회에서는 UN 회원국이 한국을 도와야 한다는 결의안이 통과 중에 있었다.

UN에서 한국에 대한 지원 결의안이 통과된 6월 29일에, 영국은 극동해역에 있던 해군부대를 미 극동해군사령관에게 배속시켰다. 그 부대는 앤드류스 제독의 지휘하에 항공기 40여 대를 탑재한 1만 3,000톤급 트라이엄프(Triumph) 항공모함, 2척의 순양함, 3척의 구축함 및 4척의 호

위함(Frigate)으로 구성되어 있었다.[29]

한편 워싱턴에서는 한국전쟁에 관한 위기관리 방안을 논의했는데, 애치슨 미 국무장관은 한국의 위기가 신속히 해결되지 않는다면, 미국이 중대한 상황에 직면할 수 있기 때문에 단호하게 대처해야 한다는 의견을 제시했다. 미 합참의장 브래들리 장군은 소련의 개입 가능성을 고려할 때 전략적 가치가 적은 한반도에는 군사력 투입을 최소화해야 하며, 북한이 소련으로부터 공개적인 지원을 받지 않고 공격을 계속할 것이라는 가정하에서 극동군사령부가 북한군을 38선 너머로 구축해야 한다고 주장했다.[30]

생사의 갈림길에 선 주민들은 무작정 피난길에 올랐다. 달구지는 유일한 운송수단이었고, 소나 말은 다급한 순간에 식량을 대신했다.

맥아더 장군은 한국전쟁 상황을 현장에서 몸소 관찰하고자 했다. 6월 29일 오전 6시 10분경에 일본을 떠나 수원에 도착하여 처치 장군, 무초 미국대사 그리고 이승만 대통령과 회담하고, 수많은 피난민과 후퇴하는 군인들 사이로 차량을 타고 다시 한강으로 향했다. 한강의 남쪽 제방에서 서울의 피해 상황과 강 건너에서 발사하는 북한군 포병사격과 폭발 광경을 관측하고, 오후 6시 15분에 한국을 떠나 밤 10시경 도쿄로 복귀했다.

6월 29일 미 국가안전보장회의에서 존슨 미 국방장관은 미군 항공기가 일본에 있는 먼 기지로부터 출격한다면 한반도 상공에서 활동할 시간적 여유가 없기 때문에, 미군이 한반도에 발판을 확보하기 위해서라도 미 지상군 부대의 투입이 불가피하다고 주장했다. 이에 미 행정부는 6월 30일 오전에 극동군사령부에 메시지를 전했다. 그 논지는 극동군사령관이 가용한 해·공군과 부산-진해 지역의 항구와 비행장을 확보할 정도의 제한된 육군 전투부대만을 한국에 투입해야 하며, 38선 이북에 대한 작전은 북한군의 공군기지·보급기지·전차 등 군사목표에 한하여 허용한다는 것이었다.

맥아더 장군도 아시아 대륙의 지상전에 미국이 개입해서는 안 된다는 생각을 가지고 있었지만 자신의 관할지역에서 벌어지고 있는 군사적 도전을 회피할 수 없었다.[31] 그는 도쿄로 복귀하는 비행기 안에서 자신의 판단으로 38선 북쪽에 있는 비행장을 공격하도록 극동공군사령부에 무전을 통해 명령하였다. 맥아더 장군의 그 명령은 합동참모본부의 지시를 받기 전에 취해진 조치였다.[32]

또한 맥아더 장군은 한국군의 군사력이 2만 5,000명도 되지 않으며 지휘체계도 와해되었기 때문에, 방어선을 확보하고 상실된 지역을 회복하기 위해 일본에 주둔 중인 2개 사단의 투입을 승인해줄 것을 워싱턴에 건의하였다.[33]

워싱턴 시각으로 6월 30일 오전 8시 30분, 한국 문제에 관한 정책결정자들이 대통령 집무실에 다시 모였다. 트루먼은 그가 내린 지상군 투입 결정 이후에 2개 사단을 더 파병해 달라는 맥아더 장군의 요구와 북한 지역의 해안을 봉쇄하자는 셔먼 해군 참모총장의 건의를 승인했다. 그날 오후 합동참모본부는 대통령의 결심을 극동군사령관에게 간결한 메시지로 통보하면서 미 지상군의 투입과 운용은 '일본의 안전'을 필수 조건으로 함을 재삼 강조했다.[34]

결국 미 행정부는 공산주의의 확산을 봉쇄하고 강대국으로서의 미국의 국위(reputation)를 고려한 정치적·전략적 이유로 다음과 같이 점증적으로 한국전쟁에 깊숙이 개입하게 되었다.[35]

① 6월 27일: 미국의 민간인 철수를 위한 해·공군 엄호
② 6월 28일: 38선 남쪽에서의 해·공군 작전으로 한국군 지원
③ 6월 29일: 38선 북쪽으로의 해·공군작전의 확대
④ 6월 30일: 제한된 미 지상군부대의 투입

미 대통령, 트루먼
Harry S. Truman, 1884-1972

제1차 세계대전에 대위로 참전한 바 있으며, 1945년 4월 12일에 미국의 제33대 대통령으로 취임했다. 2차 세계대전 후 소련에 대한 봉쇄정책을 표방하고, 서유럽 경제의 지원을 위한 마셜 플랜, 북대서양조약기구(NATO) 설립, 미 중앙정보국(CIA)을 창설했다. 한국전쟁이 발발하자 즉각 개입을 결정했고, 1953년 1월 20일 퇴임 전까지 실질적으로 한국전쟁을 지도했다.

미 국무장관, 애치슨
Acheson, Dean, 1893-1971

1918년 하버드대학 법과대학원을 졸업하고 변호사로 활동하다가 1933년 재무차관으로 공직에 진출했다. 1949년에 미 국무장관으로 취임하여 전후 외교정책을 총괄한바, 애치슨 라인, 태평양안전보장조약(AMZUS 조약), 미-필리핀 상호방위조약, 미일 안전보장조약 등 힘에 의한 대소 봉쇄정책을 구현했으며, 1953년 1월까지 한국전쟁 정책의 최고위 입안자로 봉직했다.

UN군의 편성

UN 안전보장이사회는 UN군사령부 설치에 대한 결의안 제84호를 7월 7일에 가결했다.

결의안의 내용은 미국을 한반도 분쟁문제 처리를 위한 '집행대리인(executive agent)'으로 지정하고, 미국 정부의 책임하에 편성된 통합군사령부가 UN기를 여러 참전국의 국기와 함께 사용하도록 인가하며, 미국이 통합군사령부 책임하에 취해진 작전경과에 관한 적절한 보고서를 안전보장이사회로 제출한다는 것이었다.[36]

집행대리인이라는 미국의 역할로 인해 이후 한국전쟁에 관한 정책과 전쟁 지도는 〈그림 1-2〉에서 보는 것처럼 UN 사무총장이 아닌 미 대통령이 담당하고, 한국 육군은 미 제8군사령관이 지휘하며, 대한민국 정부는 극동군사령관 겸 UN군사령관과 연락하고 조정하는 역할을 수행하게 되었다.[37]

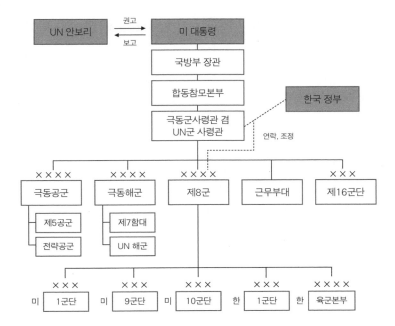

그림 1-2 미국의 한국전쟁 지도 및 지휘체계

출처: 슈나벨 & 왓슨(James F. Schnabel and Robert J. Watson), 『미 합동참모본부사: 제3집 한국전쟁(상)』, pp. 6-7; 일본육전사연구보급회 편, 『한국전쟁』, 2권, p. 240.

한국전쟁 당시 미국의 국방체제는 1947년 및 1949년 개정된 국가안 전보장법(National Security Act)에 근거한 것이었다.[38] 이로써 국방 군사기구 를 국방부(Department of Defense)로 개칭하고, 합동참모본부가 대통령과 국 방장관의 지시나 명령을 해당 전구의 통합사령관에게 하달하는 군령권 을 행사했다.[39]

트루먼 미 대통령은 7월 10일 극동군사령관인 맥아더 장군을 UN군 사령관으로 지명했다. 7월 12일 맥아더 장군은 미 제8군에 한반도의 지 상군 작전책임을 부여했고, 사령관 워커(Walton H. Walker) 육군 중장은 한 국으로 이동하여 주한 미 제8군사령부(EUSAK)를 설치했다. 이승만 대통령은 7월 15일 맥아더 장군에게 한국군에 대한 작전지휘권을 이양했다. 7월 17일 맥아더는 미 제8군사령관, 미 극동해군사령관, 미 극동공군사령관에게 한국군에 대한 작전통제권을 재이양함으로써 지상작전은 UN군사령관이 미 제8군사령관을 통하여 한국군을 지휘하는 방식의 연합작전체제를 갖추게 되었다.[40] 7월 23일에는 조병옥 내무부장관과 미 제8군사령관 워커 장군이 미군의 작전지역에서 공산군 게릴라의 색출을 위해 미군 부대가 한국 경찰을 통제한다는 데 합의함으로써 1만 5,000명의 한국 경찰도 미군에 배속되었다.[41] 7월 24일 맥아더 장군은 도쿄에 있는 극동군사령부를 근간으로 UN군사령부(United Nations Command: UNC)를 설치하고, UN군의 지휘체제를 확립했다.[42]

이제 맥아더 장군은 UN군사령관으로서 한국전쟁에 관한 군사작전의 실질적인 결심권자였다. 당시 맥아더 장군은 미 합참의 통제를 사실상 벗어나 있었고 트루먼 대통령도 그의 존재감에 부담을 느끼고 있었다. 예컨대 트루먼 대통령이 '전쟁 이전 상태로의 회복'을 전쟁의 정치적 목적으로 강조했음에도 맥아더 장군은 '북한군 격멸방안'을 구상하고 있었고, 미 합동참모본부의 지령이 있기 전에 벌써 38선 이북에 대한 공중공격을 명령했다.[43]

UN군 부대는 다양한 국가들로부터 제공되었다. 가장 먼저 참가한 국가는 예상대로 영국연방국가의 회원국이었다. 영국 수상 애틀리는 6월 28일 하원에서 극동해역에 있는 영국 해군을 미 극동해군의 통제하에 둘 것임을 공표했다. 6월 29일에 오스트레일리아 대사는 구축함 1척과 호위함 1척이 UN의 노력에 이용될 수 있으며, 일본에 주둔 중인 무스탕(Mustang) 전투기 1개 대대의 파견도 제안했다. 네덜란드는 수라바야(Surabaya)에 기지를 둔 구축함 1척의 지원을 제의했다. 캐나다 등 원조를

제의한 국가들은 미국의 공식 승인을 기다리지 않고 한국에 파병을 서둘 렀다.[44]

　7월 중순 이후 한국을 돕기 위한 전향적인 조치에 가담할 UN 회원 국의 수가 현저하게 증가했다. 영국은 지상군에 있어서도 지원을 제의한 최초의 국가였다. 7월 25일에 영국 정부는 보병 3개 대대로 구성된 1개 여단, 1개 기갑연대, 그리고 지원포병 및 기타부대 등 총 7,000명의 파견 을 제의했다. 8월 초에 캐나다 역시 3개 보병대대로 구성된 1개 여단의 파견을 제의했고, 오스트레일리아는 1,000명 규모의 1개 보병대대를, 뉴 질랜드는 포병대대를 파견할 것이라고 발표했다. 터키는 4,500명 규모 의 연대전투단을, 태국 정부는 4,000명 규모의 전투단을 제의하여 '아시 아에 대한 백인의 전쟁(white man's war against Asia)'이라는 공산권의 비난을 무색하게 했다. 필리핀도 17대의 셔먼 탱크 지원을 시발로 5,000명 규모 의 연대전투단을, 프랑스는 1척의 초계정을 UN 통제하에 두고 1개 보병 대대를 파견한다고 발표했다. 벨기에와 네덜란드는 각각 대대 규모를 파 견을, 룩셈부르크는 50명으로 구성된 부대를 편성하여 벨기에 대대를 지 원하겠다고 통보해왔다. 또한 덴마크는 의사와 간호원을 갖춘 병원선을, 스웨덴은 야전병원을, 노르웨이는 부대수송용 선박을, 중립국인 인도는 앰뷸런스 부대를 제의했다.

　이상과 같은 참전 규모를 분석해보면 고도로 산업화한 서부 유럽 국 가들이 상대적으로 작은 규모의 부대를 지원하였는데, 이는 서유럽이 2차 세계대전의 후유증으로 여전히 고통받고 있었으며 영국과 프랑스 는 동남아시아에서 공산군과 싸우고 있었기 때문이다.[45]

2

북한군 공격과 미군 전개 간의 시간 싸움

1950년 7월: 지연전

서울을 내준 한국군은 간신히 한강의 남측 방어선에서 북한군의 공세를 저지하고자 했다. 다행히 한국군 제6사단과 제8사단이 춘천과 동해안에서 건제를 유지하여 철수했다.[46] 그러나 미 행정부 관리들은 북한군을 과소평가하고, 한국군의 능력과 사기에 대해서는 지나치게 낙관함으로써 '경찰행동'만으로도 북한군의 공세를 쉽게 저지할 수 있다고 판단한 것 같았다.

맥아더 장군도 자신의 지도력으로 한반도의 위기 상황을 규합할 수 있다는 자신감에 차 있었다. 그에게 있어서 가장 강력한 군사적 수단은 '항공력'이었다. 38선 이북에 대한 공중공격이 승인된 6월 29일 저녁 극동공군 제3폭격전대의 B-26기 18대는 단 한 번의 공격으로 평양 비행장의 북한군 비행기 25대를 파괴했다. 7월 2일엔 연포 비행장의 비행기 9대, 7월 3-4일에는 평양과 온정리 비행장의 비행기 10대를 파괴했다.

B-29 슈퍼포트리스(Superfortress)는 미 보잉 사가 제작하여 1944년 실전에 배치한 전략폭격기로, 10톤의 폭약을 싣고 6,000km를 비행하여 9,000m 고도에서 항공작전을 수행함으로써 당시 어느 나라도 이에 대한 대응이 불가능했다. 특히 태평양전쟁에서 일본 본토 대공습, 사이판·괌 폭격, 히로시마와 나가사키 원폭 투하 등의 항공작전으로 일본의 항복을 이끌어냄으로써 '전략폭격기'의 대명사가 되었다.

북한 공군의 전투기들은 공중전에서 미 공군기의 상대가 될 수 없었다.

미 공군 참모총장 반덴버그(Hoyt S. Vandenberg)는 7월 3일 2개 중폭격기대대를 차출하여 극동공군에 파견했다.[47] 극동공군사령관은 전략공군에서 차출한 중폭기 2개 대대와 극동공군의 제19폭격기대대를 운용하기 위하여 요코다 기지에 폭격기사령부(bomber command)를 창설하고, 한강 이북의 북한군 수송망 차단과 산업시설에 대한 전략폭격(strategic bombing) 임무를 부여했다.[48] 전략폭격의 창시자 두에(Giulio Douher)는 적의 저항의지를 말살하기 위하여 때로는 군사목표보다 공업목표를 중시해야 하며, 적국의 도시에 대한 공격을 주저해서는 안 된다고 강조했었다.[49]

1961년 미 공군 참모총장이 된 당시 전략공군사령관 르메이(Curtis Emerson Lemay)와 폭격기사령관 오도넬(O'donnell)이 전쟁 초기부터 소이탄을 사용하여 북한의 도시에 무차별 폭격을 퍼부을 것을 주장했는데, 이는 태평양전쟁에서 일본이 항복한 것은 미국의 소이탄 공격의 효과였다

는 분석 결과를 인용한 것이지만 받아들여지지 않았다.[50]

미 전략공군에서 차출한 제22 및 제92폭격기대대가 극동으로 이동하자 미 전략공군 정보처는 원산, 평양, 흥남, 청진, 나진의 5개의 주요한 산업지역을 전략목표로 선정했다. 평양은 북한 정권의 수도이고, 평양병기창에서는 자동화기, 탄약, 포탄과 군수차량을 생산하고 있었으며, 북한 공군기의 정비와 철도 공장이 자리하고 있었다. 원산은 주요 항구이며 철도 요충지이자, 아시아 최대의 정유소가 위치하고 있었고 그 외에도 대형 석유저장시설과 철도차량 수리장이 있었다. 동북의 해안도시 흥남에는 극동에서 가장 큰 화학 및 경금속공장과 더불어 질소비료 공장과 화학공장이 있었다.[51] 청진 또한 북한 동북의 항구도시이자 철도창이 있었으며, 나진은 블라디보스토크에서 6마일밖에 안 되는 거리에 위치하고 있으면서 해군의 연료저장시설과 철도공장이 있어 북한은 물론 소련에게도 중요한 지역임이 분명했다.[52]

P-51 머스탱(Mustang)은 1943년에 도입하여 2차 대전 시 활약한 최강의 프로펠러 전투기이다. (최고속도: 703km/h, 무장: 12.7mm 기관총×6)

하지만 전쟁 초기 미 공군의 항공기들은 몇 가지 중요한 맹점이 있었다.[53] 그것은 P-51 및 F-80은 주간에만 근접지원작전이 가능했을 뿐 야간에는 투입 자체가 불가능했으며, 일본 기지에서 이륙한 항공기들은 연료 부족의 압박감 속에 한반도 목표구역 상공에서 10여 분 정도밖에 머물 수 없었다. 또한 소형 정찰기 T-6가 공중통제기 모스키토(mosquito) 임무를 수행하여 목표지역에 도착한 전폭기에게 표적을 지정해주었기 때문에, 전폭기들은 전술항공통제반(TACP)이나 모스키토 정찰기와 접촉하지 못한 경우 적당한 대용 목표물을 빨리 찾아내어 폭격을 단행해야 했다.[54]

F-80 슈팅스타(Shooting Star)는 1944년 도입한 최초의 제트전투기로서 한국전쟁 초기 P-51 과 함께 활약하였다. (최고속도: 965km/h, 무장: 12.7mm 기관총×6, 로켓×8, 폭탄 454kg×2)

한편 해상에서는 2척의 항공모함과 2척의 순양함, 10척의 구축함으로 증강된 미 제7함대(TF 77)가 타이완 해역에서 이동하여 7월 3일 한반도 서해에 전개했다. 미 극동해군사령관 조이 제독은 평양을 포함한 한반도 서북부를 제7함대의 항공작전지대로 할당해줄 것을 건의했고, 영국 항공모함 트라이엄프호의 함재기 21대와 미 밸리 포지호의 함재기 36대가 이틀 동안 평양 비행장과 철도시설을 성공적으로 공격했다.[55]

미 항공모함 밸리 포지호(USS Vally Forge(CV))는 1946년에 진수하여 한국전쟁 개전 당시에 미 7함대 소속 주력 항모였다. 길이는 271m, 속도는 33kts(61km/h), 배수량은 27,100t이다.

　　7월 4일 극동해군사령관 조이 제독은 서해에서는 39°35′N(대동강 하구), 동해에서는 40°51′N(성진만)을 경계로 하는 한반도 전 해안을 봉쇄한다고 선포했다. 이로써 극동해군은 한반도 동서해역 약 500마일에 달하는 해상 수송로의 사용을 통제했는데, 그 통제 대상은 북한의 모든 선박과 UN군에 속하지 않는 모든 국가의 일반 상선이었다. 다시 말하면 모든 일반 상선과 북한군의 함정은 당연히 통제되었지만, 소련과 중국의 군함은 봉쇄의 대상에서 제외하였다.[56] 동해안의 봉쇄는 히긴스 제독의 제96.5기동전대가 4척 이상의 함정을 투입하여 초계임무를 수행했고, 서해안 봉쇄 임무는 제96.8기동전대가 담당했다. 서해안의 어려운 수로 조건에도 불구하고 영국 함정들은 북한군의 해상수송을 철저히 차단했

전함 미주리(Missouri)호는 1944년 진수한 미 해군의 마지막 전함으로, 맥아더 장군이 일본 천황으로부터 항복을 받았던 함정이다. 길이는 270.43m, 속도는 33kts, 배수량은 4만 5,000t이며, 16″ 함포 9문과 5″ 함포 20문을 장착했다.

다.[57] 이러한 UN군의 해상통제에 대하여 소련과 중국은 '봉쇄'를 인정할 수 없다고 항의하고 그 적법성에 대하여 이의를 제기하였지만, 1953년 7월 27일 휴전이 성립할 때까지 3년여간 해상봉쇄는 계속되었다.[58] 이러한 봉쇄작전은 해양통제권의 확보에 의한 결과이며, 바다에서 가까운 교량과 애로 등 주요 표적에 함포사격을 지원함으로써 해상으로부터 고립된 북한군의 철수를 강요했다.[59]

전함에 장착된 9문의 16″(구경 406mm) 함포는 850-1,200kg의 각종 포탄을 분당 2발씩 발사함으로써 5분 만에 90톤의 포탄을 퍼부을 수 있기 때문에, 전쟁 초기 북한군은 항공기를 볼 수 있는 공중공격보다 실로 위력적인 포탄만 날아오는 함포사격을 더 두려워했다.

한편 극동군사령부는 미 제24사단장에게 증강된 1개 대대 규모의 스미스(Charles B. Smith) 특수임무대대를 먼저 한반도에 투입하도록 명령했

아이오와급 전함의 16″ 함포사격

는데, 이는 북한군이 미 육군의 선발대와 접촉하게 되면 곧바로 전투를 중단하고 공격을 포기할 것이라는 워싱턴의 견해를 따른 조치였다.[60] 그러나 북한군은 미군이 생각하는 것처럼 그렇게 약하지 않았다.[61] 7월 5일 지상군으로 처음 투입된 스미스 특수임무부대가 북한군과 조우했으나, 제107전차연대를 앞세운 북한군 제4사단에게 쉽게 붕괴되고 말았다. 스미스 부대의 전투원 504명 중에서 150여 명이 전사하고 31명이 실종되었다. 미 행정부는 북한군이 화력을 집중 운용하고 양익포위와 후방차단에 능하도록 훈련된 부대라는 사실에 놀라지 않을 수 없었다.[62] 미 제24사단장 딘(William F. Dean) 소장은 파도처럼 쇄도하는 북한 보병과 전차를 저지하기 위해서는 전차와 중(重)포로 편성된 강력한 증원부대가 필요하다고 건의했다.[63]

미 합동참모본부는 항공지원부대를 포함한 해병 1개 연대전투단과 당시 가용한 모든 항공기(B-29 2개 폭격단, B-26 폭격기 22대, P-51 전투기 150대)를 함께 파견한다고 7월 3일 통보했다. 그러나 미 육군 2개 사단만으로 북한군을 격퇴시키는 데 충분하지 않다는 것이 명백해지자, 맥아더 장군은 7월 5일 또 다른 요구를 했다. 그는 7월 20일과 8월 10일 사이의 계획된 작전에 제2보병사단, 제2특수공병여단 및 제82공정사단의 1개 연대를 사용할 수 있도록 요청했다. 그러나 일본에 주둔 중인 부대를 제외한 6개 사단 중에서 1개 사단이 독일 점령군 임무를 수행하고 있었으므로, 한국전쟁에 투입 가능한 미 육군은 5개 사단뿐이었다. 합동참모본부는 세계전략 차원에서 군사대비태세가 필요하고 해상수송력이 부족함을 이유로 육군의 증원 요청에 난색을 표명했다.

7월 7일 맥아더 장군은 북한군의 공세를 저지하고 격퇴하려면 4-4.5개의 완전 편성된 사단, 공수능력을 구비한 1개의 공정연대전투단, 3개의 중(中)전차대대로 구성된 기갑연대와 증원포병, 그리고 적절한 규모의 근무지원부대가 필요하다고 다시 보고했다. 북한군이 T-34 전차를 이용한 제병협동 공격과 야간침투식 공격 등 탁월한 전술을 구사하고 있지만, 북한군의 공세를 일단 저지한 후에 공중우세와 해상 통제권을 충분히 이용하여 북한군 후방으로 상륙기동하여 강타한다면 쉽게 제압할 수 있다는 것이 맥아더 장군의 작전 구상이었다.[64]

7월 9일 극동군사령관 맥아더 장군은 이미 결정된 투입부대 이외에 4개 사단으로 구성되고 근무지원능력을 갖춘 1개 군을 적시에 파견해줄 것을 다시 요청하였다.[65] 불과 2일 만에 맥아더 장군이 요청한 전투력은 4개 사단에서 8개 사단으로 2배가 되었다. 그러나 이러한 요구는 당시 상황으로 불가능한 것이었다. 제2보병사단이 투입되면 미국 본토에는 4개 사단만 남게 되는데, 이 중 1개 사단은 한반도에서 운용이 적절하지

않다고 판단된 기갑사단이었다.[66]

한국전쟁의 실상을 확인하기 위하여 육군 참모총장 콜린스 장군(Joseph L. Collins)과 미 공군 참모총장 반덴버그 장군(Hoyt Vandenberg)이 7월 13일 도쿄를 방문했고, 맥아더 장군과 회담한 후에 한반도의 전선지역으로 출발했다. 워커 장군은 한반도에 투입된 미 육군을 지휘하기 위해 이제 막 한국에 도착했다. 미 제24사단은 금강 방어선에서 북한군을 저지하기 위하여 애를 쓰고 있었고, 미 제25보병사단은 방금 한국에 도착했다. 제1기병사단은 일본에서 승선 중이었다. 맥아더 장군은 방문자들에게 투입된 미군 3개 사단으로 전선을 안정시킨 이후에는 증원부대를 상륙작전에 투입하여 반격하려 한다는 작전구상을 설명하면서, 자신은 단순히 북한군을 구축하는 것이 아니라 '격멸'하려 한다는 강력한 의지를 표명하였다.[67]

광복절(8월 15일)까지 부산을 점령하겠다는 북한군이나 이를 저지하려는 UN군 모두에게 있어서 대전은 중요한 지역이었다.[68] 7월 10일부터 미 제24사단과 한국군이 대전에서 방어선을 구축했는데, 7월 14일 북한군 4개 사단이 T-34 탱크를 앞세우고 포병의 지원하에 공격을 했다. 미군의 2.36인치 바주카포는 소련제 탱크를 관통할 수 없었다. 결국 7월 16일 야간에 대전 방어선은 무너졌고, 7월 19일에 북한군 제3·4사단과 제105전차사단은 대전의 서북쪽과 서남쪽으로 우회하여 미 제24사단의 퇴로를 차단하였다. 7월 5일부터 한국전쟁에 투입된 미 제24사단은 실종자 2,400여 명을 포함하여 30% 이상의 병력이 손실되었다.[69]

한편 미 극동해군의 제90기동부대 지휘관 도일(J. H. Doyle) 제독은 미 제1기병사단을 포항으로 상륙시키라는 명령을 받고, 2척의 수송선을 개조하고 6척의 옛 일본군 수송선으로 선단을 편성하여 7월 15일 도쿄와 요코스카(橫須賀)항에서 출항했다. 상륙부대는 태풍 그레이스를 피하여

7월 18일 오전 5시에 포항에 1만 27명의 병력과 2,027대의 전차와 차량, 2,029톤의 화물을 하역했다. 대전 방어선이 무너지는 상황에서 진행된 미 제1기병사단의 포항 상륙은 해상통제와 수송력이 한국전쟁 초기에 결정적인 역할을 했음을 보여준 대표적인 사례였다.[70]

포항 상륙이 성공적으로 진행되는 가운데, 항공모함 밸리 포지호와 트라이엄프호를 중심으로 한 제7함대의 함정들이 포항 북동 60마일 지점의 동해상에 모습을 드러냈다. 밸리 포지 항공모함은 제5항모비행전대를 탑재했는데, 이 비행전대는 F9F-2 팬더(Panther)기 2개 제트전투기대대, 피스톤엔진식인 F4U-4B 보트(Vought)기 2개 대대와 AD-4 스카이레이더(Skyraider) 1개 대대, 총 86대의 함재기를 탑재하고 있었다.[71] 밸리 포지 항모의 비행전대는 7월 19일까지 평양-원산-흥남과 함흥에 이르는 철도시설, 공장시설, 비행장 등에 대한 공중폭격을 감행했다.[72] 원산 정유공장의 1만 2,000톤이나 되는 유류가 4일 동안 불길에 휩싸이면서 원산은 폐허가 되어버렸다.[73] 이것은 극동해군의 도일 제독이 극동공군 사령관 스트래트마이어 장군과 협의하여 해군이 38선 이북에 대한 전략폭격을 담당하기로 한 이후 첫 번째 공격이었다.

한편 트루먼 대통령은 7월 19일에 행한 라디오·텔레비전 연설에서 '우리의 안보와 세계의 평화'가 한반도에 달려 있다고 천명하고, 의회에 추가 예산 요청서를 제출했다. 의회는 예산안과 군 인력에 관한 제한조치를 철회해달라는 대통령의 요청을 곧바로 승인했다. 예비군에 대한 국가동원이 7월 20일부터 시작되었다. 바로 그날 이후 북한군 공군은 완전히 자취를 감추었고, UN 공군은 한반도 전역에서 제공권을 장악하게 되었다.[74] UN군의 제공권 장악은 전쟁의 흐름을 순식간에 바꿔놓았다. UN 공군의 항공기는 적기의 출현을 걱정하지 않았고, 항공모함은 물론

1950년 7월 원산 정유공장에 대한 UN군의 전략폭격

소형 함정들도 해안 가까이에서 마음 놓고 작전을 수행할 수 있게 되었다.[75] 미 공군의 전폭기는 38선 이북의 평양, 남포, 해주, 원산, 함흥 등의 주요 도시들뿐만 아니라 북한군이 점령하고 있는 서울, 춘천, 개성, 의정부, 주문진, 강릉 등의 도시들을 폭격했으며,[76] 북한의 철도와 교량 및 도로를 파괴함으로써 수송망을 무력화시켰다.[77]

북한 지상군의 공격을 저지하기가 힘겨운 상황에서 미 제25사단도 일본 규슈를 출발하여 부산으로 이동했다.[78] 포항으로 상륙한 미 제1기병사단은 다음 날 영동 일대에서 투입되었다가, 7월 22일에는 북한군 제3사단과 대적했다.

한편 중동부 산악지대인 이화령-조령-풍기를 잇는 소백산맥에서는 한국군 5개 사단(수도 · 제1 · 제2 · 제6 · 제8사단 등)이 북한군 제2군단(제1 ·

미국의 6 · 25전쟁사

제8 · 제12 · 제13 · 제15사단 등)의 공세를 저지하고 있었다. 그러나 7월 23일에도 미 제8군은 북한군에게 계속 부산으로 밀리고 있었다. 북한군이 주로 야간에 침투하는 방식으로 공격했기 때문에 미군들은 북한군이 어디까지 전진하고 있는지 알지 못한 채 허둥댈 수밖에 없었다. 그것은 한국전쟁 초기 미 육군의 사단들이 주요 도로를 중심으로 하는 기동방어 방식으로 전쟁을 수행했기 때문이었다. 미 육군의 사단들은 20-25km에 이르는 광범위한 정면을 방어하다가, 북한군의 우회나 측방 포위 등 미미한 위협에도 후퇴만 반복할 뿐이었다.[79]

7월 24일 미 해군 정찰기가 한반도 서남쪽에 미상의 군대가 이동하고 있음을 발견했다. 그 부대는 북한군 제6사단으로 1개의 모터사이클 연대와 함께 서해 방면을 공격하여 7월 20일에는 전주를, 7월 23일에는 영광과 고창을 점령하고, 부산을 향해 기동하고 있었다.[80]

미 제8군사령관은 지상군의 상황이 위급하다고 판단하고, 도쿄에 근접항공 지원을 요청했다. 항공모함의 함재기에 의한 근접항공 지원(Close Air Support: CAS)이 이때부터 이루어졌고, 인천상륙작전 때까지 계속되었다. 하지만 항모 함재기들에게 표적을 제공하는 공군 통제기가 너무 적었고 통신망이 폭주하여 지상군에 대한 근접지원이 곤란한 상황이었다. 합동작전을 할 수 있는 지도도 없었고, 한국의 지명을 발음하고 듣기도 어려웠다. 해군 항공기들은 직접 표적을 찾아 공격하거나, 항모로 귀환하다가 탑재한 폭탄을 바다에 버리기도 했다. 이후 극동해군사령관 조이 제독은 항공함포연락부대(Air Naval Gunfire Liaison Company: ANGLICO)를 편성하여 육상 표적에 대한 해군 함포와 해군 함재기를 유도하는 훈련을 집중적으로 실시했다.[81]

UN군 항공기의 근접항공 지원작전이 급증하면서 북한군의 전투양상이 변화하기 시작했다. 북한군 공격의 주력이었던 T-34 탱크와 자주포는 UN군의 공중공격으로 말미암아 낙동강 전선에 도달하기도 전에 대부분 파괴되었다.[82] 또한 항공기를 활용한 공중공격은 그 자체의 성과와 더불어 북한군의 사기 하락에 미친 영향이 지대했다. 북한군은 공중공격을 회피하는 데 급급하여 주간작전을 실시할 수 없었고, 가급적 한국군이 담당하는 축선으로 산악도로를 이용한 우회, 측방공격, 독립 저항거점의 포위 등의 야간공세를 지속했다.[83] 그러나 UN군 항공기의 지상군 근접지원의 성과는 예상보다 저조했던 것 같다. 예컨대 미 육군이 한국전쟁 기간에 파괴되거나 유기된 T-34 전차 256대를 분석한 결과, 네이팜탄을 포함한 항공기 공격으로 파괴된 것은 29대(11.3%)뿐이었다.[84]

7월 30일 미 제22 및 제92폭격전대의 B-29 중폭격기 47대가 흥남의 조선 질소화학공장에 약 500톤의 폭탄을 투하하여 시설의 30%를 완전 파괴하고 40%의 심각한 손상을 입혔다. 미 합동참모본부는 전략폭격의 유용성을 확인하고 2개의 중폭격기 전대를 추가로 지원하여 나머지 북한의 산업시설에 대한 폭격을 계속하도록 지시했다.[85]

한편 태평양함대 소속의 공격항공모함(CVA) 복서(Boxer)호는 7월 23일에, 시실리(Sicily)호는 27일에 요코스카에 도착하였고, 7월 31일 바둥 스트레이트(Badoeng Strait)호가, 필리핀 씨(Philippine Sea)호는 8월 1일에 고베(神戶)에 도착하여 한반도 해상작전을 차질 없이 준비하고 있었다.[86]

7월 31일 미 제25사단이 상주에서 철수하자 미 제8군사령관은 낙동강 방어선으로 부대를 재배치했다.[87] 미 제8군의 낙동강 방어선은 총 240km로, 왜관에서 영덕에 이르는 중동부의 산악지역 128km는 한국군 5개 사단(제1 · 제3 · 제6 · 제8 · 수도사단)이 담당했고, 왜관에서 남으로 마산에 이르는 중부 및 서부 정면 112km는 미군 4개 사단(제1기병 · 제2 · 제

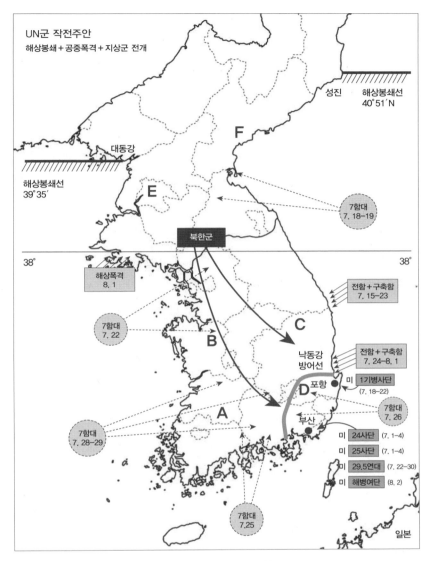

UN군 작전주안
해상봉쇄 + 공중폭격 + 지상군 전개

성진
해상봉쇄선
40°51´N

F

대동강

해상봉쇄선
39°35´

E

북한군

38°   38°

해상폭격
8. 1

7함대
7. 18-19

전함 + 구축함
7. 15-23

7함대
7. 22

C

B

낙동강
방어선

전함 + 구축함
7. 24-8. 1

미 1기병사단
(7. 18-22)

포항

D

7함대
7. 26

A

부산

미 24사단 (7. 1-4)

미 25사단 (7. 1-4)

미 29.5연대 (7. 22-30)

미 해병여단 (8. 2)

7함대
7. 28-29

7함대
7.25

일본

그림 1-3 1950년 7월, 북한군 공격과 미군의 전개 및 지연전 상황[88]

출처: Appleman, South to the Naktong, p. 337(Map 13); 조성훈, 『한미군사관계의 형성과 발전』, p. 76; 필드(James A. Field, Jr), 『미 해군 한국전 참전사』, pp. 142, 152, 178을 참조하여 재구성.

24 · 제25사단)과 미 제1해병임시여단을 배비했다.

지금까지 살펴본 바를 요약하면 〈그림 1-3〉과 같이 정리할 수 있다. 1950년 7월의 한반도는 북한군이 한반도를 조기에 석권하기 위하여 파죽지세로 남진하고 있는 상황에서, 미 극동해군은 동 · 서해안을 봉쇄하고 함포 등 가용한 해상화력으로 동해안 7번 국도를 이용한 북한군의 진격을 저지했으며, 극동공군과 항공모함 함재기 등 UN군의 모든 항공력은 낙동강 방어선 일대("D")에 대한 근접화력지원(Close Air Support), 종심지역("A", "B", "C")에서의 북한군 증원의 차단(Interdiction)과 북한 지역("E", "F")에 대한 전략폭격을 지속하는 가운데, 제1기병사단 등 미 육군 4개 사단이 부산항과 포항으로 상륙하여 지상전투에 가담함으로써 UN군은 북한군의 진격과 미군의 한반도 전개 간의 긴박한 시간 싸움에서 승리하고 차후 낙동강 선에서의 방어전투를 준비할 수 있게 되었다.[89]

1950년 8월: 낙동강 선 방어

8월 초 UN군의 지상전투를 담당했던 미 제8군은 낙동강의 모든 교량을 폭파하고, 방어진지가 연결된 일련의 "낙동강 방어선"을 구축함으로써 심리적인 안도감을 갖게 되었다.[90]

미 육군의 사단들은 전쟁 초기에 북한군의 침투식 공격에 당황하고 예기치 않게 많은 피해를 입었지만, 전투를 계속하게 되면서 북한군의 야간전투, 우회침투, 백병전 등 상투적인 전술을 간파하게 되었고, 한국의 지형과 기상에 익숙해지면서 차츰 전투력이 강화되는 모습을 보였다.

또한 북한군 전차를 대적할 기갑전력에도 변화가 생겼다. 한국전쟁에 투입된 미 제24 · 제25 · 제1기병사단의 전차중대는 중(中)전차인 M4A3

로 편제해 있었기 때문에 85mm 주포와 두꺼운 장갑을 구비한 소련제 T-34 전차를 상대할 수 없었다. 그러나 8월 2일 임시 1해병여단과 함께 마산 지역에 투입된 90mm 주포의 M26 퍼싱(Pershing) 중(重)전차가 북한 군 제4사단의 T-34 전차를 격파했다. 미군의 중(重)전차 전력은 8월 4일 89전차대대가 마산 지역에 투입된 이후, 제6·제70·제72·제73전차 대대가 계속하여 부산항에 도착했다. 8월 중순 미 제8군의 중(重)전차는 6개 전차대대 약 500여 대 규모로 기갑전력에서도 절대적인 우세를 점하게 되었다.[91] 또한 미 제8군사령관은 미 제1군단을 8월 2일에 재창설하고, 미 제9군단을 8월 10일에 재창설하여 지휘체제도 갖추어나갔다.

1950년 8월 초, 미 제8군의 지상군 전력은 〈표 1-2〉와 같이, 북한군 과 비교하여 수적으로도 약 2 대 1로 우세했다.

표 1-2 1950년 8월 초 지상군 전투력 비교[92]

구분	북한군	비	UN군
병력	70,000명	1 : 2.0	137,650명
전차	40대	1 : 7.5	300대

출처: 일본육전사연구보급회, 『한국전쟁 2권: 부산 교두보 확보』, p. 71.

극동해군도 대폭적인 증강이 이루어졌다. 항공모함은 전쟁 초기에 미 제7함대 소속의 밸리 포지와 영국 트라이엄프 2척뿐이었으나, 7월 말 미 항모 시실리(Sicily)와 바둥 스트레이트가 도착하여 근접항공 지원임무를 수행하였다. 그리고 8월 5일에 도착한 미 항모 필리핀 씨호가 제7함대 (TF 77)에 배속됨으로써 한반도 해역에 투입된 미군의 항공모함은 4척이 되었다.[93]

북한군의 전투의지는 급격히 저하되었다. 그것은 UN군의 공중공격

결과만이 아니라 북한군 자체의 군수보급 문제 때문이었다. 7월 한 달 동안 부산으로 양육한 미군의 군수물자는 30만 9,000톤에 달했지만, 동 기간 북한군은 겨우 1,500톤을 전선에 지원했다. 이는 미군 3명에게 1개월 동안 트럭 한 대분의 물자를 컨테이너, 트럭, 항공기로 공급했다면, 북한군 3명에게는 자전거 한 대분을 지게와 우마차로 지원한 것과 같다. 손자(孫子)가 일찍이 군수물자와 식량이 떨어진 군대는 존재가치가 없다고 갈파했듯이 북한군도 이미 승리와는 거리가 멀어져갔다.[94]

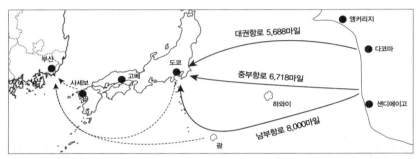

그림 1-4 미군의 증원과 군수지원

미국이 지구 반대편에 있는 한반도에서까지 군수지원 면에서 우세를 보일 수 있었던 것은 자국의 산업과 해상수송력 이외에 일본을 UN군의 병참기지로 활용했기 때문이었다. 예컨대 전쟁 초기 가장 시급했던 품목은 대전차지뢰였는데, 극동군사령부는 일본에서 급히 제조한 3,000발의 대전차지뢰를 7월 18일에 부산항으로 보급했다. 그리고 일본에서 가동하거나 지원할 수 없는 물자와 장비만 미국에서 조달되었다. 또한 주 양육항구였던 부산항은 4개의 부두가 있어서 하루 취급물량이 1만 4,000톤으로 제한되었지만 다행스럽게도 북한군에게는 이를 방해할 해군과 공군력이 없었다.[95]

군수품 하역

1950년 부산항

    그렇지만 이러한 UN군 전력 및 군수지원능력과는 반대로 미 제8군
은 수적으로도 열세한 북한군에게 계속하여 수세에 몰려 있었다. 북한군
은 추격의 여세를 몰아 여러 정면에서 국부적인 돌파에 성공하고 있었
고, 특히 낙동강 방어선 북부의 한국군 방어 정면을 약 60km나 몰아붙
이고 있었다. 말하자면 "방어를 하면 병력이 아무리 많아도 부족하지만,
공격을 하면 자연히 전투병력에 여유가 생기는 현상"이 나타나고 있었
다.[96] 김일성은 8월 15일을 '대구 점령의 날'로 정하고 북한군의 공세를
독려했다. 미 제8군사령관 워커 장군은 미 제24사단이 방어하고 있는 영
산 정면을 가장 위험한 방어구역으로 판단했다. 미 제8군의 방어 상황은
해·공군의 지원에도 불구하고 쉽게 호전되지 않았다. 미 제25사단이 주
축이 된 킨 특수임무부대는 8월 7일부터 13일까지 진주에서 부산 점령
을 목표로 공격해오는 북한군 제6사단을 겨우 저지하고 있었다.[97] 대구
동쪽의 한국군 방어 정면에서는 8월 9일에 북한군 제12사단이 기계에서
안강 방향으로 위협하였다. 10일에는 북한군 제5사단 일부가 돌연 포항
북쪽에 침입하여 영덕 남쪽을 방어하고 있던 한국 제3사단의 후방을 차
단하였다.

이와 같이 지상군 상황이 계속 악화되자 8월 8일부터 극동해군의 모든 함재기가 지상군 근접항공 지원작전에 투입되었고, 극동공군은 지상군 후방차단작전과 근접항공 지원에 주력했다. 대체로 한강을 기준으로 이북지역은 폭격기사령부가, 이남지역은 미 제5공군이 담당했다.

미 행정부는 극동전구에 투입할 부대를 8월 10일에 최종적으로 승인했다. 맥아더 장군은 이미 극동에 위치한 4개 사단과 1개 연대 외에 3개의 완편 사단(육군 2, 해병 1)을 운용할 수 있게 되었다.[98] 맥아더 장군이 요구한 주요 전력은 미 제3사단이었다. 그런데 제3사단은 육군의 보충부대 역할을 하고 있었기 때문에 전투준비태세가 의문시되었다. 맥아더 장군은 제3사단을 일본 점령군으로 운용하고, 그 대신 일본 본토를 지키던 마지막 제7사단을 한국에 투입하는 방안을 제의했다. 이러한 상황에서 전선을 안정시키려는 목표가 어느 정도 달성되고 있었다. 그러나 낙동강 방어선은 6개 대대로 편성된 1개 사단이 평균 19.2km 정면을 방어하고 있었고, 어떤 중대는 930m 정면을 담당해야 했기 때문에 북한군의 침투부대를 방어하기에는 역부족이었다. 맥아더 장군은 북한군의 공세를 일단 저지한 후에 미 해병 제1여단을 북한군 배후로 상륙시켜 포위한다는 구상을 가지고 있었지만, 낙동강 방어 상황이 악화되자 8월 7일에 미 해병 제1여단마저 진주 지역의 방어에 우선 투입했었다.

한편 극동해군의 96.51기동전대가 8월 16일에 함포사격으로 북한군의 남진을 저지하면서 한국군 제3사단의 해상 철수와 구룡포 재상륙을 지원함으로써 새로운 방어선이 구축되었다.[99]

같은 날 대구 전선의 방어가 의문시되자, 맥아더 장군은 미 극동공군사령관에게 대구 정면에 대한 융단폭격(carpet bombing)을 지시했다. 미 극동공군사령부는 98대의 B-29 폭격기를 출격시켜 11시 58분부터 26분

왜관 서북쪽 낙동강 주변의 북한군 집결지에 융단폭격을 하고 있는 B-29 폭격기

간에 960톤의 폭탄을 퍼부었다.

한국전쟁 초기 공군 '정밀폭격'의 목표적중률은 매우 낮았지만, 북한 군 포병과 지원부대에 상당한 피해를 주었고 북한군의 사기를 저하시키 는 심리적 효과도 지대했다.[100] 북한군의 병참선이 길어지면서 보급사정 은 더욱 악화되었고, 전투양상도 변화했다. 북한군은 주간 공격보다 산 악을 이용한 야간침투에 주력하게 되었고, 서부전선보다 중부 산악지역 에서의 공세에 치중했다.

8월 하순의 10일간은 모처럼 전선에 소강상태가 유지되고 있었다. 북한군의 주력은 많은 피해를 입어 재편성이 필요한 상황이었고 미 제8 군의 사정도 마찬가지였다. 전세(戰勢)는 누가 누구를 포위하고 있는지 모르는 상황이었다. 한반도의 주변 해상과 상공은 UN군이 장악하여 봉 쇄하고 있었지만, 지상에서는 북한군이 미 제8군의 낙동강 방어선에 대 한 돌파를 모색하고 있었다.

한편 미국은 전투병력 부족 문제를 미군 자체의 동원과 한국군을 미군에 편입시켜 보충하는 방법으로 해결해나갔다. 한국전쟁이 2개월쯤 경과했을 때인 1950년 8월 28일까지 미 육군은 9만 3,586명의 병과 1만 584명의 장교를, 해군과 해병대는 10만 3,883명을, 공군은 4만 9,672명을 동원했다.[101] 또한 미 제8군은 한국군 병사를 미군 사단에 편입시키는 이례적인 조치를 취했다. 이는 8월의 미군 보충인원이 1만 1,115명이었는데 반하여, 전투손실의 누계는 1만 9,165명에 달했기 때문이었다. 8월 15일 미 제8군은 한국군 병사 3만-4만 명을 주한미군 4개 사단과 요코하마 지역에서 인천 상륙을 준비 중인 제7사단에 배속하기로 하고, 1개 사단당 8,300명을 한도로 하여 주로 미군 보병중대와 포병중대에 한국군 병사 약 100명씩을 '짝짓기 방식'으로 충원했다.

1950년 9월: 공세이전의 전기 마련

참전 초기 미 제8군은 지상전투에서 힘겨워했지만, 7-8월간 미 항공력의 공중폭격과 낙동강 방어선 전투의 성공으로 말미암아 UN군사령부는 전황 반전의 계기를 만들어갈 수 있게 되었다.[102] 9월 1일 낙동강 전선에서 UN군과 북한군 간의 지상군 전투력 비는 미 제8군이 병력은 1.8 : 1, 전차는 6 : 1로 우세했다. 한편 상륙작전부대로 지정된 미 제1해병사단, 미 제7사단, 한국군 제1해병연대, 한국군 제17연대는 낙동강 전선에서 이탈하여 상륙훈련을 실시하고 있거나 또는 승선 대기 중에 있었다.

미 제8군의 정보판단에 의하면 9월 1일 낙동강 전선에 투입된 북한군의 사단 병력은 5,000명에서 1만 명 선으로 크게 감소되어 있었고, 해군과 공군력을 제외하고라도 지상군 병력의 비는 〈표 1-3〉과 같이 북한군이 열세에 있었다.[103]

표 1-3 한국전쟁 초기 피아 지상군 전투병력 비교

구분 날짜	북한군	병력비	한국군 또는 UN군
6. 25	196,680명	2.0 : 1	96,140명
8. 1	70,000명	1 : 2.0	137,650명
9. 1	98,000명	1 : 1.8	176,326명

출처: 6월 25일 현황은 국방부 전사편찬위원회, 『한국전쟁사』, 제1권(서울: 국방부 전사편찬위원회, 1967), pp. 37~38.

그러나 김일성은 9월 공세에 명운을 걸었다. 북한군은 새로 편성한 제7 · 제9사단과 제16 · 제17기갑여단(소련제 T-34 전차 각 43대로 편성)을 낙동강 전선에 추가로 투입했다. 전선 상황의 추이를 지켜보던 마오쩌둥과 소련 고문단이 UN군의 후방상륙에 대비하여 주력부대의 일부를 서울 지역으로 재배치할 것을 권고했으나, 김일성은 이를 무시하고 부산 점령에 전력을 기울였다.

김일성은 낙동강 선의 UN군을 서쪽과 북쪽에서 타격하여 대구와 영천 일대에서 포위섬멸하고, 최종적으로 부산을 점령하려 했다. 서부의 북한군 제1군단은 6개 사단으로 8월 31일 오후 11시에 먼저 공격을 개시하여 대구-부산 간 축선의 차단을 기도하였고, 동부의 북한군 제2군단은 7개 사단으로 9월 2일 오후 6시에 후속 공격을 개시했다.[104]

미 제8군은 북한군의 공세를 저지하고 미 증원부대의 관문이자 전략적 거점인 부산 교두보를 반드시 확보해야 했다. 9월 4일 경주가 피탈 직전이었고, 영천은 북한군 제15사단의 공세에 시달리고 있었다. 가산과 다부동은 이미 북한군의 수중에 들어갔다. 미 제7기병연대는 북한군과 뒤섞여버렸다. 마산 정면의 혼전이 계속되고 있는 가운데, 영산과 창원 정면은 깊숙이 돌파되었다. 그날 저녁 미 제8군사령부는 '데이비드슨 선'으로 철수를 검토했으나, 공격작전을 개시하고 하루나 이틀 후면 시들고

마는 북한군의 작전역량을 간파한 미 제8군사령관 워커 장군은 후퇴함이 없이 당시의 전선에서 방어작전을 계속하기로 결단했다.[105]

9월 5일 미 제8군의 후방사령부와 한국 육군본부가 부산 동래로 이동하자 '미군 철군설'과 '한국 정부의 제주도 이전설'과 같은 유언비어가 난무하였다.[106] 동부에서 한국군 제3사단이 포항을 빼앗겼기 때문에 미 제5공군도 연일 비행장을 포기해야 했다. 그날 미군은 한국전쟁 기간 가장 많은 인명손실(육군과 해병대를 합하여 2,364명)을 입었다. 그러나 다음 날부터 북한군의 공격력은 눈에 띄게 약해져가고 있었다. 결국 북한군은 몇몇 지점에서는 성공을 거두었으나 UN군의 화력에 많은 피해만 업고 말았다.[107]

북한군이 낙동강 선에서의 공세에 실패한 이유는 무엇보다 UN군의 항공작전능력 때문이었다. 북한군은 UN군 항공기의 공격에 노출되지 않아야 했기 때문에 주로 야간에만 산악지형을 이용하여 제한적으로 전투를 수행할 수밖에 없었다. 또한 한국군과 미군의 방어전선이 완벽하게 연결되었기 때문에 북한군의 일점양면 침투와 포위전술이 더 이상 통하지 않았으며, 방어선을 돌파하더라도 기동력이 우세한 미 제8군이 예비대를 투입하여 신속하게 역습을 가해왔다.[108] 그리고 극동해군은 지상군에 대한 항공화력 지원 및 함포 지원사격과 더불어 미 제8군 병력과 전쟁 물자를 적시에 수송하는 중요한 역할을 담당했다.[109]

9월 공세에서 큰 타격을 입은 북한군의 전력은 현저하게 감소되었다. 더욱이 식량 보급은 정량의 절반 또는 1/3 이하로 줄어들었고, 혹서기 더위와 야간전투에 시달린 병사들은 극도로 피로한 데다가 영양실조까지 생겨 북한군의 사기는 저하일로에 있었다.[110]

이제 UN군은 제해권과 제공권을 완전히 장악한 가운데 미 제8군도 낙동강 방어선에서의 반격 여건이 조성되었다. 따라서 UN(극동)군사령관 맥아더 장군은 북한군을 전략적으로 포위하여 격멸하기 위한 인천상륙작전을 착실하게 진행할 수 있었다.

요약

- 1950년 당시 미국 외교 · 군사정책의 근간은 '대소련 봉쇄정책'과 '유럽방위 우선'이었으며, 도쿄에 위치한 미 극동군사령부의 주된 임무는 당연히 소련을 염두에 둔 '일본 방위'였다. 그러나 한국전쟁이 발발하자 미국은 공산주의의 확산을 봉쇄하고 강대국으로서의 미국의 국위(reputation)를 고려한 정치전략적 이유로 즉각 개입을 결정했고, 그 과정은 UN 안전보장이사회 결의에 근거를 두었다.

- 미국의 확실한 군사적 수단은 항공력이었다. 미 행정부는 UN군을 편성하면서 1,200대가 넘는 항공기를 동원했고, 동 · 서해안에 4척의 항공모함과 각종 전함을 전개하여 화력을 지원하고 해상을 봉쇄했다.

- 극동군사령부는 북한군이 미군을 보면 쉽게 전쟁을 포기할지도 모른다는 낙관적 전망으로 최초 미 제24사단을 차례로 투입했다.

- 미국의 해군력은 미 제24사단 등 증강된 4개 사단 규모를 해상으로 수송하여 '북한군의 공격 기동'과 '미 지상군의 전개'라는 시간과의 싸움에서 승리했다.

- 한국전쟁은 미 행정부와 합동참모본부의 판단과 의도보다 현지 전구사령관인 맥아더 장군의 결심에 의존하는 경향을 보였다. UN의 결의안에 따라 미 행정부는 '북한군의 격퇴'를 전쟁정책으로 표방했지만 맥아더 장군은 북한군을 "격멸"하기 위한 군사작전을 구상하고 이를 관철시켜나갔으며, 한국전쟁 개입 초기부터 북한군을 전략적으로 포위하여 격멸하기 위한 인천상륙작전을 착실하게 준비하고 있었다.

2부

맥아더의 전쟁

1950. 9. 15-1950. 11. 24

이 장에서는 인천상륙작전의 성공으로 단번에 공세이전의 계기를 마련한
UN군이 압록강-두만강 선을 향해 진격함으로써 한국전쟁을 종결하고
자 했던 기간의 전쟁사를 군사전략 수준에서 살펴본다.

질문들

- 1950년 9월 15일 인천상륙작전의 화려한 성공에도 불구하고 서울 수복까지 14일이 소요되었고, 결과적으로 북한군은 패주했지만 괴멸적인 타격은 입지 않았다. 이처럼 소위 '전략적 포위기동'의 성과가 결정적이지 못했던 원인은 무엇인가?

- 한국전쟁은 극동군사령관 겸 UN군사령관 맥아더 장군의 결심 아래 수행되었다. 북한군의 남침을 격퇴하고 38도선을 넘어 추격작전을 전개하면서 미 제8군은 서부지역을, 미 제10군단은 맥아더 장군의 지휘 아래 원산으로 재상륙하여 동부지역에서 공격하도록 지휘체계를 이원화했다. 원산으로의 재상륙작전을 위해 시간을 소비하지 않았더라면 역사는 어떻게 바뀌었을까?

- 1950년 10월 19일 중국군의 한국전쟁 개입 이후, 소위 중국군의 제1차 공세로 인해 미 제1기병사단이 많은 피해를 입었다. 이후 중국군에 관한 많은 정보가 있었음에도 참전 여부와 규모를 오판함으로써 크리스마스 총공세를 단행하게 되었는데, 정보적 판단의 오류는 어디서 기인되었는가?

- 전장에서의 군사적 판단과 정부 차원의 정치적 · 전략적 판단의 결과가 다를 때, 누가 어떻게 조정해야 하며 그 결심권자는 누구일까?

1

전략적 포위

인천상륙작전

서울이 북한군에게 함락된 다음 날인 1950년 6월 29일에 맥아더 장군은 한강변에서 전장상황을 관찰했다. 태평양전쟁에서 수많은 상륙작전을 성공시킨 바 있었던 그는 다시 한 번 상륙작전을 구상했다. 그것은 미 제24사단으로 북한군의 남하를 저지한 후 인천 상륙을 통해 북한군을 일거에 격멸시키는 것이었다.[1] UN군사령부는 1개의 해병전투단을 일본에 있는 제1기병사단과 함께 인천에 상륙시켜 북한군을 포위하려는 작전을 7월 22일에 시작할 예정이었으나, 북한군의 전진속도가 너무 빨라 무산되었다. 제1기병사단뿐만 아니라, 해병전투단마저 낙동강 방어선을 안정시키기 위하여 투입시켜야 했다.[2]

7월 초 맥아더는 미 극동사령부 작전부장 라이트(Edwin K. Wright) 준장을 합동전략작전기획단장으로 임명했다. UN군사령부는 7월 23일에 상륙작전계획을 암호명 '크로마이트(Operation Chromite)'로 명명했고, 7월

말부터 인천항 일대의 해양 상태와 경계태세를 조사하는 등 상륙작전 준비를 서둘러 시작했다.[3]

하지만 미 합참이 한반도에서 상륙작전 계획을 감지한 것은 극동군사령부가 목적을 밝히지 않은 채 7월 10일, 15일, 19일 세 차례에 걸쳐 제1해병사단의 한국 파병을 요청하면서부터였다. 그리고 8월 초 극동군사령부가 상륙작전 지역을 인천으로 확정했다는 사실이 알려지자, 미합참은 몇 가지 이유로 난색을 표했다. 먼저 인천의 조수간만 차는 6.9m로 간조 시에는 폭 2-6km의 갯벌이 드러나기 때문에 최소 수심 7-8.8m를 필요로 하는 상륙주정과 상륙함(LST)의 기동 가능시간이 3시간으로 제한된다는 점이었다. 둘째, 인천항으로 진입이 가능한 수로는 폭 1.8-2km, 수심 10-18m인 비어수로(flying fish channel) 하나밖에 없어서 상륙선이 포격을 받거나 기뢰에 좌초될 경우 진입로가 봉쇄될 우려가 있었다. 셋째, 월미도를 점령하지 않고는 인천항 상륙이 곤란하여 두 단계의 작전으로 구분해서 실시해야 했다. 넷째, 인천항은 부두가 높이 5-6m의 해벽으로 이루어져 있어야 상륙주정으로 접근한다 해도 사다리를 설치해야 한다는 점이었다.

8월 12일 극동군사령부 합동전략기획단은 작전계획 100-B를 하달했다. 8월 18일에는 미 육전대 1개 중대 규모가 덕적도를 점령하고, 한국 해군이 8월 20일 영흥도에 상륙하여 23일까지 활동하는 등 미군과 한국군의 정찰활동이 북한의 신경을 곤두서게 했다. 일본의 사가미 해안에서 미군이 상륙연습을 한다는 첩보도 북한군에 흘러들어 갔다.[4]

미 행정부가 맥아더 장군의 인천상륙작전을 염려하던 중인 8월 23일에 해군 참모총장 셔먼(Forrest P. Sherman) 제독과 육군 참모총장 콜린스(J. Lawton Collins) 장군이 도쿄를 방문하여 군산을 대안으로 제시했다. 하지만 맥아더는 인천상륙작전의 효용성과 승리에 대한 확신으로 가득 차 있었고, 인천상륙작전은 반드시 성공하며 이로 인해 10만 명의 생명을 구할 수 있을 것이라고 강변했다. 그날 인천상륙작전은 사실상 확정되었다. 이 작전의 주역인 스트러블(A. D. Struble) 제7함대사령관은 제2차 세계대전 중 노르웨이, 레이테, 오르모크만, 민도로 등 22개의 상륙작전을 지휘한 경험이 있었으며, 도일(J. H. Doyle) 제독은 남태평양 상륙군 부대의 참모였고, 스미스(Oliver P. Smith) 장군은 미 해병대의 상륙군 전문가로 오키나와 작전에 참가한 경험이 있었다.[5]

한편 김일성은 9월 이전까지 UN군이 상륙할 가능성이 있는 지역을 대략 동·서해안으로 짐작하고, 서해안의 경우에는 금강 하구-삽교천, 삽교천-부평, 부평-예성강까지 크게 3개 지역으로 구분하여 대비하게 했다.[6]

북한군은 인천항에 제64해안연대, 월미도에 1개 대대와 포병중대, 강화도와 인천-김포 해안 경비에 제107경비연대, 인천항 남쪽 서해안 방어에 제106경비연대 등 인천지역에 3,000여 명을 배비하고 있었고,[7] 인천항에 이르는 해상 접근로에는 26개의 부유기뢰를 설치했다. 또한 김일성은 내무성, 민족보위성 책임간부, 각도 인민위원회 위원장, 각도 내무부장 협의회를 소집하고 참석자들에게 UN군의 해안상륙 기도를 설명한 후 전군(全軍)과 전민(全民)의 방어체제를 수립할 것을 명령했다.[8]

당시 김일성은 미군 2개 사단 정도가 한반도에 전개하여 전투 중이고, 장차 미군 증원이 더 계속될 것이라는 판단하에 어떻게든 부산을 조기에 점령함으로써 전쟁을 끝낼 생각이었다. 그 결과 북한군은 낙동강 전선을 승부처로 생각하고 후방의 제7·제8·제9·제10·제13사단 등 5개 예비사단을 증원하여, 8월 31일부터 이른바 '9월 공세'를 감행했다. 그러나 북한군의 9월 공세가 실패로 끝났고, 급기야 김일성은 9월 13-14일 어간에 인천 주둔의 제9사단 예하 일부 병력과 서울 주둔 제18사단마저 부산 교두보 확보에 명운을 걸고 낙동강 전선으로 투입했다.[9] 요컨대 김일성은 9월 초 부산 점령을 위한 '최후공세'에 몰두하고 있었기에 북한군의 상륙작전 대비는 소홀할 수밖에 없었던 것이다.

맥아더 장군은 8월 30일에 인천상륙작전 명령을 하달했다. 그러나 그는 상륙작전 계획을 워싱턴에 보고하지 않았다. 합동참모본부는 9월 중순의 상륙작전 계획에 대하여 궁금해했으나, 맥아더는 9월 11일경에 워싱턴에 도착할 전령을 통해 작전명령을 보고할 것이라고 간략히 응신했다.[10] 인천상륙작전 계획을 보고하러 출발한 스미스 중령은 9월 13일 오후 11시에야 워싱턴에 도착하여, 다음 날 9월 14일 오전 11시에 합동참모본부에 나타났다. 그에게서 보고를 받고 질문을 마쳤을 때는, 미 합동참모본부가 인천상륙작전에 대하여 어떤 의견을 제시하기에는 너무 늦은 시간이었다.

미 극동군의 인천상륙작전은 차질 없이 진행되었다. 제7함대가 3척의 항공모함으로 편성되어, 작전해역에 합류했다.[11] 상륙작전의 여건 조성을 위해 미 제5공군은 9월 10일부터 총 3,257회 출격하여 북한 지역 비행장을 제압했다.[12] 또한 폭격기사령부의 B-29 중폭격기는 북한군의 증원을 차단할 목적으로 서울-원산, 서울-평양 간의 철도차단작전에 전력을 집중했으며,[13] 미 해병 항공전대는 9월 11일 9만 5,000파운드에 달하는 네이팜탄을 월미도 서측에 투하하여 엄호시설의 대략 90%를 파괴하여 북한군 경비원들의 기를 꺾어버렸다.[14]

〈표 2-1〉은 상륙기동부대의 참가부대와 작전세력이다. 지상전투는 미 제1해병사단이 최초로 상륙하고 미 제7사단과 한국군 제1해병연대

및 제17연대가 후속할 계획이었는데, 그 규모는 탱크만 500여 대였고, 각종 지원부대를 포함하면 병력만 총 7만 5,000명에 이르렀다. 그리고 상륙작전을 지원하는 함정은 구축함, 소해함, 상륙정, 지원함 등을 포함하여 약 260척으로 편성되었다.[15]

표 2-1 제7합동상륙기동부대 편성

부대명	작전 세력	부대장
공격부대(TF 90)	소송함, 화물선 등 약 180척	해군 소장 J. H. Doyle
봉쇄 및 엄호부대(TF 91)	항공모함 1, 순양함 1, 구축함 8	영) 해군 소장 W. G. Andrews
상륙부대(TF 92)	미 제1해병사단, 미 제7사단 등	육군 소장 E. M. Almond
초계 및 정찰부대(TF 99)	5개 정찰 전대	해군 소장 G. R. Henderson
고속항모부대(TF 77)	항공모함 3, 순양함 1, 구축함 14	해군 소장 E. C. Ewen
군수지원부대(TF 79)	각종 지원함 20여 척	해군 대령 B. L. Austin

출처: 국방부 군사편찬연구소, 『인천상륙작전과 반격작전』, 6·25전쟁사, 6권, pp. 600-604.

상륙작전의 지원은 미 해병 항공대가 상륙부대를 직접 지원하고, 미 제5공군은 서울로부터 인천과 수원에 이르는 접근로를 차단하여 고립시키는 임무를 수행했다. 미 극동공군은 상륙지점을 예측하지 못하도록 남포, 인천, 군산 지역에 30 : 40 : 30의 비율로 항공작전을 지원했다. 그리고 상륙단계까지의 모든 지휘는 합동기동부대 사령관인 스트러블 제독이 맡았고, 교두보가 확보되면 미 제1해병사단장 스미스 장군이 지상작전을 지휘하며, 후속부대가 상륙한 후의 모든 지상작전은 미 제10군단장 알몬드(Edward M. Almond) 소장이 맡게 되어 있었다.

그러나 예기치 못한 상황으로 말미암아 상륙작전 계획이 변경될 처지에 놓이게 되었다. 그것은 태풍 케지아(Kezia)가 9월 12일이나 13일경 대마도 해협을 통과하게 될 것이라는 기상예보였다.

상륙작전부대는 태풍 케지아의 이동진로 상에서 거의 비슷한 시간대에 기동해야 했다. 1281년 몽고의 제2차 일본 침공은 신풍(神風) 때문에 실패했었다. 아이젠하워 장군은 제2차 세계대전 시에 노르망디 상륙작전을 순연시킬 수 있었지만, 맥아더 장군은 인천상륙작전을 연기할 수도 없었다. 왜냐하면 조수간만의 차를 극복할 수 있는 날이 9월 15일 하루로 한정되어 있었기 때문이다.

스터러블 제독은 예정보다 하루 앞서 출항하도록 명령하고, 11일 새벽 로체스터함은 요코스카에서 출항했다. 그러나 7노트 속력으로 서해를 향해 이동하던 태풍 케지아는 거짓말처럼 진로를 바꾸어 규슈 남동 방향으로 통과했다. 9월 13일 기상을 맑고 가을 하늘은 높았다. 16인치(406mm) 거포를 과시하던 전함 미조리함이 헬레나함 · 브러시함과 합류하고, 제7함대는 12일부터 인천 서남방 120마일 지점에 전개하고 있었다.[16]

1950년 9월 15일 새벽 인천항의 모습이다. 인천상륙작전은 제2차 세계대전 이후 가장 큰 규모의 상륙작전이었으며, 사진 좌측 하단의 함정이 미주리 전함이다.

미국의 6 · 25전쟁사

인천 상륙

인천 시가지 소탕

서울 시가지 전투

상륙작전은 9월 15일 아침 만조시간에 제5해병연대 제3대대가 팔미도(八尾島) 등대의 인도를 받아 월미도를 점령함으로써 시작되었다. 저녁 만조시간에는 제5해병연대의 본대가 인천항 북쪽 해안(Red Beach)으로, 제1해병연대가 주안 염전지대(Blue Beach)로 상륙하였고, 지원함에 의한 인원과 물자의 양륙은 인천 부두(Yellow Beach)를 이용했다.

인천에 있던 북한군들은 엄청난 규모의 공중폭격과 함포사격의 지원 아래 펼쳐지는 대규모 상륙작전에 넋을 잃었다. 맥아더 장군이 예언한 대로, 그의 상륙포위기동작전은 전략적으로 성공을 거두었다. 최소한의 희생으로 북한군의 보급선과 후방 지원로를 차단시켰을 뿐만 아니라 수도 서울의 수복에 유리한 전략적 국면을 조성했으며, UN군의 사기를 크게 진작시켰다.

UN군이 인천에 상륙하기 전에 북한군은 서울에 약 8,000명, 영등포에 약 5,000명이 있었다. 중순양함 로체스터호와 트레드호가 27km의 원거리에서 8인치 함포로 화력을 지원하는 가운데 미 제5해병연대는 한강 남쪽으로 진격했다.[17]

UN군의 인천상륙작전이 실시된 이후 김일성은 9월 17일 민족보위상 최용건을 서해안방어사령관으로 임명하여, 인천과 서울 지역의 부대를 통합 지휘하도록 했다.[18] 이것은 김일성이 인천상륙작전에 대한 이해가 부족하여 낙동강 전선의 부대를 전환하지 않고 서울과 후방의 가용한 부대로 대응할 수 있다고 판단한 조치였다. 9월 18일에 스탈린과 소련군 총참모부가 낙동강 전선에서 4개 사단을 전환하여 인천 상륙에 대처하라는 전문을 보냈다. 김일성은 이미 전투력이 소진된 제105전차사단과 제87연대를 서울방어를 증원하도록 조치하였으나, 그마저 제105전차사단은 조치원에서 UN군의 공중폭격으로 와해되었다.[19]

인천상륙작전이 시작된 이후 북한군은 서울에 2만 명, 한강-수원에 1만 명, 오산 부근에 2,000-3,000명을 증원했으나, 실제로 미 제10군단과 교전한 북한군 병력은 약 2만 명에 달한 것으로 추정된다.[20] 그러나 인천상륙작전의 성공에도 불구하고 북한군의 사기는 조금도 저하되지 않았다. 서울의 서부 안산과 한강 이남의 영등포에서 북한군은 완강하게 결사적으로 저항했다. 유럽의 전쟁 경험에서 도시를 방어하고 있던 군대가 포위를 당하면 후퇴할 것이라고 믿었던 미 제10군단장 알몬드 장군과는 달리, 태평양전쟁을 경험한 미 제1해병사단장 스미스 장군은 '사수'를 명령받은 북한군은 마지막 한 사람까지 저항할 것이라고 전혀 다르게 예측했다.[21]

미 극동군사령부는 9월 26일 서울을 해방했다고 공식적으로 발표했지만, 시가전은 2일 이상이나 더 계속되었다. 북한군은 서울 시내에 300-350m 간격으로 바리케이드를 설치했고, 모래나 흙을 담아 가슴까

폐허가 된 서울 (화신백화점 앞)

지 쌓아 올린 마대로 보강했으며 그 전면에는 대전차지뢰를 매설했다. 또한 그 측·후방 건물창구를 대전차포와 기관총진지로 활용하여 완강하게 저항했다.[22]

9월 27일 낙동강 선에서 진격하던 미 제1기병사단은 오산 북쪽에서 인천으로 상륙한 미 제7사단과 합류했다.[23] 그리고 9월 28일 UN군은 마침내 서울을 탈환했다. 인천상륙작전의 성공으로 말미암아 UN군이 주도권을 확보하고 낙동강 전선의 북한군을 전략적으로 포위했을 뿐만 아니라, 정치적·경제적으로는 추수기 이전에 남한의 곡창지대를 되찾아 절망에 빠진 국민들의 식량문제도 해결할 수 있었다.[24]

그러나 인천상륙작전 이후 UN군의 군사작전 성과는 기대에 미치지 못했다. 미 제10군단은 인천으로 상륙한 이후 서울까지 진격하는 데 하루에 2-3km밖에 이동하지 못하여 결과적으로 15일이나 소요되었다. 이는 미 해병이 낙동강 전투에서 북한군의 야간침투와 기습에 많이 시달렸던 경험 때문이었다. 더구나 서울을 탈환하고 연결하는 과정에서 약 3,500명의 인명손실을 입었다.[25]

미 제8군의 첫 번째 공세: 낙동강선 → 38도선

9월 중순경 낙동강 전선의 북한군은 13개 사단과 1개 전차사단으로 편성되어 있었지만, 병력은 약 7만여 명뿐이었고 그나마 약 2/3에 해당하는 4만 6,000여 명은 남한에서 충원한 신병들이었다.[26]

반면 UN군은 미 제5공군의 항공기 1,200여 대가 밀접하게 지상군작전을 지원하고 동서해안을 해군력으로 봉쇄한 상황에서, 미 제8군은 10개 사단(+), 총 14만 7,000여 명(한국군 약 7만 3,000명, 미군 등 약 7만 4,000

명)으로 압도적인 우세를 점하고 있었다.

UN군이 인천상륙작전의 성공으로 말미암아 전장의 주도권을 잡은 이후에, 미 제8군은 낙동강 선에서 9월 16일에 첫 번째 공격작전을 실시했다. 예하 사단들에서는 항공기와 포병이 돌파 예정구역에 있는 북한군 진지를 완전히 제압한 이후에, 전차로 증강된 보병이 북한군 후방으로 조직적인 돌파를 시도했다. 그러나 악화된 기상 때문에 항공기와 함포의 지원이 여의치 않았고, 인천상륙작전을 비밀에 붙이고 독전을 강요한 북한군의 저항으로 돌파가 여의치 않다.[27]

인천상륙작전이 개시되고 나서 6일째인 9월 21일부터 낙동강 전선의 북한군은 눈에 보이게 붕괴하기 시작했다. 북한군 지휘관들은 상부의 명령 없이 서둘러 퇴각했다. 북한군 제13사단의 사단장 최용진과 참모장 이학구가 서로 총을 겨누며 싸운 후 참모장 이학구는 미 제8군에 투항했다.[28] 미 제8군사령관 워커 장군은 9월 22일에 낙동강 전선의 모든 부대에게 '측방경계를 고려함이 없이' 전방으로 진격하라는 명령을 하달했다. 북한군은 금강-소백산맥 선에 새로운 전선을 구축하려던 계획을 단념하고, 9월 23일 전군에 철수를 명령했다. 한강선 이남에서는 아직도 UN군과 북한군 간의 전투가 계속되고 있었으며, 9월 30일에야 서부전선의 미군 2개 군단이 대전·전주·군산을 탈환했고, 중동부전선의 한국군 2개 군단은 원주·단양을 거쳐 38선까지 진격했다.

그러나 UN군이 인천상륙작전에 후속하여 신속하게 서울을 점령하고, 낙동강 방어선에서 원주와 대전 축선으로 공격하여 전략적으로 포위된 북한군을 협격하려 했던 '망치와 모루' 작전의 성과는 미미할 수밖에 없었다.[29]

UN군사령부는 한반도를 휩쓸고 내려온 9만 명의 북한군 중에서 2만

5,000-3만 명도 안 되는 패잔병들만이 38선을 다시 넘어간 것으로 판단했지만, 미 제8군은 북한군을 섬멸하기보다 38선까지 진출하는 데 주안을 두고 있었기 때문에 포위된 북한군의 상당수가 미 제8군의 뒤를 따라 북쪽으로 복귀할 수 있었다. 실제로 북한군은 13개 사단 중 6개 사단이 38선 너머로 철수하지 못하고, 포로가 되었거나 일부 부대와 패잔병은 지리산, 오대산, 태백산 등지에서 게릴라전을 수행했다. 그리고 이들 북한군의 게릴라부대는 UN군의 후방을 계속 위협했고 이후 38선 이북으로의 북진작전과 중공군의 기습적인 참전 이후 UN군의 철수작전 간에 커다란 골칫거리가 되었다.[30]

2

통일을 향한 진격

미국의 전쟁정책과 38도선

'38선 돌파'는 북한군을 단순히 38도선 이북으로 격퇴하는 것에 만족할 것인가 아니면 북한군 전쟁 수행능력의 완전한 파괴를 군사작전의 목표로 할 것인가에 관한 미국의 정책적인 문제였다.

미국이 처음 한국전쟁에 개입하던 시점에서의 정책은 '북한군을 격멸'하는 것이 아니라 '침략 이전의 상태 회복(북한군 격퇴)'이었다. 트루먼 대통령은 1950년 6월 29일 국가안전보장회의에서 한국에서의 작전은 그곳의 평화와 국경선을 회복하기 위하여 계획된 것임을 강조했다. UN 안전보장이사회의 결의안도 유사한 내용을 포함하고 있었다. UN의 첫 번째 결의안은 북한에게 그들의 군대를 38선으로 철수시킬 것을 요청하는 것이었으며, 2일 후의 두 번째 결의안은 '무력공격을 격퇴하고 국제평화와 지역안보를 회복하도록' 회원국에게 원조제공을 촉구하는 것이었다.[31] 요컨대 미 행정부는 '북한군을 격퇴'함으로써 공산진영을 봉쇄한다는 세계전략의 일환으로 접근했던 것이다. 그러나 맥아더 장군은 북한 군을 격퇴하려는 것이 아니라 격멸하고자 하며, 전쟁종결 이후의 문제는 한국을 하나로 통일하는 것이라고 공공연하게 주장했다.[32]

7월 중순경 북한군의 공세로 미 제24사단이 연속하여 패배하는 등 한반도에 투입된 미군의 안전이 아주 불확실한 시기에 트루먼 대통령은 군사적 승리 이후에 대한 계획을 검토하도록 지시했다. 그 결과 UN군이 남·북한의 경계선을 전과 같은 상태로 두고 철수한다면, 군사력을 재건 한 북한이 침략을 재개할 가능성이 있다고 판단했다. 따라서 한반도의 평화를 보장하는 유일한 방법은 북한 체제를 파괴하여 한반도를 단일정 부하에 두는 것이며, 이는 곧 UN 결의안이 천명한 한국의 '통일'이 곧 최 선이라는 결론에 도달했다. 미 행정부는 6월과 7월 UN 안전보장이사회 의 결의가 북한군을 격퇴하거나, 그들을 격멸하기 위해 38선 너머로 군 사작전을 실시할 법적 근거를 제공한다고 결론지었다.[33]

트루먼 대통령은 9월 11일 "중국과 소련이 개입할 염려가 없는 경우 에 한하여 지상작전을 북한으로 확대한다"는 38선 이북에서의 군사작전 지침이 포함된 NSC 81/1을 승인했다. 이는 북한 지역에서의 군사작전 에 더 많은 융통성을 허용했다. UN군의 작전이 "한국과 만주 및 소련 국 경선에 가까운 지역으로 확대가 허용되어서는 안 된다"는 NSC 81의 문 안이 "그들 국가의 국경선 너머로 허용되어서는 안 된다"로 변경되었고, "한국군 이외의 다른 부대는 어떠한 경우에도 그 국경지역에 운용되어서 는 안 된다"는 NSC 81의 문안이 NSC 81/1에서는 단순히 "그곳에 비한 국군을 운용하지 않는 것을 정책으로 해야 된다"라고 수정되었다. 다만 UN군은 38선 돌파에 앞서 대통령의 승인을 다시 얻어야 함을 적시했 다.[34]

미 합동참모본부는 9월 27일 38선 이북으로 지상작전을 진행할 것을 승인했고, 이것은 UN군이 38선을 돌파하는 결정적인 명분이 되었다.[35] 또한 미 합동참모본부는 극동군사령부가 중국이나 소련의 위협에 대하여 특별한 노력을 경주해야 하며, '북한군의 격멸'이라는 군사적 목표를 달성함에 있어서 38선 북쪽에서의 상륙 및 공중작전 또는 지상작전을 포함한 군사작전을 실시하도록 인가되었음을 알렸다. 다만 한국군이 아닌 어떤 나라의 군대도 소련이나 만주와의 국경선 지역에 투입해서는 안 되며, UN군의 작전은 만주나 소련 영토에 대한 공중 및 해상작전을 포함하지 않음을 분명히 했다.[36]

38선 이북으로 지상작전이 승인된 가운데, 북한군에게 저항을 중지하도록 요청하는 UN군사령부의 방송은 1950년 10월 1일에 계획대로 이루어졌다. 그러나 북한군의 반응은 없었다. 끝까지 싸우겠다는 의도였다. 극동군사령부는 인천상륙작전으로 말미암아 북한군이 패배를 인정할 것이라고 판단했지만, 포위된 북한군의 지휘부와 많은 간부들이 북한 지역으로 탈출했고 북한군은 38선 북쪽에서 전투력을 복원하고 있었다.

한편 이승만 대통령은 북한이 38선을 침범한 이상 이 선을 인정할 필요가 없으며 통일의 기회는 이때뿐이라고 주장하면서, 정일권 총참모장에게 한국군이 먼저 북진할 것을 직접 명령했다. 정치적인 관계와 미 제8군사령관의 지휘를 받아야 하는 군 지휘계통 사이에서 고민하던 정일권 총참모장은 미 제8군사령관에게 전술적인 이유로 한국군의 38선 돌파를 허용해줄 것을 건의했다. 미 제8군의 승인을 받은 한국군은 10월 1일 최초로 38선을 돌파하여 북진했다.[37] 한국군 1군단(제3사단과 수도사단으로 편성)이 동해안을 따라서, 한국군 제2군단(제6·제7·제8사단으로 편성)은 중부지역에서 38선을 돌파하여 후에 '철의 삼각지대'로 알려진 김화 · 철원 · 평강의 3개 도시를 향하여 진격했다.[38]

한편 영국은 10월 5일 한국전쟁을 남한(South Korea)에 국한하고 장기적으로 개입하는 것을 피해야 한다고 주장하면서, 한국군을 제외한 UN군이 38선에서 1-2주간 진격을 중지하고 북한군이 항복하지 않으면 그때 공격할 것을 제의했다.[39] 10월 7일 UN에서는 한반도 군사작전에 대한 정치적 지침을 제공하기 위한 결의안이 찬성 47표, 반대 5표, 기권 7표로 가결되었는데, 그 요점은 아래와 같았다.

① 전 한국의 안정 상태를 확보하기 위하여 모든 적절한 조치를 취할 것.
② 한국의 통일, 독립, 민주정부 수립을 위하여, UN의 후원하에 선거를 포함한 모든 합헌적 조치를 취할 것.
③ 평화의 회복, 선거 그리고 통일정부를 수립함에 있어서, UN의 기구와 협조하도록 남북한의 모든 파벌과 주민대표를 초청할 것.
④ UN군은 상기 1과 2항의 명시적 목적 달성에 필요한 경우 이외에는 한국에 잔류함을 금할 것.[40]

자세히 보면, 이 결의안은 중요한 사안에 대해 애매한 용어를 사용하고 있었다. 예컨대 '안정 상태'는 지난 5년간 확고하게 공산통제하에 있었던 북한 지역에 어떠한 의미인지 혼란스러웠다. 맥아더 장군은 10월 7일의 UN 결의 내용에 대하여 관련 국가들이 수용할 수 없는 해석을 했다. 그는 그 결의안이 자신에게 한국 통일의 과업을 부여한 것으로 생각했다. UN군사령관직에서 해임된 후 상원 청문회에서 그는 자신의 임무가 "북한 전역을 소탕하고, 통일하며, 자유화하는 것"이었다고 말했다.[41] 맥아더 장군은 자신이 해석한 UN 결의를 라디오와 전단으로 살포했다.

미국의 6 · 25전쟁사

UN군이 북한군에게 저항을 중지하라고 요구했지만, 김일성은 다음날 북한군에게 끝까지 싸우라는 도전적 메시지로 응수했다.

미 제8군의 두 번째 공세: 38도선 돌파

UN군사령부는 9월 28일에 38선 이북으로의 진격 계획을 미 합동참모본부로 보고했다.

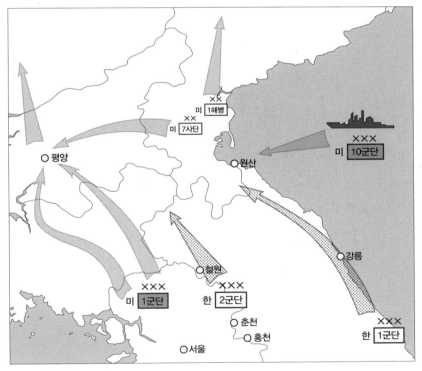

그림 2-1 맥아더 장군의 북진작전 계획

이 계획은 〈그림 2-1〉과 같이 10월 중순경 미 제8군이 평양을 목표로 공격하고, 미 제10군단이 원산으로 재상륙한 후 서쪽으로 공격, 미 제8군과 연결함으로써 퇴각하는 북한군을 재차 포위할 계획이었는데, UN군사령부는 이 계획을 테일보드(Tailboard) 작전이라 명명했다.[42]

이 계획은 두 가지 문제를 내포하고 있었다. 첫째, 미 제10군단이 미 제8군과 다시 분리되어 동해안에 상륙작전부대로 투입한다면 2개 사단이 일시적으로 전투지역을 이탈해야 하고, 인천과 부산항을 통한 상륙부대의 선적 때문에 미 제8군의 보급지원이 제한을 받을 수밖에 없었다. 둘째, 이 계획이 내포하는 의도된 지휘관계에 결함이 있었다. 제10군단장 알몬드 소장을 극동군사령관이 직접 지휘함으로써, 한반도 내에서 지상작전에 대한 작전지휘는 동과 서로 분리될 수밖에 없게 되었다.[43] 그러나 맥아더 장군이 원산상륙작전을 고집스럽게 주장한 데에는 다른 이유가 있었다. 우선 서울에서 원산에 이르는 회랑은 좁은 산악지대로 북한군의 잔적이 아직 남아 있었고, 미 제8군과 제10군단이 서울에서 평양, 서울에서 원산 두 방향으로 동시에 진격한다면 군수지원상의 예기치 않은 더 큰 문제점에 봉착할 수 있다는 우려 때문이었다.

결국 맥아더 장군은 원산상륙작전 디데이(D-Day)를 10월 20일로 결정했다. 제7합동기동부대의 항공모함 레이테호와 필리핀 씨호, 구축함 11척과 소해정으로 구성된 전대는 10월 10일 원산 앞바다에 전개할 예정으로 사세보 항을 출항했다.[44]

미 제8군은 10월 9일 38선으로부터 청천강 선을 향하여 두 번째 공격작전을 개시했다.[45] 한국군 제1군단(수도사단, 제3사단)은 10월 5일에 이미 통천을 탈취했고, 미 제1군단(미 제24사단, 영 제27여단, 한국국 제1사단)과 한국군 제2군단(제6사단, 제7사단, 제8사단)이 서부에서 황급히 구축된 북한

       미국의 6·25전쟁사

군 방어선에 대한 돌파를 시도했다.[46] 그러나 북한군은 그들의 전의나 전투능력을 상실하지 않았다는 것을 과시했다. 제1기병사단이 38선을 지나 금천을 점령하는 데 5일이 소요되었다.[47] 하지만 미 제8군이 금천을 점령하게 되자 북한군의 방어선은 곧 붕괴된 것 같았다. 북한군의 방어부대는 3개 사단 규모도 되지 않아, 미 제8군은 거의 저항을 받지 않고 진격할 수 있었다.

미 제8군은 퇴각하는 부대를 느린 속도로 따라가면서, 북한군을 우회하거나 포위하려는 시도조차 하지 않았다. 미 제8군은 250km의 종심을 1일 16-17km로 진격했기 때문에 평양 선까지 진출하는 데 15일이 소요되었고 그 사이에 북한군은 한반도의 북부지역으로 빠져나갔다.

한편 미 제10군단은 10월 9일 원산에 상륙하기 위해 인천에서 승선했다. 그러나 원산항에 도착한 미 제10군단 상륙군부대는 기뢰라는 뜻하지 않은 장애물을 만났다. 러시아는 크리미아 전쟁, 1877-8년의 러시아-터키 전쟁, 1904-5년의 러일전쟁 등에서 기뢰를 효과적으로 사용하였고, 이런 역사적 경험에 따라 소련의 순양함, 구축함, 호위함, 잠수함 등 거의 모든 전함들은 기뢰 부설이 가능하도록 건조되어 있었다. 북한이 사용한 기뢰들은 모두 소련에서 생산된 것으로 7월 10일에서 20일 사이에 4,000개의 기뢰가 철도로 수송되었다.[48] 또한 원산과 흥남항 외곽은 저수심 지역이 넓게 발달되어 있었기 때문에 기뢰 부설도 용이했다.

제2차 세계대전 동안 미 해군의 태평양 소해함대는 550척의 소해함정을 운용하였으나, 한국전쟁 개전 당시 극동함대사령부의 소해세력은 1척의 소해함과 6척의 소해정뿐이었다.[49] 북한군이 설치한 기뢰는 9월 4일 북한의 진남포항으로 진입하려던 맥케인 구축함이 처음으로 발견했고, 9월 30일까지 진남포와 인천 사이의 해역에서 54발의 기뢰가 추가로 확인되었다. 기뢰로 인한 피해는 9월 26일 브러시함에서 13명의 사망자와 34명의 중상자, 9월 30일 맨스필드(Mansfield) 구축함에서 28명의 부상자, 10월 1일 소해함 맥피에(Mapie)함에서 21명의 사망자와 12명의 부상자가 발생했다. 서해안에서 한국 소해정 2척도 기뢰와 접촉하였다.

원산항 일대의 소해작전은 10월 10일부터 시작되었으며, 그 과정에서 소해함 피레이트(Pirate)함은 기뢰와 접촉하여 두 동강이 났고, 소해함 프레지(Pledge)함은 선저부터 브리지까지 갑판과 용골이 터지고 구부려졌다. 한국 해군 YMS-516함도 침몰했다. 극동해군은 원산항 일대의 소해작전을 10월 10일부터 시작했는데, 부설되었으리라 판단한 3,000발 이상의 기뢰를 신속히 소해하기 위하여 헬기로 공중에서 탐색하고, 가용한 모든 보트와 UDT(Underwater Demolition Team, 수중폭파팀)를 투입하여 한 발 한 발 제거해나갔다.[50]

한편 미 행정부는 극동해군의 전력을 계속 증강했다. 10월 12일 항공모함 밸리 포지호가 동해에 도착하고, 그 이틀 후에 항공모함 복서(Boxer)호가 전개했다. 〈표 2-2〉는 미국의 당시 해군력 운용현황으로 태평양함대 세력의 증강 추이는 세계전략 차원에서 한국전쟁의 비중이 어떻게 변화되고 있는지를 보여준다.

이제 미 해군은 제2차 세계대전 이후 처음으로 4척의 에식스 급 공격항공모함을 하나의 기동부대로 편성하여 작전을 수행하게 되었고, 전함과 수척의 순양함 그리고 구축함들도 전개를 완료했다. 서해에서는 항공모함 쎄서스(Theseus)호가 항공강습을 실시하여 한반도 주변해역에는 총 7척의 항공모함이 공세작전에 가담하고 있었다.[51]

표 2-2 1950년 미 해군의 주력함 배치 현황

구분		1950년 6월			1950년 10월		
		계	대서양함대	태평양함대	계	대서양함대	태평양함대
계		29	17	12	38	20	18
항공모함	CV	7	4	3	9	4	5
	CVL	4	3	1	5	4	1
	CVE	4	2	2	6	3	3
전함		1	1	0	2	1	1
순양함		13	7	6	16	8	8

출처: 필드(James A. Field, Jr), 『미 해군 한국전참전사』, p. 48 참조 재구성.
* CV는 항공모함으로 CVA는 공격항공모함, CVL은 3만 톤 이하의 경항공모함, CVE는 상선을 개조한 호위 항공모함임.

한편 극동공군은 한국전쟁을 조기에 종결하기 위해서는 북한군의
저항의지를 말살해야 하기 때문에, 그 방법으로 평양에 대한 소이탄 공
격이 필요하다고 또다시 주장하였지만 받아들여지지 않았다.[52]

10월 15일 트루먼 대통령이 맥아더 장군과의 회담을 위해 서태평양
웨이크 섬을 찾았다. 브래들리 합참의장, 국무성 차관보 딘 러스크, 육군
장관 프랭크 페이스, 대통령 특별보좌관 아베렐 해리먼, 본부대사 제섭,
주한 미국대사 무초가 대통령을 수행했다.

트루먼 대통령은 먼저 중국이나 소련의 개입 가능성에 대하여 질문
했다. 이에 맥아더 장군은 한국전쟁에서 미국은 이미 승리했으며, 중국의
개입은 없을 것이라고 일축했다. 그 내용인즉 당시 중국이 만주의 30만
명 중에서 압록강 선에 10만-12만 5,000명을 배치하고 있지만 전쟁을
수행할 만한 국가적 능력이 부족하고, 결정적으로 공군을 보유하고 있지
않으며, 중국군이 7-8월 중에 개입했더라면 성공 가능성이 높았을 것이
지만 이제는 개입한다고 해도 상황을 역전시키기는 어려울 것이라는 정
보적 판단의 결과였다.[53] 또한 소련은 약 1,300대의 항공기를 극동에 배

비하고 있으나 미 공군에 필적하지 못하고, 소련 공군이 중국군을 지원하는 것도 충분한 연합훈련 없이는 효율적 운용이 어려울 것이며, 한반도에 소련군 부대를 투입시키려 해도 최소한 6주 정도의 시간이 필요한데, 6주가 지나면 겨울이 오기 때문에 소련군의 개입 가능성도 높지 않다는 것이었다.

트루먼 대통령은 다시 한국의 재건 전망에 대하여 질문했다. 맥아더 장군은 먼저 군사작전이 완료되어야 하며, 북한군의 조직적 저항은 추수감사절까지는 종결될 것이라고 장담했다. 남한에 포위된 1만 5,000명의 북한군 부대는 겨울이 오기 전에 소탕될 것이며, 북한 지역의 약 10만 명도 제대로 훈련되지 않은 보충자원이라고 부언했다. 그리고 그는 크리스마스 전까지 미 제8군을 일본으로 철수시키는 것이 자신의 희망이라고 말했다.

트루먼 대통령과의 회담 이후에 극동군사령관 맥아더 장군은 미 제8군에게 압록강까지 최후의 추격작전을 시행할 것을 명령하는 한편, 한국전쟁 종결 이후에 관한 준비를 진행시켰다.[54] 그러나 평양 공략이 목전에 다가오자 9월 28일에 명령한 '맥아더 라인'을 재검토해볼 필요를 느끼게 되었다. 북한군의 저항이 예상 밖으로 강력하여 한국군만으로 압록강과 두만강까지 진출할 수 있을지 염려되었고, 사기가 충천한 미 제8군의 전진을 갑자기 정지시킨다면 심리적인 면이나 지휘통솔 면에서 좋지 않을 것으로 생각되기 때문이었다.

〈그림 2-2〉는 극동군사령부의 1950년 9월 28일 작전제한선이 10월 17일 어떻게 변경되었으며, 서부의 미 제8군과 동부의 미 제10군단의 전투지대가 낭림산맥을 기준으로 구분되었음을 보여준다.

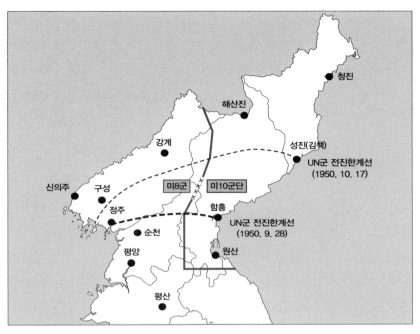

그림 2-2 맥아더 장군의 북진계획
출처: 슈나벨 · 왓슨(James F. Schnabel and Robert J. Watson), 『미국 합동참모본부사: 제3집 한국전쟁(상)』, p. 182.

　　맥아더 장군은 10월 17일 UN군 작전명령 제4호를 통하여 작전제한
선을 선천-고인동-평원-성진을 연결하는 선으로 변경했다. 이 선은 '맥
아더 라인'보다 서쪽은 약 30km, 중앙은 약 100km, 동쪽은 약 160km
정도 북상한 것으로, 압록강과 두만강에서 대략 남방 60km를 연결하는
선이었다. 이러한 작전제한선의 변경은 평양-원산 선에서 한반도의 북
방을 봉쇄하겠다는 종전의 작전개념을 취소한 것이나 다름없었다.[55]

　　UN군사령부 예하의 육 · 해 · 공군 모든 부대가 주어진 임무를 완수
하기 위해 바쁘게 움직였다. 미 해병 제1사단을 탑재한 수송함이 10월
15일부터 17일 사이에 인천의 좁은 수로를 빠져나와, 10월 19일 원산

외항에 도착했다.

그러나 원산 근해에 북한군이 설치한 기뢰들은 자기기뢰, 배의 기계 또는 프로펠러 소음에 의해 폭발하는 음향기뢰, 함정이 지나갈 때 발생하는 수압에 감응하는 압력기뢰와 두 가지 이상의 반응방식을 조합한 조합기뢰 등으로 다양했기 때문에 소해작전을 더욱 어렵게 만들었다. 스트러블 제독은 10월 10일부터 소해작전을 시작하면 10월 15일이면 마칠 것으로 생각했으나, 선박의 특정한 스크루 소리를 감지하며 접근하는 유도 기뢰가 새롭게 발견되었기 때문에 10월 25일까지 소해작업이 계속되었다.[56]

원산은 10월 11일에 도보로 진격하던 한국군에 의해 이미 점령되었으며, 한국군 5개 사단은 벌써 북한의 중서부지역을 향해 진격하고 있었다.[57] 미 제10군단은 10월 19일부터 26일까지 7일간 원산 외해에서 마냥 대기할 수밖에 없었기 때문에 지상작전에 아무런 기여도 하지 못한 셈이 되었다.[58]

한편 미 제8군은 10월 19일 평양에 진입했다. 극동군사령부는 미 제8군의 군수지원을 위해 진남포항을 신속하게 개항하려 했지만, 벌써 상당한 기뢰가 부설되어 있었다.[59] 미 제187공정연대가 평양 북쪽으로 약 25마일 이격된 숙천과 순천에 낙하하기 전에 북한군은 이미 포위망을 벗어나 있었다. 극동군사령부 정보참모부는 북한군이 청천강에서 저항할 것으로 생각했지만, 숙천-순천 공정작전의 결과로 보아 북한군이 와해되었다고 믿게 되었다.[60]

당시 북한의 평양과 원산을 연결하는 선 이북의 도시와 촌락은 대부분 미군 항공기의 무자비한 폭격에 의해 폐허로 변한 상태였으며, 북한군 최고사령부 통제하에 전투에 투입할 수 있는 부대는 3개 사단 정도였다. 38선 이남에서 철수하지 못한 북한군 부대는 UN군 후방에서 게릴라로 활동하고 있었고 새로 창설 중인 부대는 아직 훈련 중에 있었다.[61] 또한 북한 정부는 처음에 압록강 하구의 신의주로 피신했다가, 이후에 다시 산악지역인 강계로 옮겨갔다.

바로 그날, 1950년 10월 19일 밤 중국군이 한반도에 진입했다. 중국군의 개입은 김일성에게 파국을 벗어날 수 있는 소생의 언덕이 되었다.[62]

3
예기치 않았던 중국군의 개입

UN군의 종전 분위기

중국의 전통적 안보개념은 입술이 없으면 이가 시리다는 '순망치한 (脣亡齒寒)'이었다. 중국은 이를 근거로 자국의 안보지형을 핵심지대, 변경지대, 완충지대(buffer zone), 전략적 영토경계지대로 구분했는데, 핵심지대는 장강, 황하강 중하류, 광동의 주강(珠江) 유역을 포함하고, 변경지대는 이를 둘러싼 동북지역, 내몽고, 위구르, 청해, 광서 등을 지칭했다. 그리고 핵심지대가 이(齒)라면 변경지대는 이를 둘러싸고 있는 입술(脣)과 같기 때문에, 핵심지대의 안전을 위해서 변경지대는 반드시 완충지대로 확보되어야 한다는 군사적 사조가 깊이 배어 있었다.[63]

마오쩌둥은 중국의 안보를 위해서도 북한을 반드시 도와야 하는데, 중국이 한국전쟁에 참전한다면 이는 곧 중-미 간의 전쟁을 의미하므로 미 공군의 폭격과 미 해군의 공격에 대비하면서 최소한 패배하지 않을 가능성을 염두에 두어야 했다. 그리고 그는 한반도 북부의 묘향산맥 일

미국의 6 · 25전쟁사

대를 전략적으로 중요한 지역이라고 판단하여 이를 선점하고, UN군이 북진할 경우에 산악지역에서 선제 매복공격을 감행하겠다는 "적극적 방어전략"을 결심했다.[64]

중국군 제13병단(병단은 우리의 야전군에 해당)은 6개 군(군은 우리 군의 군단), 18개 사단으로 편성되어 약 20만 명이 1950년 10월 19일에 한반도에 진입했다.[65] 그중 5개 군이 서부전선에 투입되었는데 제38 · 제39 · 제40군은 청천강을 따라 전개하고 제50군과 제66군은 예비로 운용되었으며, 제42군은 만포진에서 압록강을 도하하여 장진호 방향으로 중부 산악지대에 투입되었다.[66] 제13병단 사령원 겸 정치위원인 덩화(鄧華), 부사령원 홍슈에즈(洪學智), 참모장 세팡(解方)은 구성, 태천, 구장, 덕천, 영원, 오로리를 연하는 기본방어진지 전면에서 UN군을 저지하기 위한 적극적 방어를 실시하고, 진지전과 운동전(運動戰)을 결합하는 한편, 반격, 습격, 매복 작전으로 적 병력을 집중적으로 섬멸(殲滅)하는 것을 지도방침으로 제시했다.[67] 또한 UN군에게 노출되지 않도록 황혼 후에 출발하여 여명 전에 숙영, 은폐할 것을 특별히 강조했다.[68]

중국군의 참전 사실을 감지하지 못한 맥아더 장군은 10월 20일 모든 부대가 서해안의 선천에서 시작하여 북동쪽으로 호를 그리며 동해안의 성진에 이르는 '작전제한선'을 점령하고, 한만국경선까지 진격할 것을 명령하였다. 이는 미군부대들도 자유로이 압록강까지 전진할 수 있다는 것을 암시하였다.[69] 미 제5공군 예하 4개 전투비행전대와 2개 정찰대대 등 UN군의 항공세력이 한반도 북방으로 전개하였으며, 미 제5공군은 서울에 합동작전본부를 설치하였다. 해병 비행대대들은 원산 비행장과 흥남 인근의 연포 비행장을 사용할 수 있었고. 동서해에 전개 중인 항공모함 함재기들의 작전준비도 순조로웠다.

그러나 UN군 내부에서는 종전 분위기가 독버섯처럼 확산되고 있었다. UN군 전투폭격기들은 가격할 만한 항공표적을 찾기 어려웠고, 각급 부대 작전계획장교들의 입에서 전쟁은 곧 끝날 것이라는 전망이 오르내렸다. 이는 곧 전투부대에 영향을 미쳤다. 함포지원의 횟수도 감소하고, 일부 화력지원함도 귀환했다. 영국 항공모함 쎄서스호는 서해안에서 철수하여 사세보로 향하였다. 10월 22일 항공모함 필리핀 씨호와 복서호가 요코스카로 떠났고, 그 일주일 후에는 밸리 포지호와 레이테호가 사세보로 향했다.[70]

미 제8군은 10월 22일 이제부터 한국에 오는 모든 탄약을 일본 보급창으로 전환해달라고 극동군사령부에 요청했다.[71] 극동공군은 폭격기사령부의 일일 출격횟수를 15회로 감소시켰고, 맥아더 장군의 승인 아래 제22 및 제92폭격기대대가 10월 27일 미국 본토로 철수를 시작했다.[72] 미 합동참모본부는 한반도에서 미 제2사단과 미 제3사단을 가능한 빨리 철수시키려는 재배치계획에 착수했다. 미 국방성과 극동군사령부는 우선 미 제2사단을 유럽 또는 미 본국으로 전용할 생각이었다. 미 제2사단은 선발대를 인천에 파견하여 승선 준비를 시작했다.[73] 그리고 미국은 UN 회원국들의 참전부대 규모도 감축하는 방안을 검토했다. 프랑스, 벨기에, 네덜란드 그리고 필리핀 보병부대와 뉴질랜드 포병대대는 참전하지 않으며, 캐나다와 그리스는 1개 대대만 파병하고, 영국군 제29여단이 도착하면 제27여단과 교대하며, 타이군도 1개 연대에서 1개 대대로 조정했다.[74] 그 결과로 미국과 한국 이외의 국가에서의 파병부대 규모는 최초 3만 6,400명에서 1만 6,700명으로 줄어들게 되었다. 이는 UN군의 정치적 이점은 향유하면서 미국의 군수지원 부담을 감소시키기 위함이었다.[75]

이제 한국전쟁은 종말을 향해 달려가는 듯했다. 그러나 일련의 상황들은 불안정한 모습이었다. 미 제9군단(미 제2ㆍ25사단)과 한국군 사단(제5ㆍ11사단)들이 후방지역 작전부대로 지정되어 북한군 게릴라부대와 싸우고 있는 가운데, 한국군과 미군은 연대 혹은 대대단위로 차량에 탑승하여 도로를 따라 한-만 국경선으로 거침없이 진격했다. 서부전선의 미 제8군과 동부전선의 미 제10군단 간에는 낭림산맥이 가로막고 있어 80마일(약 130km)이나 되는 공간이 발생했다. 또한 서부전선의 한국군 제6ㆍ제7ㆍ제8사단이 앞을 다투어 압록강으로 진격하다 보니 지원부대는 물론 미군부대와 연락도 끊겼다.[76]

당시 북한군은 한만 국경지구 방어부대, 38선 게릴라부대 그리고 중국 동북지역에서 창설 중인 부대로 나뉘어서 재기의 몸부림을 치고 있었다. 한만 국경지구 북한군은 약 9만여 명으로, 제1군단(46ㆍ47사단, 105전차여단, 17전차연대)이 구성, 제3군단(1ㆍ3ㆍ8ㆍ12ㆍ13ㆍ15사단)이 강계, 제4군단(41사단, 해방 제1여단, 71독립연대, 전차연대)이 풍산에 위치하고 있었는데, 실제 방어부대로 투입 가능한 부대는 3개 사단 정도였다.

38선 일대에는 제4사단(2개 대대는 기성부대), 제7사단(2개 보병연대 및 1개 포병연대는 기성부대) 등 9개 사단 이상의 패잔병 부대가 최현의 지휘하에 강원도, 황해북도, 평안남도에서 게릴라전을 수행했고, 제7사단의 일부 부대는 영원 이북지구에서 활동하고 있었다.[77]

또한 중국 동북지구에는 제6군단(18ㆍ36ㆍ66사단과 1개 전차연대)이 콴뎬(寬甸)에, 제7군단(32ㆍ37ㆍ38 사단)이 화뎬(樺甸)과 후이난(輝南)에, 제8군단(42, 45, 76사단)이 옌지(延吉)에 위치하고 있었다. 이들 부대는 총 9개 사단과 1개 전차연대로 9만여 명이었고, 그 밖에 퉁화(通化)에는 북한군 군관학교가 있었으며, 항공학교와 항공기 200여 대가 옌지에 주둔하고 있었다.

중국군의 첫 번째 공세

UN군사령부가 한국전쟁의 종결을 서두르고 북한군이 복원을 준비하고 있는 가운데, 한반도에 이미 전개한 중국군 제13병단은 미 제8군의 허점을 노리고 있었다. 펑더화이(彭德懷)는 10월 22일에 1개 군으로 UN 지상군의 진격을 견제하고 기회를 보아 3개 군을 집중하여 한국군 2-3개 사단을 섬멸한 후에는, 원산-평양 선 이북 산악지구를 점령하여 유격전을 수행한다는 구상을 구체화하고 있는 중이었다.[78]

〈그림 2-3〉은 1950년 10월 말, 미 제8군의 공격부대 상황과 UN군사령부가 판단한 북한군 잔여부대의 위치이다.

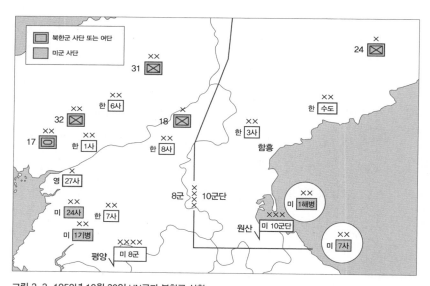

그림 2-3 1950년 10월 20일 UN군과 북한군 상황
출처: Appleman, *South to the Naktong*, p. 665 (Map 21) 참조하여 재구성.

이와 같은 상황에서 미 제8군은 10월 24일 오전 7시에 청천강 선으로부터 압록강-두만강 선까지 150km 구간에서 세 번째의 총공격작전을 개시했다. 서부전선의 미 제8군이 청천강을 건너자 극동군사령부는 선천-평원-풍산-성진의 '작전제한선'을 무시하고, 모든 부대에 최대한 빠른 속도로 압록강과 두만강을 향하여 전진하라고 명령했다. 맥아더의 의도는 먼저 국경의 요지를 점령하여 UN군에 의한 전 한반도 점령을 기정사실화함으로써 중국과 소련의 한반도 출병 가능성을 사전에 차단하고, 이후 북한군을 소탕하는 것이었다. 그러나 이는 10월 7일자 UN 결의에 기초한 미 행정부의 훈령을 어긴 첫 번째 명령이었으며,[79] 군사지휘관이 전장 상황을 이유로 정치지도자의 지침을 정면으로 어긴 것이었다.[80] 미 행정부가 해명을 요구하자 맥아더 장군은 한국군만으로 국경선까지 진격할 수 없다고 판단했기 때문에 내려진 '군사적 필요의 문제'이며, 이미 웨이크 섬에서 트루먼 대통령에게 양해를 얻었던 사항이라고 회답했다. 합동참모본부 의장이나 육군 참모총장 등 워싱턴의 수뇌들은 분명한 훈령 위반이라고 생각했지만 굳이 그 명령을 철회하도록 요구하지 않았다.[81]

맥아더의 독촉을 받은 미 제8군과 제10군단은 조금의 망설임도 없이 연대 혹은 심지어 대대 단위로 거침없이 전진했다. 미 제1군단은 미 제24사단과 영연방 제27여단이 좌익으로 서해안을 따라 진격하고 그 내륙에서 한국군 제1사단과 제7사단이 병진하여 공격했다. 한국군 제1사단은 삼삼오오로 패주하고 있는 북한군을 생포하면서 운산으로 진격했다. 한국군 제2군단(제6·제8사단)은 미 제1군단의 우익으로 진격하였다.

이와 같이 미 제1군단과 한국군 제2군단이 5개의 통로에서 각각 10-15km의 폭을 가지고 한만 국경선을 향하여 전속력으로 전진한 것은 북한군이 UN군에게 대적할 능력이 없으며, 소련이나 중국의 개입 징후도 없었기 때문에 군사적 승리가 눈앞에 있다는 확신 때문이었다.

그러나 청천강-함흥 선 이북의 실제 지상군 전투력 비는 〈표 2-3〉과 같이 중공군의 참전으로 말미암아 공산군의 전투병력이 2.3 대 1로 월등히 우세한 상황이었다.[82]

표 2-3 1950년 10월 24일 미 제8군과 공산군의 전투병력 비교

구분	공산군	병력비	UN군
청천강-함흥 선	270,000명	1 : 2.0	120,000명
UN군 후방지역	40,000명	1 : 1.8	64,000명

출처: 일본육전사연구보급회, 『한국전쟁 5권: UN군의 반격과 중국군 개입』, pp. 192-195.

1950년 10월 말 미 제8군의 전투병력이 상대적으로 열세했던 이유는 미 제1해병사단과 미 제7사단이 원산 상륙을 위해 해상이동 중에 있었고, 미 제9군단 예하의 미 제2 · 제25사단과 한국군 제3군단 예하로 편성된 한국군 제5 · 제11사단이 북한군 게릴라부대를 경계하기 위해 후방지역에 묶여 있었기 때문이다.[83] 또한 미 제8군은 군수물자의 보급을 경인지역으로부터 차량수송과 평양 및 신안주 비행장을 통한 공중수송에 의존하고 있었다. 미 제1군단의 포탄은 하루분밖에 가용하지 않았고, 전차부대는 내일의 연료를 걱정하면서 작전을 지속해야 하는 상황이었다.[84] 더군다나 청천강-함흥선의 정면은 약 270km이었지만, 압록강과 두만강을 연한 국경선은 765km나 되었다. 압록강-두만강 선을 향해 추격전을 전개할수록 넓어지는 정면을 감당할 전투력이 새로운 문제로 대두되었다.[85] 그렇다고 노도와 같이 추격전을 벌이고 있는 작전부대를 정지시키기도 쉽지 않은 일이었다.[86]

이와 같이 UN군이 한국전쟁의 종결을 향해 공세를 계속하던 혼돈의 와중에서 한국군 제6사단이 최초로 어려움에 직면했다. 10월 25일 낮에

제2연대가 청천강 북서쪽 15마일에 있는 온정리에서 상당한 규모의 적에게 심각한 피해를 입었다. 중국군 제40군이 한국군 제6사단과 제8사단의 양개 대대를 공격했고, 중국군 제39군은 29일 운산 지구의 3면에서 한국군 제1사단을 포위했던 것이다.[87]

한국전쟁의 마지막 수순인 '추격 작전'을 수행 중이라고 믿고 있었던 미 제8군은 전혀 예상하지 못한 상황에서 중국군과 조우전을 치르고 있었다. 한국군 제1사단은 운산과 희천 북부에 2만여 명의 중국군이 있다고 미 제1군단 사령부에 보고했다. 이것은 중국군에 관한 UN군 예하부대의 첫 보고였다. 그러나 미 제8군사령부는 온정과 운산 지구에 출현한 중국군은 중국 국경의 방어를 위해 북한군을 지원하는 부대일 뿐이며, 중국군 정규부대가 한국전쟁에 개입했다는 징후는 없다고 판단했다.[88] 다음 날 한국군 제6사단 제7연대 1대대(대대장 김용배 중령)가 압록강에 연한 초산에 도착했지만 그 연대를 포함하여 한국군 4개 연대가 적의 공격을 받고 패주했다. 미군과 영국군도 역시 상당한 저항에 부딪쳤으나 잘 견디어냈다. 이와 같이 미 제8군의 예하부대들이 도로를 따라 진격에만 몰두하다가 불의의 기습을 받았던 것은 산악지대에 은거해 있던 중국군의 실체를 전혀 예측하지 않은 결과였다.

한편 동부에서는 한국군 제1군단(수도·제3사단)이 미 제8군과 약 50마일 정도 떨어져 태백준령의 험한 지형을 관통하며 북으로 진격하고 있었다. 그러나 한국군 제3사단은 적의 저지부대를 돌파하지 못하고 미 해병부대의 도착을 기다려야 했다. 그 적군은 패주한 북한군이 아니었음이 곧 밝혀졌다. 10월 25일부터 서부와 동부의 전선에서 중국군 포로가 포획되었다. 이들은 많은 중국군 부대가 10월 19일경 한반도에 들어와 있다고 진술했다.[89]

미 제1해병사단은 10월 26일에야 원산항에 상륙하여, 2개 연대가 원산항을 확보하는 한편 1개 연대는 한국군 제3사단을 지원하기 위해 북으로 이동했다. 수도 사단은 10월 28일 맥아더 장군의 명령 상 목표선 동쪽의 끝 지점인 성진을 점령했다. 그 다음 날 미 제7사단은 이원으로 상륙하여 80마일 거리에 있는 혜산진으로 진격할 계획이었다.[90]

중국군의 제1차 공세가 시작된 이후인 10월 28일, 미 제8군사령관 워커 장군은 예비인 미 제1기병사단이 미 제1군단에 편입되어 한국군 제1사단의 운산 방어임무를 인수하고, 미 제2사단은 평양에서 북쪽 안주로 이동하여 미 제8군의 예비 임무를 수행하도록 조치했다. 한국군은 10월 29일 추가로 중국군 16명을 포로로 잡았는데, 이들은 10월 중순 경 만포진에서 압록강을 도하한 제13병단 예하의 제42군 제124사단 제370연대 소속이라고 진술했다.[91] 그때까지 미 제8군은 중국군과 전투를 치르고 있다고 믿지 않았다. 단지 그들은 중국군에서 차출한 한국인이라고 판단했다. 극동군사령부도 이 결론에 이의를 제기하지 않았다. 극동군사령부의 10월 16-30일 보고서는 중국군 부대가 그와 같이 부대별로 한반도에 진입했다는 긍정적 정보는 없다고 기술했으며, 어쩌면 도주하고 있던 북한군의 소행으로 추정했다.[92] 이는 극동군사령부가 수집하고 판단한 정보적 사실보다 주관적 희망에 근거한 것이었다.[93] 워싱턴에서도 극동군사령부의 해석과 판단에 이의를 제기하지 않았다. 워싱턴과 도쿄 모두 자신들의 시각에서 베이징을 바라보았기 때문이었다.[94]

미 제8군은 실제상황을 이해하지 못하고, 정면의 적만 무찌르면 압록강까지 진출할 수 있을 것으로 내다보았다. 미 제8군과 극동군사령부는 중국군 정규군이 참전했다고 하더라도 기껏해야 2개 연대 규모라고 판단했다. 미 제2사단이 미 제1군단 우측의 노출된 간격을 메우기 위하여 급히 이동하는 가운데, 한국군 제2군단은 전선의 중심부에서 온정리를 확보하고 있던 제1사단을 내버려둔 채 청천강 이남으로 후퇴했다. 미 제8군사령관 워커 장군은 미 제1기병사단이 한국군 제1사단을 초월하여, 한만 국경선으로 진출하도록 지시했다. 또한 서측의 미 제24사단은 10월 31일 정주에서 영 제27여단을 초월하여 태천, 구성, 선천을 점령하고 계속 삭주와 신의주를 향해 전진하도록 명령했다. 미 제24사단 제21연대가 선천을 지나 11월 1일에는 신의주 남쪽 약 18마일 거리에 있는 정동에 도착했다.[95] 그러한 혼돈의 상황에서 중국군 제38·제40군의 6개 사단은 청천강 계곡으로부터 군우리를 겨냥했고, 제39군은 운산에 포위망을 형성하고 있었으며, 대령강 상류의 제50·제66군은 미 제24사단의 접근을 은밀하게 기다리고 있었다.

11월 1일은 일요일이었고 날씨는 추웠다. 미 제1기병사단장 게이 (Hobart Gay) 장군이 안주의 군단 사령부에서 회의를 마치고 용산동의 사단 지휘소에 돌아왔을 때 운산의 비보가 기다리고 있었다.[96] 한국군 제1사단을 지원하기 위하여 운산으로 기동 중이던 미 제1기병사단 예하 8연대가 그날 밤 포위공격을 당해 2개 대대가 심한 손실을 입었고, 1개 대대는 전멸했다는 보고였다.[97] 운산전투는 미군 454명이 전사한 중국군과의 첫 전투였지만, 미 제8군은 아직도 강계로 도주하던 북한군의 주력에 의한 일시적 반격작전으로 판단했다.[98] 8군사령관은 우익인 한국군 제2군단과 중앙의 미 제1기병사단이 패주함에 따라 청천강 북쪽 제방에 약간의 교두보만 확보하고, 모든 부대가 청천강 남쪽으로 철수하도록 명령했다. 11월 3일, 중국군 제39군과 제40군이 맹렬하게 추격하는 가운데, 미 제8군의 청천강 이북 부대는 공군, 포병과 전차의 엄호를 받으면서 청천강 이남으로 후퇴했다. 그러나 맥아더 장군의 질책이 염려되었던 워커 장

군은 가능한 한 빨리 공격을 재개할 것이라고 성급히 보고했다.[99]

스탈린은 중국과 북한이 한반도의 영공 방어작전을 수행할 수 있도록 제64전투기부대(64th FAC)를 투입했다. 그 부대는 중국 북동지역에 주둔했고, 부대원은 약 2만 6,000명에 달했다. UN군은 이제 지상전에서뿐만 아니라 공중전에서도 새로운 위협에 직면했다. 11월 1일 미군 F-80 제트 전투기가 압록강 하류 신의주 부근에서 YAK 전투기와 조우하는 과정에서 6대의 소련제 MiG-15 제트전투기가 처음으로 모습을 드러내었다.[100]

UN군이 승리를 목전에 둔 1950년 11월 1일, 압록강 상공에 갑자기 나타난 소련제 MiG-15 제트 전투기는 미 공군을 놀라게 했다. 1946년 실전 배치된 이 전투기는 당시 F-80, 84보다 시속 면에서 160km 이상 빨랐다.

미 공군은 1950년 12월 3일 이미 개발이 완료되었던 F-86 전투비행단을 한국 전쟁에 투입하여 MiG-15 전투기와의 격추 교환비에서 10 : 1로 우세를 유지했다. 두 항공기 성능은 유사했지만 미국 조종사들의 능력과 경험 때문이었다.

당시 소련과 미국의 최신예 항공기 성능은 〈표 2-4〉와 같다.

표 2-4 소련과 미국의 참전 항공기 성능 비교[101]

구분		무장		속도(mph)		최대상승 고도(ft)	항속거리 (NM)
		로켓	폭탄(lbs)	최대	순항		
소련	MiG-15	1×37mm	1,100	670	–	51,000	1,156
미국	F-80	8×5 n	2,000	580	437	45,000	1,380
	F-84			620	485	43,240	1,485
	F-86			685	540	49,000	1,200

출처: 강창국, "무기운용으로 본 6 · 25전쟁의 기원과 전개에 관한 연구", pp. 92, 114을 참조하여 재정리.

맥아더 장군은 중국군의 참전 사실을 인정하지 않았지만, 11월 4일 예하의 작전부대들은 다르게 움직이고 있었다. 미 제8군은 청천강 남쪽으로 철수하였고, 미 제3사단은 일본 모지(門司) 항에서 신속히 한반도 전구로 이동해야 했다. 극동해군은 모든 항공세력에게 UN지상군을 근접지원하고 북한군의 병참선과 집결지를 공격하라고 명령했다. 항공모함 밸리 포지, 레이테 그리고 필리핀 씨호가 일본에서 다시 출항했다.

펑더화이는 11월 5일 오후 7시 서부전선 각 군에 공격 중지명령을 하달했다. 중국군은 제1차 전역을 통하여 6-7개 연대를 섬멸함과 더불어 미 제8군을 청천강 이남으로 밀어낸 성과에 일단 만족하였다. 1차 공세를 치른 중국군은 미군의 전차 및 포병의 충격력과 기동성이 뛰어났고 공중폭격이 강력했으나, 미군 보병은 야간전투와 근접전투를 기피하고 죽음을 두려워한 나머지 과감한 공격이나 마지막까지 진지를 사수하려는 의지가 없는 것으로 평가했다.[102]

극동군사령부의 정보적 오판

미국 극동군사령부 정보처장 윌로비 장군(Charles A. Willoughby)은 11월 2일 중국 동북에는 중국군 정규군 총 31만 5,000명과 비정규군 27만 4,000명이 있으며, 정규군은 대부분 압록강의 부근에 집결해 있다고 워싱턴에 보고했다. 그리고 한반도에 투입한 중국군의 총 병력은 3만 4,000명 정도이고, 그중 1만 6,500명이 미 제8군과 교전한 것으로 분석했다. 그러나 미국의 군사정책 결정자들은 중국군의 한반도 출병을 인정하려 하지 않았다.[103]

워싱턴에서 본 한반도는 극도의 혼돈상태였다. 합동참모본부는 맥아더 장군에게 중국군의 개입 사실에 대한 군사적 평가를 요구했다. 그러나 맥아더 장군은 북한에 들어온 중국군의 실체를 근거 있게 설명하는 것은 불가능함을 인정했다.

11월 5일 맥아더 장군은 'UN군이 중국군과 접적상태에 있다'는 사실을 환기시키면서 극동공군이 2주 동안 전 역량을 집중하여 북한군과 중국군을 타격하고, B-29 중(重)폭격기 90대를 전부 투입하여 압록강 상 모든 교량의 남쪽 상판을 파괴함으로써 중국군의 한반도 진입을 차단할 것을 명령했다.[104] 극동공군은 강력하고도 광범위한 무차별 폭격을 실시하며, 나진과 수풍댐 및 전력시설 등을 제외한 모든 시설, 공장, 통신수단, 도시와 전선지대의 촌락을 고폭탄이나 소이탄으로 폭격할 계획을 수립했다.[105] 그것은 중국군이 개입한 상황에서 공산군이 은신처로 활용할 가능성 자체를 파괴해야 한다는 이유 때문이었다. 이로써 UN군은 한국전쟁 초기 주거지역에 대한 공격과 소이탄 사용을 금지한다는 명령 자체가 취소된 것으로 간주하게 되었다.[106]

극동군사령부는 이러한 공중공격이 중국과의 국경선을 안전한 상태로 놓아두어야 한다는 미 행정부의 지침을 위반하는 것으로 해석하지 않았고, 미 합동참모본부의 승인도 구할 필요가 없다고 판단했다. 그러나 극동공군사령관 스트래트마이어 장군이 맥아더 장군의 메시지를 공군참모총장 반덴버그 장군에게 보고하게 되면서 워싱턴은 그 문제에 관심을 갖게 되었다. 뉴욕에서는 미국의 UN 대표가 안전보장이사회로 하여금 중국군의 한국전쟁 개입에 관한 특별보고서를 검토할 것을 주장하고 있었고, 국무성은 미국이 중국에 영향을 줄지도 모를 어떤 조치를 취하기 전에 먼저 영국 정부와 논의하기로 약속한 바도 있었다.

맥아더 장군은 중국군의 병력과 물자가 떼를 지어 만주로부터 압록강 교량을 넘고 있었기 때문에, 이 증원을 차단할 유일한 방법은 압록강 상의 교량을 포함한 모든 교통시설을 항공력으로 파괴하는 것이라고 생각했다. 만일 중국군의 증원을 차단할 수만 있다면 대략 10일 이내에 서부전선에서 공격을 재개할 계획이며, 오직 그러한 공세작전만이 중국군의 투입전력과 의도를 파악할 수 있는 방법이라고 판단했다. 또한 이러한 폭격은 적의 병참선을 차단하는 것으로 너무도 방어적이기 때문에 그것이 중국의 국지 개입 가능성을 증가시킨다든가 또는 그 자체가 전면전의 씨앗이 되지는 않을 것이라고 주장했다.[107] 이에 반해 미 합동참모본부는 맥아더의 결정이 소련을 자극하고 영국의 동의 없이 중국에 대한 군사작전을 하지 않기로 한 약속에 위배된다고 판단했다.

그러나 미 합참은 맥아더 장군의 강력한 주장으로 말미암아 한만 국경선 너머 6-8마일까지를 범위로 하는 압록강 대교 폭격계획에 동의했다. 애치슨 장관을 통해 관련된 사실을 보고받은 트루먼 대통령도 극동군사령부의 군사작전이 초래할 위험을 알면서도 군사지휘관의 판단을 존중한다는 차원에서 그 작전을 승인했다.[108]

한편 미 제8군사령관 워커 장군은 예하 부대가 청천강 이남으로 철수를 완료하기도 전인 11월 6일에 이미 압록강을 향해 진격을 재개하라는 명령을 하달했다. 미 제10군단도 곧바로 탐색성 공격을 시작했다. 서부에서는 한국군 1사단, 7사단, 8사단, 미 제24사단, 영 제27여단이 다시 공격을 준비했고, 동부에서는 한국군 수도 사단이 동해안의 길주, 명천을 이미 점령한 가운데 미 해병 제1사단의 1개 연대가 진흥리에서 고토리를 향해 공격을 개시했다.

스트래트마이어 극동공군사령관은 폭격기사령부에 한만 국경선의 교량 6개소와 10개의 도읍을 파괴하도록 명령했다. 공중폭격은 1950년 11월 8일에 시작되었다. 항공모함 밸리 포지, 필리핀 씨, 레이테함의 함재기들이 11월 9일부터 신의주 철교를 파괴하기 위해 나섰다. F-80 제트전투기의 엄호를 받는 B-29 폭격기 79대가 600톤의 폭탄을 압록강 교량의 남반부에, 8만 5,000발의 소이탄을 신의주 시내에 투하했다.[109] 그러나 교량공격은 그렇게 효과적이지 못했고, UN군 항공기는 공산군의 전투기와 대공화기 사격에 의해 방해를 받았다.[110]

압록강 상의 공산군 MiG-15 제트전투기는 서서히 심각한 위협이 되고 있었다. UN군 항공기가 중국의 국경선을 침범할까 우려하는 것을 역이용하여, 공산군 항공기는 기습적으로 압록강 선을 넘어와 UN군 항공기를 공격하고, UN군 항공기가 반격하기 전에 안전한 만주의 '성역'으로 도망했다. 맥아더 장군은 이러한 비정상적 상황이 공군과 지상군 부대의 작전을 곤란하게 하기 때문에, 합동참모본부가 공산군 항공기에 대한 '즉각 추격'을 허용해줄 것을 요청했다. 그러나 그것은 UN군 참전 국가와 협의를 거쳐 결정해야 할 문제였다.[111]

미 국무성은 영국, 캐나다, 네덜란드, 프랑스 그리고 오스트레일리아

정부에게 UN군 항공기를 기습 공격한 후 만주로 도망하는 적 항공기에 대한 '즉각 추격'을 허용해줄 것을 요청했다. 그러나 5개국 정부 모두 "전쟁 확산"에 대한 두려움 때문에 호의적이지 않은 반응을 보였으며, 오히려 다른 회원국 정부들까지도 중국과 소련의 한국전쟁 참전 가능성을 우려했다.[112]

한편 미국은 중국군이 한국전쟁에 개입한 군사적 목표와 의도가 무엇이든 간에, UN군의 군사력 감축 계획을 재고해야 했다.

미 국무성과 국방성은 UN군 편성에 합의한 모든 나라의 군대가 계획대로 한반도에 전개해주길 원했지만, 그리스와 캐나다의 경우에는 이미 파병부대를 감축했기 때문에 처음 계획대로 되돌릴 수가 없었다.[113]

UN군의 편성에 관한 처음 계획이 차질을 빚게 되자, 극동군사령관은 UN군 전투병력 증강 문제를 한국군을 확장하는 방안으로 해결하고자 하였다. 미 제8군사령부는 한국군 5개 사단을 매월 1개 사단씩 창설하도록 했으며, 트루먼 대통령도 한국군의 증강계획을 11월 4일에 이미 승인했다.[114]

맥아더 장군은 11월 7일에 미 합동참모본부에 3개 사단, 12개 전차중대, 3개 전차대대, 10개 포병대대, 6개 공병대대 및 기타 지원부대의 증원을 요청했지만, 11월 말까지 충원할 수 없었다.[115] 압록강과 두만강 지역까지 군수지원도 어려운 문제였다. 임진강 선까지 철도로 수송한 이후에 국경선 지역까지 약 300km를 60개 수송중대(약 3,000대의 차량)를 통해 필사적으로 수송해야만 겨우 지상작전부대의 보급소요를 충당할 수 있었지만, 북한군 게릴라부대가 도처에서 이를 방해했다. 그럼에도 불구하고 공병부대의 피나는 노력으로 개성-평양 간 경의선이 복구되고, 진남포항과 평양 및 신의주 비행장의 복구가 완료된 이후부터 1일

4,000톤을 겨우 수송할 수 있었다.[116]

　이러한 상황에서 일본에 주둔하고 있던 미 제3사단이 11월 5일 원산에 상륙함으로써 미 제10군단의 북진이 점차 본격화되었다. 미 제1해병사단의 제7해병연대가 11월 10일에는 장진호 남쪽 약 10마일 지점의 고토리에 도착했다. 미 제7사단은 이원에서 북으로 진격하고, 한국군 수도사단은 제3사단의 증원을 받아 해안을 따라 기동했다.

4

맥아더 장군의 완승 의지

중국군 제9병단의 참전

미 행정부와 극동군사령부가 한국전쟁의 종결방안을 검토하고 있던 상황에서, 중국군 제9병단(제20·제26·제27군으로 편성)은 11월 7일 지안(集安)과 린장(臨江)에서 압록강을 건너 한반도 북동부로 기동하고 있었다.

이제 한반도에 투입된 중국군은 2개 병단으로, 약 38만 명이나 되었다. 그러나 중국군은 전차도 없었고, 전투장비도 보잘것없었다.[117] 병사들은 일본제 38식과 99식 소총을 소지했는데, 기관총과 박격포 등 대부분은 항일투쟁과 국공내전 시에 노획한 것들이었다. 중국군 3-4개 사단으로 편성된 1개 군에는 화포 420문(직사포 108, 박격포 333, 로켓발사기 81)이 편제되어 있었지만, 양적으로 미군 1개 사단의 54%밖에 되지 않았다.[118] 화포의 사정거리가 짧았고, 대부분 노새나 말이 끌거나 병력이 어깨에 메고 이동했다. 또한 중국군 1개 군의 무전기는 총 69대로 미군 1개 사단에 편제된 무전기의 5% 정도에 불과한 수량이었다.

그럼에도 불구하고 중국군은 모진 전투를 통해서 일본군 및 국민당 군대와 싸워 이겼다는 자신감으로 충만해 있었으며, 미 제국주의에 저항하는 북한을 돕는 것이 곧 내 집과 나라를 지키는 것이라는 항미원조(抗美援朝) 보가위국(保家衛國)의 정치사상으로 무장되어 있었다.[119]

한편 UN군 후방지역에서 활동 중인 북한군 게릴라부대는 5만 명을 넘었다.[120] 이는 맥아더 장군이 인천 상륙에 의한 전략적 포위기동을 실시하여 단번에 전황을 역전시켰다는 찬사를 받았지만, 북한군은 격멸되지 않고 연기처럼 사라져 게릴라부대로 전환되어 있었다. 미 제8군은 전선 후방의 게릴라작전에 많은 전투력을 투입해야 했는데, 원산과 함흥 지역의 북한군 게릴라 약 4만 명은 미 제3사단과 한국군 해병대가, 신천 곡산 일대의 게릴라 약 1만 명은 한국군 제2사단이, 철원과 김화 지역의 게릴라 약 2개 사단 규모는 터키 여단이 담당했다. 또한 서울-평양선 철도 경계에는 미 제187공수연대, 필리핀 제10보병대대와 한국군 제5사단이, 38선 이남의 춘천, 원주, 전주, 광주, 대구 등지의 후방 병참선 방호는 한국군 제2·제9·제11사단이 맡아야 했다.[121]

〈표 2-5〉는 11월 중순 UN군의 취약한 당시 부대 운용과 상대적 전투력 비를 보여준다. 미 제8군은 약 1/3 정도의 전투부대가 후방지역 경계를 담당했기 때문에, 평양-원산 선 이북의 추격 작전에는 전체 전투력의 약 2/3 정도밖에 참가할 수 없었다.[122] 결과적으로 미 제8군은 크리스마스 총공세에 미군 6개 사단, 영국군 1개 여단, 한국군 6개 사단 등 총 17만 2,000명을 투입하였지만, 공산군과 전투력과 비교했을 때에 공산군이 병력면에서 2.7 : 1 이상으로 우세를 점하고 있었다.[123]

더욱 심각한 문제는 중국군은 UN군의 동향을 살피고 있었지만, UN군은 중국군의 개입 사실도 인정하지 않고 있었다는 점이다.[124] 미 제8군은 사단 혹은 연대 단위로 구성, 정주, 운산, 구장, 박천 일선에 분산 배치해 있었고 미군과 한국군 간의 공간은 매우 넓었다. 요컨대 미 제8군과 미 제10군단은 중국군이 분할 포위하여 각개 섬멸할 수 있는 기회를 스스로 제공하고 있었다.

표 2-5 1950년 11월 중순 UN군 지상군 부대 운용

구분	UN군		전투력 비	공산군
	미 제8군	미 제10군단		
계	23만 7,000명		1 : 2.2	51만 3,000명
평양-원산 이북 지역	미 제1군단 – 미 제24 · 제1기병사단 – 영 제27여단 – 한 제1사단 미 제9군단 (제2 · 제25사단) 한 제2군단 (제6 · 제7 · 제8사단)	미 제10군단 – 미 제1해병사단 – 미 제7사단 한 제1군단 (수도 · 제3사단)	1 : 2.7	(북한군) – 9개 사단 – 1개 여단 – 1개 독립연대 – 1개 전차여단 – 1개 전차연대 (중국군) – 30개 사단
	17만 2,000명			46만 3,000명
UN군 후방 지역	한 제3군단 (제2 · 제5 · 제9 · 제11사단) 터키 여단 미 제187공수연대 필리핀 제10보병대대	미 제3사단 (원산)	1.3 : 1	원산, 함흥 – 4만 명 신천, 곡산 – 1만 명 철원, 김화, 38선 이남지역 등
	6만 5,000명			5만 명

출처: 국방부 군사편찬연구소, 『소련고문단장 라주바예프의 6 · 25전쟁 보고서 3권』, pp. 243-246; 중국 군사과학원 군사역사연구부, 『중국군의 한국전쟁사』, 제2권, pp. 131-139, 292-296, 555; 국방부 군사편찬연구소, 『인천상륙작전과 반격작전』, 6 · 25전쟁사 6권, p. 468을 참조하여 재정리.

UN군의 크리스마스 공세

중국군의 1차 공세(10. 25-11. 5)와 2차 공세(11. 25-12. 4) 사이의 3주간은 미 행정부와 극동군사령부가 변화된 상황을 파악하고 전쟁정책과

전략을 재검토할 수 있는 기회가 되었지만, 결과적으로 그 기회를 상실하고 말았다.

미 국가안전보장회의(NSC)는 11월 9일에 '중국군'이 북한에 진입했다면 극동군사령부에 부여된 임무의 재검토가 필요하다고 보았다. 미 극동군사령부의 '북한군의 격멸'은 그러한 중국군의 개입이 없는 상황에서의 임무이므로, 맥아더 장군이 그의 계획된 공격을 포기하고 방어진지로 후퇴해야 한다는 것이었다.[125] 미 국무장관 애치슨은 현재의 진출선보다 군사작전이 용이한 더 남쪽의 방어선이 있는지를 질문하였지만, 미 합참의장 브래들리 장군은 UN군의 어떠한 후퇴도 한국인의 기대를 저버릴 것이라고 잘라 말했다.

미 중앙정보국은 소련이 중국군을 지원하더라도 한반도에서 미국과 전면전의 모험을 감행할 것 같지는 않으며, UN군의 압록강 너머에 대한 공중공격만으로 소련과의 전쟁을 유발하지 않을 것으로 판단했다. 또한 중국의 한반도 출병 목적이 한반도에서 UN군의 북진을 저지하고, 한반도 땅에 공산당정권을 유지하는 것이라고 평가절하했다.[126]

그러나 맥아더 장군은 티베트와 인도차이나에 대한 중국의 태도로 볼 때 중국의 한국전쟁 개입은 '제국주의적 열망'에서 스스로 택한 길이며, 소련은 이러한 조치에 만족하면서 배후에 머물러 있다고 생각했다.[127] 맥아더 장군은 한국전쟁을 종결하기 위한 최후공세를 포기할 의향이 전혀 없었다. 그는 우세한 공군력을 이용하여 만주로부터 중국군의 증원을 차단하고, 이미 한반도에 진입해 있는 중국군도 격멸할 수 있다는 확신에 차 있었다. 맥아더 장군은 UN군이 험준한 산악지대에서 기약 없이 머무는 것은 부대의 사기만 떨어뜨릴 뿐이며, 한반도의 북쪽에 완충지대를 설치하고 정치적으로 해결하자는 영국의 제안은 결국 한국 영토를 포기하는 행위라고 비난했다.

결국 국가안전보장회의는 맥아더 장군의 계획에 대하여 어떠한 수정도 요구하지 않았고, 다만 국무성이 중국과의 협상 가능성을 검토해보기로 하고 회의를 종결했다.[128]

11월 14일 맥아더 장군은 압록강의 모든 교량을 파괴하여 현재의 접촉선과 국경선 사이의 지역을 '고립화'하는 것이 자신이 당면한 군사적 목표라고 말하였다. 그리고 압록강이 결빙되기 전에 UN군이 한만 국경선을 확보할 수 있다면 한국전쟁을 승리로 종결지을 수 있겠지만, 만주의 중국군이 개입하여 공격에 실패한다면 그때 UN군은 만주의 요충지를 폭격하는 것 외에 다른 대안이 없다고 부언했다. 또한 그는 UN의 기본 정책이 한반도에서 모든 무장저항세력을 소멸하여 통일된 자유국가를 건설하는 것이기 때문에 철저하고 완전한 군사적 승리만이 필요하다고 주장하면서, 다음 날 UN군이 총공세를 계획하고 있음을 밝혔다.

UN 안전보장이사회에서 11월 16일 한국 문제에 관한 토의를 재개했는데, 트루먼 대통령은 주요 동맹국과 협조할 필요성 때문에 '전쟁을 국지화하고 상황이 허용하는 한 UN군을 한국으로부터 가능한 빨리 철수시키는 것'이 미국의 정책임을 힘주어 설명하였다.

UN 안전보장이사회에서는 '중립적인 완충지대'를 설치하자는 영국의 제안이 미국 정부를 통하여 제시되었다. 그것은 북한의 좁은 부분(정주-흥남 선) 북쪽의 모든 영토를 비무장화하고 중국의 대표도 참석하는 어떤 UN 기구의 관리하에 두자는 것이었다. 그러나 다음 날 한 북경방송은 그 제안은 애치슨 장관과 트루먼 대통령이 자신들을 안심시키려는 연극일 뿐이라며, 만주를 침략하기 위한 수작이라고 오히려 비난했다.[129]

이와 같이 중국군의 출현으로 혼돈된 상황에서 미 폭격기 사령부는

11월 4일부터 B-29기 78대를 동원하여 북한 전역을 공격했는데, 그 피해가 심각했던 것은 맥아더 장군의 명령으로 공중폭격 시에 소이탄 (incendiary bomb)을 사용한 까닭이었다.[130]

〈표 2-6〉은 UN군이 1950년 11월 신의주, 만포진, 초산, 강계 등 한 만 국경선 지역을 소이탄 공격으로 초토화한 결과 나타난 피해를 보여 준다.

표 2-6 1950년 11월 UN군 공중폭격에 의한 피해

지역	손실도(%)	지역	손실도(%)
만포진	95	강계	75
고인동	90	희천	75
삭주	75	남시	90
초산	85	의주	20
신의주	60	회령	90

출처: 김태우, "한국전쟁기 미 공군의 공중폭격에 관한 연구", p. 238; 퍼트렐(Robert Frank Futrell) 편저, 『한국전에서의 미 공군전략』, p. 211.

1950년 11월 23일, UN군의 공습으로 폐허가 된 갑산

미국의 6 · 25전쟁사

소이탄(燒夷彈)은 마그네슘을 연소재로 하여 목표물을 불살라 없애기 위한 것으로, 미 공군은 태평양전쟁 말기에 일본의 본토를 폭격하면서 이를 효과적으로 사용했다. 일본이 항복하게 된 것은 히로시마와 나가사키에 떨어진 원자탄이 직접적인 이유였지만, 사실 미 공군의 소이탄 공격에 의해 피해가 누적된 탓도 컸다. 1947년 미 의회 청문회에서 '소이탄' 공격의 비인도적 측면이 도마 위에 올랐었고, 그러한 연유로 한국전쟁 초기에 미 극동공군은 고폭탄에 의한 정밀폭격을 원칙으로 삼아왔었다. 그러나 극동군사령부가 B-29기의 소이탄 폭격을 승인한 것은 중국군의 개입이 사실로 확인되면서 극단적인 조치가 필요하다고 판단한 결과였다.[131]

한편 맥아더 장군은 중국이 북한 지역에 3만 명 이상의 병력을 투입하지 않았다고 단언했다. 그보다 더 큰 규모의 부대가 북한으로 진입했다면 필연코 항공정찰에 노출될 수밖에 없었을 것이라는 주장이었다. 그는 UN군의 항공력으로 중국군의 한반도 증원을 완벽하게 차단했기 때문에, 미 제8군으로 하여금 11월 24일에 공세를 재개하여 희천과 강계 사이의 북한군 잔적을 섬멸하고 미 제10군단이 주축이 되어 안정화 작전을 시행할 것이라고 합동참모본부에 보고했다.[132]

그런데 11월 18일 이후 중국군과 북한군은 UN군을 유인하기 위하여 안주 북방에서 갑자기 미 제8군과의 접촉을 단절했다. 장진호 지역에서 해병사단과 싸우던 공산군도 마찬가지였다. 이 갑작스런 전투 이탈과 잠적의 이유가 의문시되었지만 UN군은 이를 묵과하고 말았다.

중국군이 연기처럼 사라지자 극동군사령부 내에는 다시 낙관론이 확산되었다. 압록강 교량 공습 이후에 공격할 표적이 마땅하지 않자 11월 18일에는 호위 항공모함이 철수했고, 19일에는 항공모함 밸리 포지호와

2척의 구축함이 계획정비를 이유로 귀국을 서둘렀다.[133]

미 제8군사령부는 서부전선에서 미 제2보병사단과 제25보병사단을 전방으로 이동시켜 제1기병사단과 제24보병사단의 공격에 가담케 했다. 이들 미군부대와 한국군 제1사단, 터키군 및 영연방 여단이 좌익과 중앙을 형성하고, 3개 사단으로 구성된 한국군 제2군단이 우익에서 진격할 예정이었다.[134] 동북부전선에서는 미 제10군단이 최초 3개 사단 병진으로 미 제8군과 보조를 맞추면서 북쪽으로 진격할 계획이었지만 미 제8군과 미 제10군단 간의 간격이 더욱 벌어질 것을 우려했다. 이에 따라 UN군사령부, 미 제8군 및 미 제10군단의 작전계획장교들은 미 제1해병사단이 적의 주병참선으로 판단되는 만포진-강계-희천에 이르는 도로를 목표로 하여, 장진호 북쪽에서 서쪽으로 공격 방향을 변경하기로 합의했다. 그리고 미 제3사단은 원산지역을 경계하면서, 미 제8군과 미 제10군단 간의 측방 방호를 제공하도록 했다.[135]

이 새로운 공격계획에 대하여 합동참모본부는 반대하지 않았다. 미 행정부는 그때 한반도 문제에 관하여 외교적 접근을 깊이 모색하고 있었다. 애치슨 장관은 UN의 정치적 조치로 중국군의 철수, 북한군의 항복, UN 한국통일부흥위원단 감독하에 통일, 한국에 군사적 책임의 이양, 전투행위의 국지화, 그리고 무엇보다 중국과의 적대행위 회피 등 '광범위한 정치적 목표'의 목록을 작성했다. 또한 비무장지대의 설치방안에 관해서도 진지한 검토가 이루어졌다. 그러나 아무도 맥아더 장군에게 예정된 공세를 취소하거나 연기하도록 명령을 내려야 한다고 제의하지 않았다.[136]

한반도의 북동부에서 미 제10군단의 전세는 유리한 상황에서 진행되고 있었다. 미 제7사단은 11월 21일 패주하는 북한군을 추격하여 혜산진을 점령했다. 만주로 통하는 다리는 완전히 파괴되었고, 시가지는 13일의 항공폭격으로 폐허가 되어 있었다. 맥아더 원수는 알몬드 군단장에게 축하하는 전문을 보냈다. 한국군 제1군단(수도사단, 제3사단)은 미 해·공군의 지원을 받아 북한군의 저항을 물리치고, 청진 가까이 접근했다. 미 제1해병사단의 제7연대가 장진호 남단의 하갈우리로 도착하여 전진기지를 구축했으며, 제5연대가 고토리로 기동 중이었다.[137] 그렇지만 중국군 제42군은 황초령에서 철수하면서 계속 북진하는 미 해병 제1사단을 장진호 지구까지 유인하고 있었고 중국군 제9병단은 미 제10군단을 포위 섬멸할 수 있는 여건을 조성하는 중이었다.[138]

당시에 미 제8군사령부는 만일 중국군 정규군이 참전했다면 수풍 발전소 방호가 그 목적일 것이며, 투입병력은 기껏해야 6만 명을 넘지 않았을 것으로 판단했다. 미 제10군단도 한반도에 투입한 중국군은 1개 사단 정도일 것으로 과소평가했다. 극동군사령부의 정보 보고도 투입된 중국군은 6만 명 내지 8만 명이었다.[139]

이렇듯 중국군의 개입에 관한 극동군사령부의 판단이 흐려졌던 이유는 중국군에 관한 과다한 첩보가 오히려 독이 되었고, 인천 상륙 이후 북한군이 와해된 마당에 중국군이 개입한다는 것은 '축차적 투입'일 뿐이라는 합리적 사고방식과 더불어 '그럴 리가 없다'고 하는 선입관이 지배하고 있었다. 또한 북한 지역에서의 미군 정보조직이 빈약했으며, 항공사진 판독에 의존하던 미군의 정보기술은 중국군의 야간기동을 간과했다. 미군이 자랑하던 무선통신 감청기술도 통신기기를 거의 사용하지 않는 중국군에게 무용지물이었다.[140]

결국 맥아더 장군의 낙관적 전망과 그릇된 신념, 미국 정책결정자들의 아시아와 중국에 대한 경시적 태도가 중국군의 참전 사실과 의도에

대하여 눈을 멀게 한 복합적인 요인이 되었다.[141]

맥아더 장군은 11월 24일 아침 '크리스마스 공세' 직전에 미 제8군사령부를 방문했다. 그는 한국군이 좋지 않은 상태에 있음을 목격하고, 만일 중국군이 강력하다면 즉각 철수하고 북으로 진격하려던 계획을 포기할 수 있다고 생각했다. 그는 최종 결심을 내리기 위해 청천강에서 압록강까지 항공 관측비행을 실시했다. 눈 덮인 땅 위 어느 곳에서도 공산군 부대에 대한 흔적을 발견할 수 없었다. 압록강을 버려두고 그 남쪽에서 접근로를 효과적으로 통제할 수 있는 방어선이 마땅하지 않음을 확인하고, 서부의 낮은 지형으로부터 중부와 동부의 험한 산악지형을 효과적으로 방어하기 위해서는 압록강-두만강 선을 반드시 확보하여 지형이 주는 이점을 최대로 활용해야 한다는 생각을 굳히게 되었다. 또한 미국이 한국전쟁을 성공적으로 마무리 짓지 못할 경우에 한국 국민에게는 '배반'으로 간주될 것이며, 다른 아시아 국가에게는 미국의 연약함을 입증하는 비판적 선례가 될 것이라고 생각했다.[142]

맥아더 장군의 믿음을 뒷받침한 것은 항공력이었다. 그는 3주간에 걸친 극동공군과 해군의 무차별적인 공습으로 말미암아 중국군의 증원능력이 확실하게 차단된 것으로 판단하고, 크리스마스 공세는 계획대로 실시한다고 선포했다.[143]

확실히 맥아더 장군은 확전의 위험성에 관하여 워싱턴의 관심과 견해와는 상이했다. 맥아더 장군의 메시지가 워싱턴에 전해졌을 때, 미 제8군과 미 제10군단은 자신들의 무모한 진격을 기다리고 있는 공산군의 의도와 능력을 알지 못한 채로 국경선을 향해 기동을 시작했다.

동부전선은 황초령부터 장진호까지는 좁은 산간도로가 하나 있을 뿐이었고 기복이 심하고 험난한 데다가 가파르기까지 한 높은 산들이 굽

이를 이루고 있어서, 만약 부대가 기습적인 매복부대의 공격을 받는다면 대책이 없는 상황이었다.

미 해병 제1사단장 스미스 장군은 크리스마스 총공세가 궤멸된 북한 군대를 가정으로 한 것이지, 중국군의 개입을 전혀 고려하지 않은 계획 이라는 우려를 저버리지 못했다. 그는 이해할 수 없는 명령을 거부하거 나 고의로 시행을 늦추었다. 미 해병 제1사단은 11월 8일 출발하여 24일 에야 장진호반에 도착함으로써 미 제10군단장 알몬드 장군과 맥아더 장 군의 분노를 사고 있었다.[144]

요약

- 인천상륙작전의 극적인 성공은 전황을 반전시켰다. 부산 교두보까지 밀렸던 미 제8군도 반격을 개시했고, 38선을 돌파한 후에 추격작전으로 전환했다.

- 군사(軍事)는 정치에 복종해야 한다는 것이 클라우제비츠 이후 전쟁 수행의 원칙이었지만, 한국전쟁의 전반적인 상황과 판단은 미 행정부의 정책적 결정보다 맥아더 장군의 결심에 의존하게 경향이 더욱 분명해졌다.

- 10월 초 UN군과 극동군사령부가 종전 분위기에 젖어 있는 상황에서, 중국군이 한국전쟁에 개입하기 위해 압록강을 건넜다.

- 극동군사령부는 중국군의 기습으로 미 제8군이 큰 피해를 입은 후에도, 중국군의 실체를 두려워하지 않고 전쟁 종결을 목표로 한 '크리스마스 공세' 준비를 서둘렀다.

- 미 제8군의 피해와 중국군의 참전 사실을 확인하고도, 극동군사령부가 중국의 한국전쟁 개입 가능성, 중국군의 참전 규모와 전략 등에 대하여 추호의 의심이나 두려움을 갖지 않았던 이유는 무엇일까? 그것은 맥아더 장군의 초월적 위대함, 미 군사력의 압도적인 우세, 항공력에 대한 과신, 중국군에 대한 오만과 편견의 결과임을 부인하기 어렵다.

3부

중국군과의 새로운 전쟁

1950. 11. 25-1951. 6. 23

UN군이 한국전쟁을 종결하기 위해 실시한 '크리스마스 공세'가 중국군의 두 번째 공세에 부딪쳐 실패한 이후, 미국은 "중국과의 새로운 전쟁"임을 선포하고 전쟁정책과 전략을 수정했다. 본 장은 UN군이 중국군에게 밀려 37도선까지 후퇴했다가 현재의 휴전선 인근인 캔자스 선까지 다시 북진한 후 휴전교섭으로 전환하기까지의 기간 동안 기동전 수행과정을 살펴본다.

질문들

- 1950년 11월 말경 소위 '중국군의 제2차 공세'로 미 제2사단 등이 심각한 타격을 입은 후에, UN(극동)군사령부의 군사적 대응수단과 방법은 무엇이었는가?

- 한국전쟁 개입 초기 미국의 제한전 정책은 중국군과의 새로운 전쟁을 시작하면서 변화될 수밖에 없었다. 미 행정부의 전쟁정책, 즉 전쟁의 정치적 목적과 실제 군사작전 수행방법은 어떻게 변화되었는가?

- 중국군과의 새로운 전쟁을 수행하면서 미 행정부의 정책은 '휴전'을 모색하는 방향으로 바뀌었는데, 그렇게 정책을 변경하게 된 지배적인 원인은 무엇인가?

- 1951년 봄 UN(극동)군사령관은 공산군의 취약성을 파악하고 반격을 실시했다. 이러한 과정에서 캔자스-와이오밍 선을 진출 통제선으로 정하고, 최적의 방어선으로 미 행정부의 휴전 정책을 뒷받침하였다. 결국 이 선은 지금의 휴전선이 되었다. 미 행정부와 군사지휘관들이 캔자스-와이오밍 선을 최적의 방어선으로 선정한 이유는 무엇인가?

1
UN군 크리스마스 공세의 좌절

중국군의 두 번째 공세

1950년 11월 24일 오전 10시에 UN군의 총공세인 소위 '크리스마스 공세'가 서부전선에서 미 제8군의 공격으로 개시되었는데, 미 제8군의 좌익은 미 제1군단으로 미 제24보병사단, 한국군 제1사단, 영연방 제27여단이, 중앙은 미 제9군단으로 미 제25보병사단, 미 제2보병사단, 터키 여단이, 그리고 한국군 제2군단의 제6 · 제7 · 제8사단이 우익으로 진격했으며, 미 제1기병사단은 미 제8군의 예비였다.[1]

극동군사령부는 적 부대를 북한군 약 8만 3,000명, 중국군 4만-7만 935명으로 판단했지만 이는 중국군의 개입을 인정하지 않은 평가 결과였다.[2] 그러나 실제로는 투입된 중국군 전투부대만 2개 병단 총 30개 사단, 약 30만 명이나 되었다.[3]

미 제8군의 최초 목표선은 정주 동쪽 7-8마일 지점 납촌정에서 태천, 온정, 희천을 잇는 선이었다.[4] 처음에는 UN군 총공세의 모든 것이 순조로워 보였다. 좌익의 미 제24보병사단은 공격개시 후 2시간 만에 3-4 마일을 전진하였고, 그 다음 날까지 공산군의 저항을 받지 않았다. 그러나 한국군 부대는 그렇지 못했다. 제7사단과 제8사단은 시작부터 적의 저항에 부딪혔는가 하면, 제1사단은 태천 남쪽에서 소속과 규모를 알 수 없는 적으로부터 역습을 받아 격퇴되고 말았다.[5]

UN군이 크리스마스 공세를 시작한 다음 날인, 11월 25일 저녁에 중국군도 총공세를 시작했다. 이른바 중국군의 제2차 공세였다. 중국군 제40군은 구장에, 제39군은 영변에, 제66군은 태천에서 영변 간, 제50군은 오룡동에 전개했다. 제42군은 우회 임무를 맡아 북창리의 한국군 제6사단을 돌파했고, 제38군은 측후방으로 우회임무를 맡아 덕천에서 삼소리 방향으로 공격하면서 군우리에서 순천에 이르는 미 제9군단의 철수로를 차단하고자 했다.

〈그림 3-1〉은 중국군 제2차 공세의 기동 요도이다.

미 제8군과 제10군단은 중국군에게 작전의 주도권을 완전히 빼앗겼다.[6] 중국군은 한국군이 화력과 기동력 면에서 상대적으로 약하다는 것을 알고 한국군을 집중적으로 공격했다.[7] 한국군 제2군단은 전투능력을 거의 잃고 공격 개시선보다 훨씬 남쪽의 북창으로 후퇴하여 한국군 제6사단의 엄호를 받아 집결했다.[8] 이제 미 제9군단의 동단, 곧 미 제2사단의 우익이 노출되었다. 미 제8군의 좌익인 미 제1군단도 한국군 제1사단이 무너져 그 서측의 미 제24사단이 위험에 처하게 되었다. 11월 28일 미 제8군의 공세작전은 더 이상 힘겨워서 청천강을 향하여 후퇴하려 했지만, 중국군의 강력한 압박이 계속되었다.[9]

동부지역의 상황도 비슷했다. 중국군 제9병단은 11월 27일 밤부터 추위에도 아랑곳하지 않고 장진호반의 미 해병사단을 공격했다. 중국군

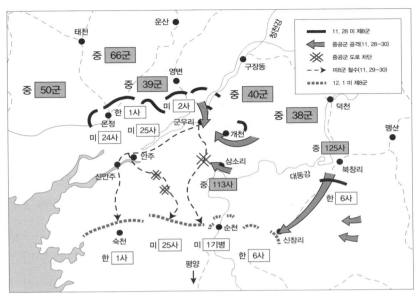

그림 3-1 중국군의 제2차 공세
출처: Mossman, 『*Ebb and Flow*』, Map 9, p. 106; 중국 군사과학원 군사역사연구부, 『중국군의 한국전쟁사』, 2권, 부도 3.

은 침투부대에 의한 측후방 공격과 더불어 정면에서 강력하게 압박하는 이른바 인해전술(人海戰術)로, 인명손실을 두려워하지 않고 적의 탄약이 떨어질 때까지 연속적인 돌격을 감행하여 목표를 탈취했다. 전투는 중국군 육탄 돌격의 회수와 UN군 방어부대 탄약 재보급의 속도와의 경쟁인 셈이어서, UN군의 보급로가 차단당한 경우에는 중국군의 집중공격에 대처할 방법이 없었다. 이 전법은 북한군의 야간침투 공격과 유사하게 항공력, 포병 화력, 전차부대가 없는 재래식 군대의 전투방식이었지만, 도로나 차량과 떨어져 있는 산악지형에서 힘을 쓰지 못하는 미군에게 잘 먹혀들었다.[10]

중국군의 참전으로 UN군은 '새로운 전쟁'에 직면했다.[11] 압록강이 결빙되었기 때문에 항공력에 의한 차단효과는 감소되었고, 선전포고도 없이 참전한 중국군과의 전쟁을 감당하기에는 UN군의 전력이 절대적으로 부족해 보였다. 맥아더 장군은 중국군이 의심할 여지도 없이 한반도에서 모든 UN군을 완전히 축출하려 들 것이라고 미 합동참모본부에 보고했다.[12]

중국군이 제2차 공세를 개시하고 4일째 되는 11월 28일, 극동군사령부는 중국군과 새로운 전쟁을 치르기 위해서는 새로운 정치적 결정이 필요하다고 판단하여, 해군과 공군으로 중국 본토를 폭격할 권한을 UN군 사령관에게 부여해줄 것을 건의했다.[13] 그날 저녁 맥아더 장군은 도쿄로 워커 8군사령관과 알몬드 10군단장을 소집하여 대책을 숙의했다. 그 결과 미 제8군은 중국군에 의해 측방이 노출되는 것을 피할 수 있을 만큼 멀리 후퇴하며, 미 제10군단은 함흥-흥남의 해두보 지역으로 철수하기로 했다.[14]

11월 30일 미 제8군이 청천강 선으로부터 철수하는 중, 미 제2사단은 개천 남쪽에서, 미 제1기병사단은 덕천 남쪽에서 많은 손실을 입었다. 신안주-숙천-평양을 잇는 도로는 2차선의 자갈길이었는데, 미 제1군단과 미 제9군단의 병력, 트럭, 포차, 전차와 더불어 피난민들로 가득 메워졌다.

조통강 계곡을 점령하여 매복하고 있던 중국군은 1개 사단이 넘는 규모였다.[15] 중국군은 UN군을 양호한 표적으로 삼아 박격포와 기관총을 발사했다. 조통강 계곡을 '인디언의 태형(笞形)장'[16]이라고 이름 붙인 것은 중국군이 200-500m의 산기슭에 진지를 점령하고 박격포와 기관총으로 미 제2사단 철수부대를 도살했기 때문이었다.

군우리-순천 간 도로를 따라 철수하고 있던 미 제2사단은 조통강(槽桶江)변에서 치명적인 타격을 입었고, 순천 남쪽으로 집결한 병력은 사단

편제의 20%에 불과하여 보병대대는 200-250명, 중대는 20-35명 수준을 넘지 않았다.[17]

미 제2사단과 제1기병사단, 한국군 제2군단은 재편성할 여유가 없었다. 11월 25일 이후 끊임없이 정면에서는 중국군을, 배후에서는 북한군 게릴라를 상대로 싸워야 했기 때문이다. 청천강을 도하한 이후 중국군의 공세는 두 가지의 특징이 있었다. 하나는 경의본도에 비해 지형이 험한 중부 산악지대에서의 추격 속도가 예상 외로 빨랐으며, 다른 하나는 북한군 게릴라부대가 중국군의 추격작전을 밀접하게 지원했다는 점이다. 하지만 중국군도 서부전선에서 예상 외로 많은 피해를 입었다. 흰 눈으로 뒤덮인 산야에서 기동하는 중국군 부대의 모습이 뚜렷하게 보여 극동 공군의 양호한 표적이 되었기 때문이다.[18]

한편 원산과 함흥 지구에서 북한군의 게릴라 활동은 절정에 달하고 있었다. 미 제8군은 공산군의 총 병력을 다시 43-50만 명으로 추산했지만, 정작 두려웠던 것은 그 병력의 규모가 아니라 중부 산악지대를 공격 축으로 하여 미 제8군의 우측 후방을 끊임없이 위협하는 중국군의 침투식 기동이었다. 항공기와 포병 화력의 지원을 받으면서 도로 중심으로 기동하던 미 제8군이 공산군에게 후방을 차단당한 것은 전투에서의 '패배'를 의미했다.

한반도의 북동부에서도 미 제7사단, 한국군 제3사단과 수도 사단이 어렵게 얻은 전과를 포기하면서 흥남으로 후퇴했다. 미 해병 제1사단은 하갈우리까지 철수했으나, 중국군의 포위망을 뚫고 흥남항까지 이동하려면 상당한 손실을 감수해야만 하는 상황이었다.

애치슨 장관과 마셜 장관, 합동참모 그리고 각 군 장관들이 12월 1일 국방성에서 회의를 가졌다. 참석자들은 UN군 내부에 '전장공황 상태

(virtual state of panic)'가 확산되고 있음을 직감하면서, 한국전쟁에서의 군사적 참사를 빚은 맥아더 장군을 비난했다.[19] 이 회의에서 해군 참모총장 셔먼(Forrest P. Sherman) 제독은 '전략적 견지'에서, 일본의 안전에 유리하다면 한국을 포기하는 것이 더 나은 방책일 것이라고 말했다. 육군 참모총장 콜린스(J. Lawton Collins) 장군은 소련이 블라디보스토크와 다른 측방의 진지를 보유하고 있는 한 한반도는 동전 한 푼만 한 가치도 없다고 평가했다. 애치슨 장관이 군사지도자들에게 38선에서 휴전하는 것이 최선의 해결책이 아닌지를 물었을 때, 브래들리 장군, 콜린스 장군, 셔먼 제독은 쉽게 동의했다. 다음 날 애치슨 장관은 'UN군의 안전', '전쟁의 국지화', '미군의 전장이탈', '미국과 동맹국 간 공고한 유대 유지', 'UN에서 다수 회원국의 지지 확보'가 미국의 한국전쟁에 관한 정치적 목표가 되어야 한다고 강조하면서 전쟁정책의 변경을 제안했다.[20]

12월 3일 아침 미 제8군의 패배가 분명해졌다. 이틀간(11. 30-12. 1)의 사상자만 1만 1,000명을 초과했다. 미 제2사단의 사상자는 거의 절반에 달하는 6,380명이었고, 터키 여단의 경우는 5,000명 중 1,000명이 사상한 것으로 보고되었다. UN군은 청천강-함흥선 이북에서 미 제8군과 제10군단 약 17만 2,000명의 병력으로 약 46만 3,000명으로 판단되는 공산군에게 포위된 상태로 사투를 벌였던 것이다.

극동군사령부는 미 제10군단의 방어선이 빠른 속도로 함흥으로 좁혀지고 있으며, 미 제8군의 상황은 점점 더 위험해지고 있다고 보고했다. 미 제8군사령관 워커 장군은 평양-원산 선을 확보하지 못할 바에는 서울 부근으로 철수하자는 의견을 제시했다. 한반도를 횡단하는 방어선이 150마일을 넘는 경우에 7개의 미군 사단이 각각 20마일 이상을 방어해야 하기 때문에 곤란하다는 주장이었다. 또한 그것은 북한군에 대해서는

선(線) 방어가 가능했을지 몰라도 중국군에 대해서는 그렇지 못할 것이라는 두려움 때문이었다.[21]

UN군의 총 철수

맥아더 장군은 12월 3일에 38도선으로의 '총 철수'를 명령하였다. 이는 중국군 26개 사단이 이미 투입되었고 만주에 20만 명의 대군이 증원 가능하며, 재편성된 북한군도 10만 명에 달하여 대략 60만 명의 공산군이 25만 명의 UN군을 공격하고 있다고 판단한 결과였다.[22] 또한 항공력만으로 공산군의 보급로를 차단하는 것은 산악지형이라는 제한사항과 만주에 근접해 있다는 취약성 때문에 쉽지 않다는 것을 인정하게 되었다. 중국군이 해안에서 멀리 떨어져 기동했기 때문에 함포사격도 곤란했고, 중국군의 균형을 파괴할 만한 상륙기동의 목표도 적절하지 않았다.

맥아더 장군이 '중국군과의 새로운 전쟁'에서 실패한 주된 이유는 항공력을 과신한 데 있었다. 태평양전쟁 때에 빛났던 항공력의 성과가 한국전쟁에서도 통할 것으로 믿었던 것이다. 그러나 그가 신봉하던 공군력과 해군력의 우세는 무기력했고, 오직 지상군의 우세가 전장의 승패를 결정짓고 있었다. 더욱 문제가 심각했던 것은 강력한 지상군이 필요한 상황에서 해병 1개 사단을 제외하고는 미군 사단들의 병력이 너무도 부족한 상태에 있었고, 한국군은 장교단의 전문성과 지휘통솔력이 미약하여 전투능력을 기대하기 어려웠다.[23]

미 제8군과 제10군단이 후퇴하게 되자 극동공군은 북한 지역의 비행장을 사용할 수 없게 되었고, 많은 전술항공통제반(Tactical Air Control Party: TACP)이 피해를 입어 지상군에 대한 근접항공 지원도 제한을 받게 되었

다. 또한 해군의 가용한 항공모함도 고속항모 2척(Leyte, Philippine Sea)뿐
이었다. UN군사령부는 즉시 항공모함 세력의 긴급복귀를 요청하는 전
보를 보냈다. 영국 항공모함 쎄서스호가 홍콩에서 출발했고, 항모 시실
리호와 대잠전대는 해병 전투기 탑재를 서둘렀으며, 경항공모함 바탄
(Bataan)호와 호위항공모함 바이로코(Bairoko)호는 원산과 연포 비행장의
해병 항공기를 탑재하기 위해 비행갑판을 비운 채로 출항을 준비했다.
태평양을 횡단하여 귀국 중에 있었던 밸리 포지호도 다시 한반도로 선수
를 돌렸다.[24]

　다행히 12월로 들어서면서 중국군의 추격은 조금 느슨해졌다. 중국
군의 작전지속일은 15일에서 최대 20일이 고작이었다. 보급수송능력
때문이었다. 각개 병사는 전투 중에 보급품과 탄약이 떨어지면 다시 배
급을 기다려야 했는데, 병사 개인이 등에 멜 수 있는 식량, 탄약, 의약품
은 고작 열흘분이었다. 더군다나 겨울이 되어 산야에 나뭇잎은 다 떨어
졌고, 백설이 전선을 뒤덮고 있어 중국군의 보급수송 차량은 UN 공군의
양호한 표적이 되었다. 반면에 미 제8군은 차량으로 계획된 철수를 실시
했기 때문에 중국군의 추격권에서 쉽게 벗어날 수 있었다.

　피난민의 행렬이 후퇴하는 미 제8군의 뒤를 따랐고, 중국군은 12월
6일 평양에 진입했다. UN군은 낙동강 방어선까지 다시 밀릴지도 모른
다는 불확실한 상황에 직면했다. 미 행정부는 중국과 소련이 어떠한 희
생을 치르더라도 한반도에서 미군을 축출하려 한다면 제3차 세계대전
이 일어날 수 있다고 보고 이러한 가능성에 대처해야 했다. 그러한 상황
에서 맥아더 장군은 기자들에게 중국 본토를 UN군이 공격할 수 없는
'성역'으로 남겨두는 것에 대해 불평을 늘어놓으며, 이는 유럽 국가들의
어정쩡한 태도 때문이라고 비난했다. 맥아더 장군의 말 때문에 곤혹스

러웠던 이 사건으로 말미암아, 트루먼 대통령은 정부관리가 부득이하게 외교군사정책과 관련된 공개성명을 발표할 때는 사전에 국무성 또는 국방성의 허락을 얻어야 한다고 지시하였다.[25]

1950년 12월 4일, 대동강 철교 피난행렬

극동군사령부는 지상군 작전 지원과 전략폭격을 위해 가용한 모든 항공력을 동원해야 했지만, 12월 초부터 흥남 지역의 공군비행장마저 사용이 곤란해졌다.

　　극동해군은 총 7척의 항공모함을 동해에 집결시켰다. 12월 5일에는 공격 항공모함 프린스턴호가 증강되어 제7함대의 고속항모는 3척(필리핀 씨, 프린스톤, 레이테)이었고, 호위 항공모함 시실리호와 바둥 스트레이트호도 합류했다.[26] 그리고 그 다음 날에는 호위 항공모함 바이로코호와 경항공모함 바탄호가 F-84기 1개 비행단과 F-86A기 1개 비행단을 탑재하고 한반도 해역으로 전개했다.[27]

CVA-47 PHILIPPINE SEA(필리핀 씨) 항공모함

만약 UN군 지상군이 후퇴작전을 수행하는 도중에 항공모함 함재기가 지상군에 대한 화력지원을 수행하지 못했더라면, 미 제8군과 미 제10군단은 중국군의 공세를 더욱 감당하기 어려웠을 것이다.

중국군 제9병단이 동부전선에서 미 제10군단에 대한 포위망을 구축하여 섬멸적인 타격을 기도했으나 성과는 기대에 미치지 못했다. 중국군은 연일 추위와 굶주림으로 체력이 저하되었고 동상으로 인한 병력피해가 40%를 넘어 공세적인 전투수행이 불가능한 상태였다.[28]

중국군 제9병단은 그래도 12개 사단으로 편성된 대부대였다. 그런 대부대의 포위망을 뚫고 미 제1해병사단이 한반도의 북부 산악지대에서 철수에 성공한 데는 다음의 요인이 있었다.

첫째, 동계 피복, 난방, 식량, 의약품 등 보급품을 적시에 지속적으로 공급할 수 있었던 미군 군수지원체제의 우월성 때문이었다. 제1해병사단장은 하갈우리에 임시비행장과 보급기지를 설치하여 철수 중에 있던 장병의 휴식과 부대의 정비를 보장하고, 부상자 4,400여 명을 공중으로 후송했다.

둘째, 화력의 우위를 십분 활용했다. 미 제1해병사단의 머리 위에는 항상 8-16대의 해군 및 해병대의 항공기가 엄호하면서, 중국군이 발견되는 즉시 네이팜탄 등으로 공격했다.[29]

셋째, 사단장의 전술적 식견과 해병대의 부대정신이다. 사단은 요충지마다 일련의 거점을 편성하여 차후 작전에 대비했고, 해병대원은 왕성한 사기와 공고한 단결력을 과시하면서 끝까지 맞서 싸웠다. 그럼에도 불구하고 11월 27일부터 12월 15일까지 미 해병 제1사단은 7,321명의 인명피해를 입었다. 미국인에게 장진호 전투는 해병대 역사상 가장 쓰라린 고난으로 기록되었다.[30]

야적된 군수품

1950년 12월 11일,
흥남 부두에 모인
군인과 피난민

1만 4,000명의
피난민을 태운
메리디스 빅토리아호

1950년 12월 24일,
마지막 수송선이 떠난 후
폭파되는 흥남 부두

미국의 6·25전쟁사

맥아더 장군은 미 제8군이 축차적인 방어를 실시하면서 부산까지 철수하되 가능한 한 오랫동안 서울을 확보하며, 미 제10군단이 흥남에서 철수하는 대로 미 제8군사령관이 지휘하도록 명령했다.[31] 미 제8군은 약 190km를 후퇴했고, 전투는 소강상태를 이루었다. 12월 12일, 미 제8군은 임진강에서 시작하여 38선을 따라 동해안에 이르는 방어선을 점령했다.[32]

미 제10군단은 12월 10일부터 국군 제1군단(수도사단, 제3사단)-미 제1해병사단-미 제7사단-미 제3사단 순서로 흥남항에서 해상 철수를 시작했는데, 극동해군은 193척의 선박으로, 장병 10만 5,000명과 피난민 9만 8,000명 그리고 화물 35만 톤(차량 1만 7,500대 포함)을 수송했고,[33] 7척의 항공모함에서 이륙한 400여 대의 함재기와 동해안 가까이까지 접근한 전함들은 흥남 일원에서 미 제10군단과 피난민이 선박과 함정에 승선하고 화물을 적재하여 출항하는 동안 완벽하게 엄호했다.[34] 흥남철수작전 중 항공작전 지원은 〈표 3-1〉과 같이 대부분 해군 항공부대들이 담당했다.

표 3-1 흥남철수작전 중 UN군 비행대대 운용[35]

구분	비행대대 수 (항공기 대수)	연포 비행장			함재기		
		F9F	F4U	F7FN	F9F	F4U	AD
12월 1일	15 (280)	0	3	2	3	5	2
12월 10일	20 (360)	1	1	2	4	9	3
12월 16일	17 (318)	0	0	0	4	10	3
12월 23일	22 (398)	0	0	0	4	14	4

출처: 필드(James A. Field, Jr), 『미 해군 한국전참전사』, p. 372 참조 재구성.

F4U(Corsair)는 1843년 실전 배치된 프로펠러 항공기로, 기관총 6정, 5″로켓 8발, 500-2,000파운드 폭탄 3발을 무장했다.

F9F(Panther)는1947년 미 해군과 해병대에 실전 배치된 제트전투기로, 한국전 당시 '쌕쌕이'라 불렸다.

12월 중순 미 제10군단이 흥남항에서 해상으로 철수하고 있는 가운데, 미 제8군은 〈그림 3-2〉처럼 38도선 인근에서 새로운 방어선을 구축하고 있었다.

UN군은 결과적으로 개성 부근에만 일부 감시부대를 배치하고 연안의 곡창지대는 포기해야 했으며, 중국군의 개입으로 인한 충격적인 패배이후 크리스마스까지 귀국의 희망이 없어진 UN군 장병들의 사기도 극도로 저하되었다.

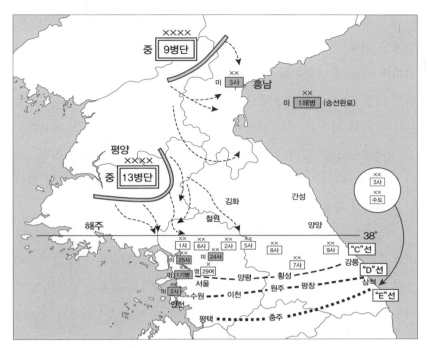

그림 3-2 UN군의 작전상황(1950. 12. 15)과 방어선

출처: 일본육전사연구보급회, 『한국전쟁 7권: 유엔군의 재반격』, p. 65.

흔들린 미국의 전쟁정책

한국전쟁의 끝을 보기 위해 실시한 UN군 크리스마스 공세의 실패는 미 행정부에 심각한 외교 및 정치적 문제를 야기했다. 맥아더 장군에 대한 신뢰는 심하게 흔들렸고, 서방세계에 대한 미국의 지도력도 상처를 입었다.[36]

오스틴 대사가 11월 30일 중국을 침략자로 비난하는 보다 강력한 결의안을 UN 총회에 제출했을 때, 미국과 동맹국 간의 벌어진 틈새는 분명해 보였다. 영국과 프랑스는 적극적으로 이에 반대했다. 그들은 UN군이 중국과 전쟁을 하게 되고, 유럽이 소련의 침략에 노출되는 어떠한 언행에도 반대의 뜻을 보였다. 아시아와 라틴아메리카 일부 대표들도 그 나라의 여론이 중국과의 전쟁을 지지하지 않을 것이라는 점을 강조했다.[37] 같은 날 트루먼 대통령은 기자회견에서, "UN군은 한국에서 그 임무를 포기할 의도가 전혀 없으며 자신은 '핵무기'의 사용도 늘 적극적으로 고려해왔다"고 말했다. 이 우연한 답변이 엄청난 논란을 불러일으켰다. 영국의 애틀리 수상은 워싱턴으로 가서 트루먼 대통령과 즉각 회담할 것이라고 발표했다.[38]

사실 '핵무기'의 사용 문제는 콜린스 장군이 제안하여 합동참모본부 내에서 이미 연구 중에 있었다. 미 합동전략조사위원회는 11월 29일 제출한 보고서를 통해, UN군의 안전을 위하여 핵무기 운용이 필요하게 될지도 모른다고 전망하고, 소련이 세계 전쟁의 위험을 감수하면서 공공연하게 한국전쟁에 개입한다면 미국은 핵무기를 사용해야 한다고 주장한 바 있었다.[39]

워싱턴은 한국의 상황이 3개월 전 낙동강 방어선에서 공격을 받고 있을 때보다 더 심각하다고 판단했다.[40] 12월 3일에 국무-국방성 연석회의가 우울한 분위기에서 열렸다. 리지웨이 장군은 미 제10군단이 중국군의 포위망을 뚫고 흥남에 도착할 수 있을지, 후퇴 중에 있는 미 제8군이 추격해오는 중국군을 적절히 따돌릴 수 있는지 불확실하다고 말했다. 그러나 애치슨 장관은 미국의 진짜 적은 소련이며, 소련은 미국이 중국과의 분쟁에 말려드는 것을 보고 내심 즐거워할 것이라고 지적했다.[41]

애치슨 장관이 보기에 중국군보다 더 심각한 것은 소련의 개입 가능성이었다. 그러므로 한반도에 대한 전략적 결심은 그 자체로서가 아니라 소련의 개입을 전제로 하는 범세계적인 관점에서 내려져야 한다고 강조하면서, 맥아더 장군이 자신의 임무를 잘못 이해하고 있는 것 같다고 비평했다. 미 행정부가 맥아더 장군에게 한반도의 북동부를 점령하라고 요구한 적이 결코 없으며, 중국은 한반도에서 절대 패배할 리가 없다고 판단했다. 그것은 미국이 만주를 폭격할 수도 있지만 중국군은 언제라도 필요한 만큼의 부대를 한반도에 더 투입할 수 있으며, 소련의 개입 가능성도 염두에 둬야 했기 때문이다. 따라서 그는 UN군이 적절한 방어선을 찾아 한국군에게 가능한 한 빨리 인계하는 것이 최선의 방안이라고 거듭 강조했다.[42]

이처럼 위급한 상황에서 미 합동참모본부는 한국전쟁에 타이완 군의 투입을 제의한 맥아더 장군의 새로운 제안을 검토해야 했다. 맥아더 장군은 타이완 군을 한국전쟁에 투입하기 위해 타이완 정부와 직접 협상을 할 수 있는 권한을 자신에게 부여해줄 것을 요청했다.[43] 미 합동참모본부는 이에 대해 자유중국군의 참전이 어쩌면 타이완을 전쟁으로 몰아넣을 수 있으며, 이는 UN 참전 국가들의 분열을 초래할 가능성까지 고려해야 하기 때문에 세심한 검토가 필요하다고 응신했다.

한국전쟁에 관한 협의를 위해 12월 5일 미국을 방문한 애틀리 영국 수상은 미 트루먼 대통령과의 회담에서 '휴전'을 추구하기로 합의하고, 만약 휴전이 어렵다면 UN군이 가능한 오랫동안 중국으로 하여금 값비싼 대가를 치르게 해야 한다는 데 의견을 같이했다. 이는 UN군이 중국군에게 쉽게 굴복했을 경우에는 미국과 영국은 물론 UN의 위상과 참전 국가의 결속에 치명적인 영향을 미칠 우려가 있었기 때문이다.[44] 바로 그날 아시아와 아랍 13개국 그룹이 중국과 북한에게 공산군이 38선을 넘지 말 것을 제안했지만 베이징과 평양 어느 쪽에서도 응답이 없었다.[45]

이제 미국은 한국전쟁에 관한 정책과 전략을 원점에서 재검토해야 했다. 참전 당시 미국의 전쟁 목적은 '북한군을 격퇴'시키는 것이었으며, 인천 상륙 이후에는 '북한군을 격멸하고 UN 감시하에서의 한반도 통일'을 추구했는데, 이제 그러한 정치적 목적을 포기하고 어떻게 하면 UN군 참전부대의 안전을 보전할 것인가 하는 문제에 급급하게 되었다.

한반도의 현지 상황을 확인하기 위해 미 육군 참모총장 콜린스 장군이 다시 도쿄의 맥아더 장군을 방문했다. 맥아더 장군은 UN군이 중국군 50만 명과 북한군 10만 명으로부터 새로운 도전을 받고 있으며, 전력(戰力)의 증강이 없는 한 부산까지 후퇴해야 하고 어쩌면 한반도에서 철군해야 할지도 모른다는 우려를 표명했다. 콜린스 장군은 맥아더 장군과 회담 후 한국을 방문했다. 그러나 미 제8군사령관 워커 장군과 미 제10군단장 알몬드 장군은 상당한 기간 동안 한반도에서 교두보를 확보할 수 있다는 자신감을 가지고 있었다. 콜린스 장군은 한반도의 상황이 심각하지만 결코 절망적이지는 않다고 생각하게 되었다.

도쿄로 복귀한 후 콜린스 장군은 세 가지 방안을 가지고 맥아더 장군과 숙의했다. 첫째, 중국의 전면적인 개입과 공격이 계속되는 가운데 UN군의 군사력은 증강되지 않으며 중국 본토에 대한 해·공군작전도 허용하지 않을 것이라는 가정이었다. 맥아더 장군은 그러한 상황이라면 UN군이 철군해야 하기 때문에 휴전도 필요하지 않을 것이라고 냉정하게 답했다. 둘째, UN군이 중국 해안을 봉쇄하고 중국 영토에 대하여 공중공격이 가능하며 타이완 군을 공세적으로 운용한다는 가정이었다. 이러한 조건에서 맥아더 장군은 부산 교두보에서 가능한 먼 곳의 진지를 확보하며, 군사작전은 차후 중국군의 반응에 따라 실시하면 될 것이라고 전망했다. 셋째, 중국군이 38선을 넘지 않기로 동의하는 경우라면, 맥아더 장군은 UN군이 휴전을 수락해야 한다고 말했다. 그러나 휴전을 수락하더라도 자유중국군이 한국전쟁에 참전해야 하며, 미국과 한국을 제외한 UN의 참전부대를 적어도 7만 5,000명 이상으로 증강시켜줄 것을 요청했다.[46]

12월 14일 UN의 총회에서는 휴전위원회를 구성하여, 한반도에서의 전쟁을 종식시키기 위해 평화적 해결방안을 모색할 것을 촉구하는 결의안을 채택했다. 이 결의안으로 말미암아 한국에 대한 UN의 정치적 목표와 군사적 목표가 분리되었는데, 정치적 목표는 자유로운 선거로 구성한 정부가 통일한국을 계속 추구하는 것이며 군사적 목표는 일단 휴전협정을 체결하는 것이었다.

전쟁 지도의 원리상 전쟁의 정치적 목적을 쉽게 변경해서는 안 된다고 하지만, 정치는 살아 있는 것이며 격변하는 힘의 변화에 기초해야 했다. 이제 한국전쟁의 군사적 상황이 근본적으로 변화되었기 때문에 미 행정부가 관련 정책과 전략을 다시 수정하는 것은 당연한 처사였다.[47] 극동군사령부도 공산군에게 최대한의 손실을 가함으로써 중국과 북한이 휴전회담장으로 나오지 않을 수 없게 하는 한편, UN군으로 편성된 모든 부대의 인명손실을 최소화하는 작전만을 수행할 것을 요구했다.[48]

미국은 12월 16일 비상사태를 선포하는 등 결연한 태도를 보였다.[49] 군사시설과 동원기지를 광범위하게 확장하는 동시에 미국 내 중국의 자금을 동결하고, 미국 선박이 중국의 항구로 들어가는 것을 금지시켰다. 중국군의 참전으로 UN군 지상군은 많은 병력과 장비의 손실을 입어 보충과 복원이 필요했지만 미 행정부로서는 한국전쟁에 투입할 부대가 더 이상 없었다. 더구나 UN군으로 참전할 다른 나라의 부대도 가용할 것 같지 않았다.

12월 19일 특별정책회의에서 극동지역의 군사력 증강에 관한 논의는 마셜 장관이 주관했다. 그는 회의를 시작하면서 일본 방어의 취약성에 우려를 표명하고, 미국이 한국에서 '명예롭게' 철수할 수 있는 방책이 문제의 핵심이라고 강조했다. 미 해군 참모총장 셔먼 제독은 미국의 주된 이익과 책임이 유럽에 있기 때문에 군사적 견지에서 보면 한반도에서 미군 부대의 철수가 타당하다고 말했고, 미 공군 참모총장 반덴버그 장군도 한국에서 미군이 철수하고 중국에 대하여 해상과 공중작전을 계속할 것을 주장했다. 그러나 미 합참의장 브래들리 장군은 중국군의 전력이 위협적이지만, 미 제8군이 적극적으로 교전하지 않고 38선 이남까지 쉽게 철수한 것에 대해 상당한 비판이 있음을 지적했다.[50]

애치슨 장관은 최선의 전력 증강책은 한국군의 확장임을 주장했다. 주미한국대사는 조국의 방위에 대한 열망으로 가득찬 약 50만 명의 대한청년단(KYC)에 무기를 공급해달라고 요청했다. 합동전략기획위원회도 이 제안에 찬성하고, 7만 5,000명 내지 10만 명의 한국인을 특수부대로 조직해 병참선을 경계하고 적 점령지역 내로 투입하여 게릴라로 운용할 것을 제의했다. 그러나 맥아더 장군은 한국군의 임무수행 능력으로 보아 새로운 부대를 창설해도 별 효용이 없을 것이라고 반대했다. 그는 가용한 무기가 있다면 일본의 경찰예비대에 우선 보급해야 하고, 대한청년단을 한국군의 보충요원으로 운용하자고 주장했다. 결국 맥아더 장군의 주장을 합동참모본부가 수용함에 따라 한국군의 확장에 관한 조치는 취해지지 않았다.

한편 중국은 12월 21일 UN 총회에서 가결된 '아랍-아시아 블록의 휴전 결의안'이 중국의 참여가 없이 취해진 불법조치이므로, 그 결의안에 담겨진 휴전안도 거절한다는 성명을 발표했다. 그 다음 날 미 합참은 중국군의 의도가 UN군을 한반도에서 몰아내는 것임이 명백하다면, 가능한 한 빨리 한반도에서의 미군 철수를 정부 차원에서 결정해줄 것을 제안했다. 트루먼 대통령은 애치슨 국무장관과 마셜 국방장관 및 브래들리 합참의장을 블레어하우스로 불러 한반도의 상황과 철수 가능성에 대하여 논의했다. 애치슨 장관은 미국의 정책 목표인 '집단안전보장의 토대에서 공산군의 침략을 저지하는 것'이 정당함을 강조하면서, UN군은 아직 절망적이지 않으며 방어부대의 이점을 누리고 있기 때문에 중국군의 의도와 능력을 충분히 확인하기까지 한반도에서의 미군 철수를 결코 고려해서는 안 된다고 말했다. 그러나 애치슨 장관은 미군 부대가 안전하게 중국군의 포위망에서 이탈하는 것이 관건임을 지적했다. 한반도에 투입된 미군 부대가 전체 미군의 주요 전력이기에 큰 손실이 있어서는 안 된다는 것이었다. 미 국방장관과 합참의장은, 극동군사령부가 일본의 방어를 위한 부대까지 투입한다면 최소한 금강선을 확보할 수 있을 것이라고 말했다. 그러나 일본 방어를 위한 부대까지 손실을 입을 수도 있는 모험을 해서는 결코 안 된다는 것이 참석자들의 일치된 견해였다.[51]

미 합참은 국방장관에게 보내는 각서에서 한반도에서의 철수에 관한 결정은 정치적 이유에서보다, 전투부대를 한국에 얼마나 오랫동안 유지할 수 있는가 하는 군사적 판단에 두어야 함을 강조했다. 또한 UN군의 질서정연한 철수는 대전 인근의 금강선까지가 마지막이 될 것이며, 금강선에서도 중국군이 다시 공세를 기도한다면 맥아더 장군에게 자신의 판단으로 한반도에서 UN군을 철수시킬 수 있는 권한을 부여해야 한다고 제안했다.[52]

그러나 12월 23일 중국의 외교부장은 라디오 방송으로 '분계선으로서의 38선'의 의미가 UN군의 북한 영토 침범으로 말미암아 이미 상실되었으며, 중국은 한국전쟁의 휴전을 ① 한반도에서 외국 군대의 철수, ② 타이완에서 미국 침략군의 철수, 그리고 ③ 중국의 UN 의석 등 정치

문제와 분리하여 처리할 수 없음을 강조했다. 이는 중국이 미국에게 완전한 패배를 인정하라는 것과 같았다.[53]

바로 그날 미 제8군사령관 워커 장군이 서울에서 의정부 방향으로 가던 중, 그가 탄 지프차가 트럭과 충돌하여 사망했다. 그리고 다음 날인 12월 24일에는 미 제10군단이 흥남항에서 해상으로 철수하여 부산과 포항으로 상륙을 완료했다.[54] 한반도에 투입된 중국군이 100만 명 이상이라는 맥아더 장군의 12월 26일 발표내용을 언론 매체들이 대대적으로 보도하고 있는 상황에서, 극동군사령부 정보장교들은 공산군들이 어디까지 진격해 있는지 그 소재조차 파악하지 못하고 있었다. 다만 미 제8군의 척후활동 결과에 따르면, 중국군 13병단만이 유일한 적이 아니고 북한군도 현저히 회복된 것으로 평가되었다.[55]

한반도 내의 UN군 지상군 총 병력은 대략 35만 명이었지만 전투에 투입 가능한 부대는 그리 많지 않았다. 예컨대 미 제2보병사단은 심한 타격을 입고 재편성 중이었다. 결국 한국전쟁에 참전한 미 육군은 7개 사단 중에서 3개 사단(제24·제25·제1기병사단)만이 서울 북방에 배치되어 중국군의 또 다른 공세를 기다리고 있었다.

미 제8군사령관으로는 미 육군의 행정참모부장이었던 리지웨이 중장이 부임했다. 리지웨이 장군은 제2차 세계대전 때 미 제82공수사단장으로서 시칠리아와 노르망디 전역에서 활약했고, 1945년에는 군단장으로 용맹을 떨쳤다. 그는 미 제8군사령관으로 취임과 동시에 일성으로 '화력(火力)', '보급' 그리고 '지휘관의 자세'를 강조했다.

리지웨이 장군은 전선 상황을 파악하면서 화력 밀도가 빈약함을 인지하고 즉시 야전포병 10개 대대, 160문을 급히 지원해줄 것을 미 합참에 요청했다. 또한 각급제대의 지휘관이 해당부대의 편제된 화력을 최대한 사용해야 함을 강조하면서, 화력지원부대는 지원을 요청하는 부대가 소총으로부터 고사포에 이르기까지 가용한 모든 화력을 활용하고도 부족할 때에만 화력지원 요청에 응하도록 지시했다. 그리고 UN군이 사용하는 군수품은 1만 4,000km나 되는 먼 곳에서 수송해 와야 하므로 엄청난 시간과 돈이 드는 것임을 강조했다. 또한 지휘관의 전투의지 여하가 승패를 좌우한다고 믿었다. 모든 지휘관에게 가장 위험한 전투현장에 위치할 것을 주문했고, 리지웨이 장군 자신도 55세의 나이였지만 미 제8군의 떨어진 사기를 북돋기 위하여 솔선수범과 진심어린 노력을 다했다. 살을 에는 추위가 몰아치는 겨울이었지만 지프차 포장을 모두 벗기게 했다. 눈이나 진눈깨비를 무릅쓰고 진흙길을 걸었고, 젊은 병사들과 같이 언덕을 달렸으며, 밤에는 춥고 불편한 천막에서 잤다. '왜 우리가 이름도 몰랐던 이곳에서 생명을 걸고 싸워야 하는가?' 하는 병사들의 질문에 우리가 선출한 정부가 그렇게 결정했기 때문이라고 흔쾌히 답하면서 장병들의 전투의지를 고양했다.[56]

미 제8군사령관, 리지웨이
Matthew B. Ridgway, 1895-1993

제2차 세계대전 시 군단장으로 미 육군 최초의 시칠리아 섬 공정작전(공중으로 기동하여 수행하는 작전)을 실시했다.
1951년 4월에는 UN군사령관 겸 미 극동군사령관, 이후 아이젠하워 후임으로 유럽연합군 최고사령관, 1955년 미 육군 참모총장을 역임했다.

미 제8군은 변화된 상황을 고려하여 38선에서부터 종심으로 37도선 사이에 5개의 방어선을 준비했다. 〈그림 3-2〉에서와 같이 제1방어선("A")은 임진강 하구에서 시작하여 38선을 따라 양양에 이르는 선이고, 제2방어선("B")은 서쪽으로부터 고양, 의정부, 가평을 경유하여 동해안의 동덕리, "C"선은 영등포에서 한강의 남안을 따라 양평, 횡성을 경유하여 강릉, "D"선은 수원에서 이천, 원주, 평창을 경유하여 삼척, "E"선은 37도선을 따라 평택에서 충주를 경유하여 삼척에 이르는 선이었다. 미 제8군이 방어 종심을 유지하기 위해 계획한 "C", "D", "E" 3개의 기동방어선은 민간인 근로자를 대규모로 차출하여 진지를 구축했다. 그리고 1방어선("A")에는 서로부터 미 제1군단, 미 제9군단, 한국군 제3군단, 한국군 제2군단, 한국군 제1군단 순으로 배비했고, 한국군을 전방에 미군과 영국군 등을 그 종심에 배치했다.[57]

2
중국군의 한계

공산군의 '정월공세'[58]

1950년 12월 중국과 북한은 원활한 작전수행을 위해 중조연합사령부를 설치하고, 사령원 및 정치위원에는 펑더화이를, 부사령원에는 북한 측 김웅을, 부정치위원에는 북한 측 박일우를 임명했다.[59] 그리고 모든 기구의 책임자는 중국군이 정(正)을 맡고 북한군이 부(副)를 담당하도록 편성 운용함으로써 공군작전, 유격대 편성, 철도운수, 해안 방어 등 다방면에서 협조체제를 강화했다. 다만 후방동원, 훈련, 군정, 경비 등은 북한 정부가 담당했다.[60]

중국군이 한국전쟁에 참전했던 이유는 무력에 의한 한반도의 공산화를 지원함과 더불어, UN군의 북진을 저지하여 38선을 회복함으로써 중국 본토를 방어할 수 있는 완충지대를 확보하는 데 있었다.[61] 따라서 중국군이 무리하게 전쟁을 수행할 필요가 없었지만, 정전문제를 다루게 될 때에 정치적으로 유리한 고지를 점할 수 있으리라는 어렴풋한 판단 때문

마오쩌둥(좌), 펑더화이와 김일성(우)

에 38선 돌파를 위한 '정월 공세'를 기도하게 되었다.[62]

공산군의 '정월 공세'는 중조연합사령부가 창설된 이후 첫 번째 공세 작전으로 12월 22일부터의 북한군 제10사단 침투작전과 더불어 시작되었는데, 중국군의 주력은 UN군의 공중차단작전에도 불구하고 미 제8군 정면으로 전개했다.

펑더화이는 정월 공세에 중국군 6개 군과 북한군 3개 군단을 투입했다.[63] 중국군 제38 · 39 · 40군을 문산과 의정부 축선에 집중 투입하여 한국군 제1 · 6사단을 격멸하고, 중국군 제42 · 66군으로 화천-춘천 축선을 공격하며, 북한군 5개 사단은 양구와 인제에서 공격하고, 중국군 제50군과 북한군 제1군단은 고랑포리와 개성에 집결하여 예비로 운용할 계획이었다. 한편 중국군 제9병단은 중국군의 제2차 전역에서 사상자가 많아 함흥 지구에서 정비와 휴식 중에 있었고, 북한군 제3군단과 4개 해방여단은 원산과 동해안 방어를, 북한군 제4군단은 서해안 방어를 담당하게 했다. 따라서 전선의 공격부대는 중국군 6개 군 약 23만여 명과 북한군 3개 군단 약 7만 5,000명으로 약 30만여 명을 투입했다.[64]

미국의 6 · 25전쟁사

표 3-2 중조연합군의 정월 공세 중 지상군 병력 비교

공산군	대비	UN군
30만 명 중국군 6개 군, 21개 사단(23만여 명) 북한군 3개 군단, 12개 사단(7만 5,000명)	1.3 : 1	22.7만 명 미군 6개 사단(12.8만 명) 한국군 8개 사단(8.4만 명) 기타(1.5만 명)

출처: *UNC G-3 Operation Report*, 2 Jan. 1951, p. 8; 중국 군사과학원 군사역사연구부, 『중국군의 한국전쟁사』, 2권, pp. 266-275, 비교 정리.

〈표 3-2〉는 공산군의 정월 공세 당시 지상군 전투력을 비교한 것이다. 상대적 전투력을 비교해보면 공산군의 공격부대가 약간 우세했지만, UN군은 크리스마스 공세에서 좌절한 이후에 중국군 공격전술에 대한 공포, 북한군 게릴라부대의 위협과 UN군 정보판단력의 부재 등이 어우러져 수세적일 수밖에 없었다.[65]

12월 31일 해가 지자 전 전선에서 공산군의 공격준비 사격이 실시되었고, 다시 한 시간쯤 지났을 때에 UN군의 거점진지에 징·나팔·피리 소리가 요란한 가운데 수류탄이 날아들었다. 공산군은 한국군이 배치된 전선에 집중하여 미 제8군을 한강 남쪽으로 몰아붙인 결과, 춘천-원주 축선이 쉽게 돌파되었다. 그러나 사전에 침투한 북한군 제2군단의 후방 교란 때문에 한국군 제2군단과 제3군단의 퇴로가 차단되었다.[66]

1951년 1월 1일 날씨는 쾌청했지만 몹시 추웠다. UN 공군은 개성과 연천으로부터 서울을 향해 남하 중인 공산군 부대를 맹타했다. 미 제5공군은 1월 1일 564회, 2일 531회, 3일 556회, 4일 49회, 5일 447회라는 출격기록을 세웠다.[67] 또한 폭격기 사령부는 평양의 병력과 보급물자를 파괴하는 데 전력을 다했다.[68] 1월 3일에는 B-29 63대가, 5일에는 60대가 소이탄을 투하했으며, 평양방송은 평양 시가지가 이틀 동안 용광로처

럼 불에 탔다며 미국에 대해 맹렬히 비난했다.[69]

리지웨이 장군은 UN군이 한강을 고수할 만큼 전력이 충분하지 못하다고 판단했다. UN군은 김포 비행장의 항공유 50만 갤런과 네이팜탄 2만 5,000갤런을 공산군이 사용할 수 없도록 소각 처리하고, 부평 보급소와 인천 부두에 산더미처럼 쌓여 있던 각종 보급품을 천안과 대전 등지로 옮겨야 했다.

동해상에서의 3척의 공격 항공모함(필리핀 씨, 레이테, 밸리 포지) 함재기들이 중부 산악지대와 서울 서측의 중국군 집결지를 공습했고, 극동해군의 각종 전함들은 지상군을 지원했다. 서해상에서는 호위 항공모함인 시실리호와 바둥 스트레이트호의 해병 전투기와 바탄호의 함재기가 공산군에 대한 공중폭격과 더불어 김포에 남겨진 UN군의 보급품을 파괴했다.[70]

리지웨이 장군은 1951년 1월 3일 새벽에 미 제8군이 서울 이남으로 철수하여 조직적 방어를 실시하도록 명령했다. 그 명령의 요지는 미 제1군단과 제9군단이 수원-양평 선을 점령하고, 한국군 제2군단을 해체한 후에 미 제10군단이 한국군 제2·5·8사단을 지휘하여 양평-홍천 선을 확보하며, 한국군 제1·3군단은 홍천-주문진 진지를 확보하고, 미 제3사단과 미 제1기병사단은 평택과 안성 일대에 집결하여 예비임무를 수행하는 것이었다. 그러나 중부전선을 담당한 미 제9군단(미 제2·제7사단)은 북한군 제3군단의 정면 공격과 사전에 침투한 북한군 제2군단의 협공으로 위험에 처한 한국군 제2·제5·제8사단을 지원해야 했기 때문에 미 제2사단으로 하여금 원주 방향으로 공격하게 했다.[71]

한편 한국 정부는 1월 4일 부산으로 다시 수도를 옮겼고, UN군 전방 지휘소도 대구로 이동했다. UN군은 서울의 군사시설은 물론이고 공산

군이 이용할 수 있는 모든 설비를 파괴했다.[72]

미 합동참모본부는 1월 9일 극동군사령부가 자체의 전력으로 방어선을 유지할 수 있다면 2개의 주 방위사단을 일본의 안전보장을 위하여 추가로 전개시킬 수 있다는 회신을 보냈다.[73] 아울러 극동군사령관이기도 했던 맥아더 장군에게 'UN군 부대의 안전'과 '일본 방위'가 기본 임무임을 상기시키면서 공산군에게 최대의 피해를 가하면서 축차적인 방어를 실시하고, 만약 UN군의 안전을 위해 불가피하다면 그때 일본으로 철수할 것을 권고했다. 그러나 맥아더 장군은 '가능하다면 한국에서 지탱하고' '그렇지 않으면 철수하라'는 지시가 모순이라고 비평했다. 그는 한반도에서 방어선을 어떤 제한된 기간 동안 유지하는 것이 미국의 정책목표인가, 아니면 손실을 극소화하기 위하여 적당한 때에 철수하는 것이 미국의 정책목표인가를 물었다. 또한 UN군이 불리한 상황이라고 하더라도 정치적 목적이 분명하다면 심대한 손실을 각오하고라도 오랜 시간을 지켜내야 하지 않느냐고 항변했다.[74]

트루먼 대통령은 국가안전보장회의와 합동참모본부에 의하여 검토되고 자신이 승인한 방책에 대하여 맥아더 장군이 불만을 가지고 있음을 목도하고 크게 실망했다. 군사자문관들도 맥아더 장군의 상황판단에 대해 경악을 금치 못했다.[75] 포병 대위로 제1차 세계대전에 참전한 경험이 있는 트루먼 대통령은, 군의 고급지휘관들이 저지르는 판단상의 과오는 대개 요점보고에 의존하는 것이며, 대통령과 정부의 관료들도 유사하지만 다양한 분야의 전문가들과 격이 없는 토론을 거쳐 합리적인 정책을 결정하고 시행과정을 투명하게 공개한다는 점에서 근본적인 차이가 있음을 지적했다. 그러한 이유로 대통령 자신은 'Yes man'으로 둘러싸이면 안 된다는 것을 늘 신조로 삼아왔음을 강조했다.

직업군인으로서 강한 신념과 비판적 태도가 그리 좋게 평가받지 못하는 군 내부의 보편적인 현실에서 군사 지휘관에게 그나마 다행인 것은 정기적으로 참모를 교체하는 인사 시스템이 있었는데, 맥아더 장군은 이 전통마저 무시하고 정보부장 윌로비 소장, 민정국장 휘트니 소장 등과 같은 열렬한 숭배자들에게 오랫동안 둘러싸여 있었다.[76]

그러나 1월 10일 한반도의 전쟁 상황은 일시에 잠잠해졌다. UN군은 공산군의 공세 때문에 후퇴했지만 패배하지 않았으며, 미 제10군단도 새로운 방어선을 강화할 목적으로 급히 북으로 이동하고 있었다.[77] 또한 UN군을 축출하려는 중국군의 의도와 능력이 확연히 드러났다. 북한군 제2군단 약 2만 1,000명이 원주 동남방의 제천과 단양까지 침투한 것으로 파악되었고, 안동 일대까지 진출할 경우에는 미 제10군단과 한국군 제3군단의 병참선이 차단되고 대구가 위협받을 우려가 있었다.[78] 1월 11일에 리지웨이 장군은 유일한 예비로 마산 인근에서 재편성 중에 있었던 미 제1해병사단을 투입해서 안동-영덕 선에서 북한군 침투부대를 저지함과 동시에 병참선을 확보하도록 조치한 후에는 미 제8군의 전투력에 어느 정도 자신감을 갖게 되었다.

미 제1해병사단은 북한군 침투부대 토벌작전에서도 '화력'과 '기동력'을 활용했다. 북한군 침투부대는 벌거벗은 산야에서 UN 공군의 공습을 피하기 위해서 80여 개의 유격대로 분산해 활동했다. 미 해병은 게릴라가 숨어 있는 부락을 발견하면 신속하게 도주로를 차단하고, 위협사격과 연막탄을 발사하며 투항을 권고했다. 그리고는 항공기와 각종 포의 화력을 집중하여 부락을 제압하고, 분산 도주하는 게릴라는 잠복조와 기동예비대 또는 헬리콥터로 포착 섬멸했다. 이러한 토벌작전 수행방법의 효용성은 입증되었지만, 산간의 부락이란 부락을 모두 불사르는 등 지역

미국의 6·25전쟁사

거주민의 무조건적인 희생을 강요해야 했다.[79]

군사적 상황의 변화

1951년 1월 중순, 중조연합사령부가 펼쳤던 정월 공세의 성과가 기대에 못 미치면서 공산군의 군사적 상황에 조용한 변화가 감지되었다. 단양까지 돌파를 시도하던 북한군 제3군단의 공세도 시들해졌고 안동 부근의 북한군 게릴라부대도 종적을 감추었다.

표 3-3 한국전쟁 참전 후 중국군 전투병력

구분	한반도 투입시	기간 중 손실	1951년 1월 초
계	41만 4,000명	9만 7,000명	31만 7,000명
제13병단(서부)	25만 6,000명 (1950년 10월 25일)	5만 4,000명	20만 2,000명
제9병단(동부)	15만 8,000명 (1950년 11월 7일)	4만 3,000명	11만 5,000명

출처: 중국 군사과학원 군사역사연구부, 『중국군의 한국전쟁사』, 2권, pp. 131-139, 292-296.

중국군의 전력도 매우 약화되어 있었으며, 〈표 3-3〉은 중국군 전투 병력의 감소 추이를 보여준다. 1950년 10월 제38·39·40·42군은 각각 4만 5,000-5만 명이었고, 제50군은 3만 6,000명, 제66군은 3만 여 명이었지만, 정월 공세를 마쳤을 때에는 제39군을 제외하고, 제38군 은 3만 4,000여 명, 제40군은 3만 5,000여 명, 제42군은 3만 6,000여 명, 제50군은 3만 2,000여 명, 제66군은 2만 5,000여 명 수준이었다. 중 국군은 두 달여간의 전투 중 서부전선 6개 군에서 3만여 명의 사상자와 동상, 도망병 등 약 2만여 명의 비전투 손실을 입었던 것이다. 더욱이 동

부전선의 제9병단은 중국군의 제2차 공세 간에 4만여 명의 전투 손실을 입고 재편성 중에 있었다.[80]

한편 한국전쟁은 전투부대의 교전과 더불어 군수지원체계 간의 전쟁이었다. UN군은 중국군과의 새로운 전쟁에 돌입했지만 공산군의 보급기지인 만주를 공격할 수 없었다. 그러나 미 제8군이 37도선 인근까지 후퇴했을 때에 공산군의 취약성이 오히려 쉽게 노출되었다. 극동군사령부는 신장된 공산군의 보급선을 집중 공격하는 방향으로 전략을 수정했다.[81] 극동군 정보참모부는 중국군이 정월 공세를 시작하면서 장병들에게 닷새분의 옥수수와 좁쌀을 지급한 사실을 확인하고, 만주를 보급기지로 한 중국군의 전쟁 수행 가능지역이 대략 서울 이북으로 제한될 것이라고 판단하게 되었다.[82]

펑더화이도 중국군과 북한군이 계획적으로 철수하는 UN군의 뒤만 쫓아서는 섬멸할 수 없다는 것을 알게 되었다. 그리고 남쪽으로 진격할수록 동서해안이 극동해군에게 노출되고, 군수지원에 어려움이 가중될 뿐이었다. 이후에 그의 전략적 관심사는 한반도에 투입된 중국군의 손실 병력을 보충하고 보급물자를 공급하는 것이었다. 그렇지만 중조연합사령부는 정월 공세를 통하여 중국군과 북한군이 통일된 지휘체제 하에서 전장의 주도권을 장악할 수 있다는 가능성을 확인하는 성과가 있었다.[83]

트루먼 대통령은 1월 12일에 국가안전보장회의를 소집했다. 참가자들은 중국군을 상대로 방어진지를 고수한다는 것이 어렵겠지만, 가능한 한 더 오랫동안 방어선을 유지하면서 중국군에게 훨씬 더 많은 손실을 강요할 수 있다면 미국의 위신, UN과 NATO의 장래, 그리고 아시아에서의 반공 연대를 강화하는 데 매우 중요한 초석이 될 것이라고 생각했다. 그러나 중국군과의 새로운 전쟁에서 UN군이 한반도에서 축출된다면 제주도나 그 밖의 다른 지역에서 저항을 계속해야 할 것으로 의견을 모았다. 트루먼 대통령은 이 회의의 결과와 더불어 맥아더 장군의 지도력과 그동안의 업적에 대하여 감사한다는 격려 메시지를 맥아더 장군에게 발송했다. 이 메시지는 맥아더 장군에게 매우 중요한 질문에 대한 명백한 대답이 되었고, 이후 그는 그의 참모들에게 "한국에서의 철군은 없을 것이다"라고 단언했다.[84] 같은 날, 미 합동참모본부는 소련을 염두에 둔 봉쇄전략의 연장선에서 동아시아 전략의 '잠정적인 목표'를 다음과 같이 발표했다.

① 일본 – 류큐 – 필리핀의 방위선 확보
② 타이완의 공산화 거부
③ 동원이 어느 정도 될 때까지 소련과 전면전을 회피
④ 아시아, 특히 인도차이나, 타이 및 말레이시아에서 공산주의 확산 방지
⑤ 한반도에서 UN군이 강압에 의해 철수할 경우 한국의 망명정부를 유지하면서 가능한 한국을 지원
⑥ 미국에 우호적인 중국 정부의 수립을 지원[85]

미 행정부는 한반도에서 불가피할 경우에는 UN군의 철수도 분명히 고려하고 있었다. 또한 미 합동참모본부는 한반도 상황과 관련하여 다음과 같은 조치 목록을 열거했다.

① 가장 중요한 사항으로 군은 전투력을 보존하면서, 한반도의 상황을 안정시키거나 어쩔 수 없는 경우에는 일본으로 철수한다.
② 지금까지 투입한 전력으로 중국군에 대한 방어가 가능하고 유럽에서의 공약도 충족시킬 수 있다면, 일본의 안전보장을 위하여 2개 사단을 초과하지 않

는 범위 내에서 부분적으로 훈련이 끝난 부대를 일본에 전개할 수 있다.

③ 일본의 방위에 필요할 때는 부대를 한국에서 일본으로 이동한다.

④ 중국에 대한 해상봉쇄를 준비하되, 한국에서의 방어선이 안정되거나 혹은 철군을 완료했을 때에 상황을 고려하여 시행한다.

⑤ 중국 해안지역과 만주에 대한 공중정찰의 제한을 즉시 해제한다.

⑥ 자유중국군의 작전에 관한 제한사항을 즉시 해제하고, 대 공산권 작전에 효과적으로 기여할 정도의 군수지원을 제공한다.

⑦ 한반도의 군사목표에 대한 폭격을 계속한다.

⑧ UN이 중국을 침략자로 규정하고 이에 관한 조치를 추동한다.

⑨ 중국 내의 자유중국 게릴라에 모든 실질적이며 은밀한 지원을 즉시 제공한다.

⑩ 중국이 한반도 밖에서 미군에 공격을 가할 때에는 중국 본토 내의 목표물에 대한 해·공군 공격을 개시한다.[86]

이상과 같은 조치목록을 분석해보면, 미 행정부는 극동군사령관인 맥아더 장군에게 일본의 방위가 주 임무임을 주지시키면서 중국군과의 직접적인 전쟁에 대비하는 가운데 어떠한 상황에서도 UN군의 안전을 최우선적으로 고려했음을 알 수 있다.

한편, 중조연합군의 정월 공세에 관한 소식이 전해지자 유럽의 국가들 사이에서는 다시 타협론이 일어나기 시작했다. 영국과 프랑스를 비롯한 유럽의 여러 나라들은 즉시 휴전을 제의하여 한반도의 영구적인 해결 방안을 모색하고, 외국군대가 한반도에서 적당한 때에 철군하자는 요지의 휴전 방안을 UN 안전보장이사회에 제출했다.[87] UN 참전국의 협조를 얻어야 하는 미국으로서는 어쩔 수 없이 서방국가들의 의견을 존중한다는 의사를 표명하면서 그 휴전 제안에 찬성표를 던졌다. 그러나 그 4일

후인 1월 17일에 중국의 저우언라이(周恩來) 수상은 다음과 같은 충격적인 회답을 보내왔다.

① 교섭하고 나서 그 결과에 따라 휴전에 동의한다.
② 교섭 개시와 동시에 중국의 유엔 가입을 승인해야 한다.
③ 교섭 참가국은 소련, 영국, 미국, 프랑스, 인도, 이집트, 중국으로 하고, 교섭 장소는 중국의 영토 내로 한다.[88]

중국의 이러한 제안은 미국이 한국전쟁에서 중국에게 패배를 시인하고, 교섭참가국 구성에서 4 : 3의 공산군 측 우위를 인정하라는 최후통첩과도 같았다. 중국은 미국의 능력과 의도를 과소평가하고 완전한 승리를 기대했다.

한편 미 제8군사령관 리지웨이 장군은 공산군 주력의 배치를 알아내어 접촉을 회복하도록, 미 제1군단과 미 제9군단에게 전투태세를 갖춘 상태로 공격적인 정찰활동(위력수색)을 주문했다.[89] 이는 중국군의 공세를 '팽창된 고무풍선'에 비유하면서, 1주일 정도의 공세작전으로 부풀어진 중국군을 바늘로 찌르면 갑자기 움츠러들고 말 것이라는 리지웨이 장군의 통찰력에서 기인한 것이다. 1월 15일 미 제8군은 증강된 규모의 1개 연대전투단으로 오산과 이천 방향에 대한 수색작전을 실시했다. '울프하운드 작전(Operation Wolfhound)'이라고 명명한 이 작전의 결과로, 중국군의 진출선은 대략 수원-이천을 잇는 선이며 정월 공세가 일단락되었음을 확인했다.

바로 그날 콜린스 장군은 반덴버그 장군과 함께 한국전쟁 발발 이후 네 번째로 도쿄를 방문했다. 맥아더 장군은 미 제8군이 한국전쟁을 수행하는 동안 일본이 무방비상태로 방치되고 있다고 불평하고, 4개의 주 방위사단을 일본으로 파견해줄 것을 다시 제의했다. 맥아더 장군과 회동 후 한국에 도착한 콜린스 장군은 기자들에게 UN군은 "확실히 한국에 머물면서 싸울 것이다"라고 말했다.[90] 다행히 그날은 콜린스 장군의 낙관적 전망을 뒷받침할 만한 반가운 전조가 있었다. 바로 미 제1군단의 위력수색부대가 수원 교외까지 진격했다가 안전하게 철수했다는 보고였다.[91] 반덴버그 장군이 공군기지를 시찰하는 동안, 콜린스 장군은 리지웨이 장군과 함께 몇몇 육군부대를 방문했다. 그는 맥아더 장군의 메시지와는 달리 미 제8군의 사기가 의외로 양호하고, 군의 전투태세도 날로 개선되고 있음을 알게 되었다. 그러나 한국군의 상태는 그렇지 않았다. 중국군을 두려워하고, 만일 UN군이 한국을 포기한다는 어떠한 징조를 보인다면 한국군의 사기가 완전히 붕괴될 위험에 있었다. 하지만 다행스럽게도 중국군 포로들이 중국군은 식량과 탄약이 부족하다고 진술하는 등 공산군의 취약점이 감지되었고, 미 제10군단을 전선에 다시 투입할 수 있게 되었다. 미 제8군사령관 리지웨이 장군도 최소한 몇 개월은 한반도에서 지탱할 수 있다고 자신했다. 이는 중국군이 남진할수록 보급거리가 멀어지고, 동서해안을 통한 UN군의 상륙작전에 대비해야 하는 취약성이 증가될 것이라는 판단 때문이었다.[92]

　　UN군의 상태와 사기에 관한 내용은 신속하게 트루먼 대통령에게 보고되었고, 이는 1월 17일 늦게 열린 국가안전보장회의에 영향을 미쳤다. 적어도 UN이 한국을 포기하든가 아니면 중국과 직접적인 전쟁에 돌입하든가 둘 중 어느 하나를 택해야 하는 냉혹한 상황은 아닌 것 같았다.[93] 한국전쟁을 끝내려 했던 맥아더 장군의 크리스마스 공세가 허망하게 실패로 끝난 후 지나간 2개월 동안 미 행정부는 '휴전'을 한국전쟁에 관한 정책으로 고려하고 있었고, 한반도를 군사적으로 통일한다는 생각을 실질적으로 포기하게 되었다. 미 행정부는 중국과의 직접적인 전쟁을 피하면서 동맹국과의 단결을 유지하고, 한국에 피해를 주지 않는 어떤 해결방안이 있을지 골몰했다.[94]

이것은 정치적 목적이 군사정세의 변화에 얼마나 쉽게 좌지우지될 수 있는지를 보여주는 좋은 사례가 되었다. 군사적 승리가 정치적 목적을 확장하고, 군사적 열세가 정치적 목적의 축소나 상실로 연결된 사례는 역사상 적지 않게 찾아볼 수 있다.

이 기간 중에 한국전쟁의 지휘결심체계에도 보이지 않는 큰 변화가 생겼다. 미군의 한국전쟁 개입, 인천상륙작전 지역의 선정, 제10군단과 제8군의 분리 운용, 한만 국경선까지 UN군의 진격 등 주요 전장국면에서 맥아더 장군의 판단과 결심이 결정적이었지만, 맥아더 장군의 명성과 신뢰도는 크게 손상되어 있었다. 이제는 워싱턴에서의 정책적 판단과 결정이 한국전쟁의 진행과정에 보다 구체적이고 직접적으로 반영되었다.[95]

리지웨이 장군은 미 제8군사령관으로 부임 1개월 만에 미군 7개 사단장 중에서 미 제2·제7·제1기병·제24·제25사단의 5개 사단장을 교체하여 지휘체제를 확립하였다. 그리고 중국군 참전 이후 최초의 제한된 공세인 울프하운드 작전이 성공하자 전장에 새로운 기운이 감돌기 시작했다.[96]

리지웨이 미 제8군사령관은 1월 25일 보다 더 큰 규모로 공격하여 공산군 주 저항선의 균형을 파괴하려는 썬더볼트(Thunderbolt) 작전을 시작했다. 미 제1군단과 미 제9군단이 UN군 전선의 서부에서 한강선까지 전진하기 위해 기동을 시작했다. 중국군이 점령하고 있는 고지를 UN군의 항공기가 맹렬히 폭격하고 포병 화력이 집중하여 포격한 후에, UN

지상군 보병이 신중하게 소탕하면서 전진했다. 중국군은 UN군의 진격을 예상하지 못했던 것 같았다.[97] 또한 중국군의 이동과 보급품의 수송을 미 극동공군이 철저하게 차단했고, 제7함대 함재기들은 북한 동북부지역의 철도와 교량을 주요 표적으로 하는 차단작전(interdiction)을 전개하고 있었다.[98]

극동해군은 항공모함의 운용을 조정했다. 복서함이 정기수리에 들어가자, 미 제7함대는 3척(밸리 포지, 필리핀 씨, 프린스톤)의 공격 항공모함으로 한국전쟁을 수행했다. 또한 호위 항공모함 2척(바둥 스트레이트, 시실리)이 복귀하고, 쎄서스호와 경항공모함 바탄호가 교대로 작전에 참가하게 되었다. 한편 미 행정부는 퇴역한 항공모함 본 홈 리처드(Bon Homme Richard), 에식스(Essex), 앤티텀(Antietam)호를 1951년 5월, 8월, 10월에 투입할 수 있도록 재취역을 결정했다.[99]

1951년 1월 말의 군사정세의 변화는 다시 UN총회에서 민감하게 작용했다. 중국이 미국에게 실질적인 '항복'을 제의한 지 2주도 지나지 않은 1951년 2월 1일에, UN총회는 압도적인 지지로 중국을 '침략자'로 결의했다.[100]

리지웨이 장군은 한강선 하류에서 양평과 횡성을 경유하여 동해안의 강릉으로 이어지는 방어에 유리한 지형을 확보하고자 했다. 그는 이 선 이상으로 공격함으로써 얻을 수 있는 이익이 별로 없으며, 서울의 재점령도 서두를 필요가 없다고 생각했다. 그러나 맥아더 장군은 리지웨이 장군의 판단에 일견 동의하면서도, 서울을 다시 점령할 수 있다면 정치적·군수적인 면에서 중요한 이점이 있음을 지적했다.[101]

썬더볼트 작전은 2월 5일 한국군과 이제 막 전선에 투입된 미 제10군단이 실시한 중부전선에서의 라운드업(Roundup) 작전과 더불어 전면

공격으로 발전되었다. 그 결과 미 제1군단의 일부는 한강선에 도달하게 되었고, 미 제8군 예하 대부분의 부대들도 10-30마일을 전진했다.[102]

공산군의 '2월 공세'

2월 6일에 미 국가안전보장회의는 한국전쟁과 관련하여 ① 무력으로 한국을 통일하기 위한 UN군의 증강, ② 철수, ③ 어떤 종류의 협정도 없이 군사적 교착, ④ 전쟁 전의 상태를 회복한 후에 휴전, ⑤ 중국 정권을 패배시킴으로써 한반도 문제의 근본적인 해결 시도 등 5개의 가능성 있는 방책을 놓고 숙의했으나, 회의 참석자들은 어떠한 논쟁도 없이 '전쟁 이전의 상태로 회복한 후에 휴전을 추구'한다는 네 번째 방책에 쉽게 동의했다.

맥아더 장군은 2월 11일에 미 제8군이 시행 중인 '제한 전진전략'을 워싱턴에 통보했다. 그 주요 내용은 공산군의 전투력(戰鬪力)이 압록강으로부터의 거리에 반비례하기 때문에 UN군은 공산군의 주저항선이 나타나거나 또는 그것이 38선 이남에는 없다는 사실을 확인할 때까지 계속 진격할 것이며, 이러한 공세로 공산군의 균형이 무너지면 UN군의 우세한 포병 화력과 기갑력을 최대로 활용하여 공중폭격을 피해 숨어 있을 잔적을 격멸하겠다는 것이었다. 더불어 공산군의 항공기가 성역처럼 여기는 '만주' 공격을 허용해줄 것을 다시 제안했다.[103] 그날 저녁에 13개 사단 규모의 중국군이 UN군의 예상을 뒤엎고 홍천-횡성-원주 축선으로 반격해왔다. 이른바 '2월 공세'였다.[104] 이 공세는 공산군의 식량과 보급이 제한되는 상황에서도 서울과 38선을 향해 계속 진격하는 미 제8군을 선제적으로 저지하기 위함이었다. 당시 중국군은 한국군 1개 사단과 미군 1개 연대의 방어 정면을 집중 공격하기 위하여 중국군은 4개 군, 11개 사단, 약 12만 5,000명을 투입했다.

UN군은 공산군의 기습적인 공세로 말미암아 다시 후방으로 약 26km를 물러나야 했다.[105] 미 제8군사령관 리지웨이 장군은 동해안의 한 국군 제1군단 지역과 경기도 양평의 지평리를 확보함으로써 공산군의 돌파구 확장을 저지하고, 그 공세가 약화되는 시점을 기다려 반격을 시도할 작정이었다. 반면 펑더화이는 횡성 반격작전의 성과를 확대할 목적으로 지평리의 미군을 포위 섬멸하고자 했다.[106] 2월 13일 오후 4시 30분에 중국군 제39군을 주력으로 제42군 제126사단과 제40군 제119사단이 지평리를 공격하기 시작했다.[107]

지평리 전투는 공산군 2월 공세의 성패를 가름하는 결전장이었다. 리지웨이는 이 전투에서 패배하면 미 제9군단의 우익이 노출될 수 있다는 점을 염려했다. 미 제2사단 제23연대는 프랑스 대대와 함께 중국군 5개 사단을 대적하면서 며칠간을 고수했다. 마침내 미 제1기병사단의 특수 임무 부대(TF)가 중국군의 포위망을 돌파했고, UN군의 화력을 견디지 못한 중국군은 패주하고 말았다.[108] UN군의 압도적인 화력과 협조된 방어로 인해 중국군은 공세를 포기할 수밖에 없었고 미군은 중국군 참전 이후 처음으로 방어전투에서 성공했다. 전투가 종료되었을 때에 지평리 방어진지 주변에는 수천 명의 중국군 사체가 유기되어 있었고, 배고픔에 지쳐 투항한 병사도 수백 명을 헤아렸다.[109]

펑더화이는 2월 공세에 중국군 6개 군 21만여 명, 북한군 3개 군단 약 7만여 명, 총 28만여 명을 투입하여 UN군의 공세를 초기에 제압하고 들쭉날쭉한 전선을 정리하고자 했으나 오히려 많은 피해만 입었을 뿐이었다. 중국군과 북한군이 막대한 피해를 입고 공세를 포기한 이유는 무엇보다 탄약과 물자가 부족했기 때문이었다. 중국군의 피복은 조잡하여 추위를 견디기 어려웠고, 의약품이 보급되지 않아 동상과 무좀은 물론 장티푸스까지 창궐했다. 전선지역의 몇 채 안 되는 민가 안에 공산군이 들어간 흔적이 발견되면 UN군은 가차 없이 파괴했다.

이후 UN군은 중국군에 대한 공포감에서 벗어날 수 있게 되었으며, 자신감을 되찾아 전 전선에서 주도권을 다시 장악하는 계기가 되었다.

UN군의 공세이전

미 제8군사령관 리지웨이 장군은 공산군의 취약점을 파악하자 본격적인 공세로 서울을 탈환할 준비를 했다. 그의 전략은 적의 공격능력이 없어질 시점(공세종말점: culminating point of the attack)에 이르렀을 때에 적에게 휴식과 재편성의 여유를 주지 않고 즉시 반격하는 것이었다.[110] 이러한 작전개념에 따라 미 제8군은 2월 21일 중부전선에 주공을 지향한 킬러(Killer) 작전을 개시했다.[111] 그런데 중국군은 눈 녹듯이 사라지고 없었다. UN군은 동부전선의 방어선을 일직선으로 정리했고, 중국군 개입 이후 처음으로 미 제8군은 '간격이 없는 비교적 안정된 방어선'을 확보했다.[112]

한편 극동해군도 38선 북방의 모든 도서를 점령하여 전략적으로 통제하기 위한 작전을 계속했다. 이는 연안의 도서를 통제함으로써 공산군이 선박을 이용하여 보급품을 수송할 수 없도록 해상교통로를 근원적으로 차단할 뿐만 아니라, 기뢰의 부설을 막고 정보수집부대를 운용하는 등 다양한 작전을 수행할 수 있는 발판을 마련하기 위함이었다. 1950년 10월 북진 중에 다시 점령한 서해의 백령도를 포함한 황해도 외해의 많은 도서들은 레오파드(Leopard) 부대가, 진남포 입구에 위치한 석도와 초도 등은 살라맨더(Salamander) 부대가 지역주민을 통제하고 있었다. 또한 동해안의 성진 북방 양도는 한국 해군의 작전기지였으며, 39도선 상에 있는 난도는 미 제8군의 비정규전부대인 커크랜드(Kirkland)의 기지로 사용되고 있었다. 동해상 해군의 함포공격과 한국 해병대의 상륙 돌격으로 신도를 포함한 원산 외항의 도서들을 점령했고, 2월 말에는 인천에서 압록강 하구 사이의 모든 연안 도서들을 장악했다.[113]

극동군사령관 맥아더 장군은 금지구역으로 설정되어 있던 '나진'에 대한 폭격 문제를 미 합동참모본부에 다시 거론했다. 대형 조차장과 부두를 구비하여 공산군 보급의 중심지인 '나진'은 그때까지 한 번도 UN군의 공격을 받은 적이 없었다. 맥아더 장군은 UN군의 강력한 차단작전에도 불구하고 공산군의 전력이 계속 증강되고 있음을 주시하고, 소련 국경을 침범하지 않는 범위 내에서 나진에 대한 '육안 폭격'을 허용해줄 것을 요청했다. 그리고 2월 26일에는 압록강의 발전소를 포함하여 북한 지역의 전 발전시설에 대한 공격도 허가해줄 것을 미 합동참모 본부에 다시 건의했다.[114] 그러나 합동참모본부는 그 제안들을 모두 불허했다.[115] 나진과 북한 지역 발전소를 파괴한다면 물론 군사적으로는 상당히 이점이 있겠으나, 확전을 우려하는 다른 참전국들과의 관계악화가 우려된다는 이유에서였다.[116]

미 제8군사령관 리지웨이 장군은 킬러 작전(2. 18-3. 6)의 성과가 마음에 차지 않았다. 원주 북방의 중국군 제40군과 지평리 정면의 중국군 제39군에 대한 공격의 기회를 놓치고 말았는데, 이는 약 40시간 동안에 수백 밀리미터의 강우가 내려 항공폭격과 포병 운용이 불가했기 때문이었다. 리지웨이 장군은 맥아더 장군의 승인을 받아 리퍼(Ripper) 작전을 준비하라고 지시했다. 작전명인 'Ripper'는 톱을 의미하여, 동부의 북한군과 중부의 중국군과의 연결부분을 격파하겠다는 의도가 내포된 명칭이다. 리퍼 작전은 킬러 작전의 목적을 계승한 것으로서, 중·동부전선에서 압박을 계속하여 중국군과 북한군의 주력을 격파하는 동시에 서울을 탈환하기 위한 포위여건을 조성하는 데 있었다.

1951년 3월 7일에 미 제8군은 리퍼 작전을 개시했다. 지형적 목표인 춘천은 38선에서 약 10마일 남쪽에 있었다. 작전은 예상보다 성공적이었으며, 중부전선에서의 UN군의 진격은 서울의 공산군을 포위하는 결과를 가져왔다. 미 제8군이 서울의 동쪽 고지군을 점령하자 공산군은 서울을 포기하고 후퇴할 수밖에 없었다. UN군은 커다란 희생 없이 3월 14일에 서울을 다시 재점령했다.[117]

이러한 상황에서 미 행정부는 다시 1950년 9월의 문제에 직면했다. UN군이 38선에 도달한다면 어떻게 해야 할 것인가? 공산군의 견고해진 38선 진지를 돌파하기에는 많은 사상자를 감수해야 하며, 북으로 진격할수록 UN군의 보급로는 신장되는 반면 공산군의 보급과 수송거리가 단축되어 다시금 전력의 균형이 깨질 우려가 있었다. 더욱 심각한 문제는 압록강까지 진격하더라도 전쟁이 끝난다는 보장이 없이, 압록강과 두만강을 합한 약 700km로 신장된 전선에서 중국의 대군과 무한정 대치해야 할 경우에 미국의 운명을 걸어야 될지도 모르는 일이었다.

북한 지역에서 방어선으로서 가장 좁은 평양-원산 선을 고려할 수가 있었지만, 김포와 수원 비행장을 사용할 수 없는 상황에서 미 제5공군의 지원이 곤란한 취약점이 있었다. 38선으로부터 평양-원산 선 사이에서도 적당한 방어선을 찾을 수 없었다. 정면이 넓고 이용할 만한 자연지형도 없었다. 맥아더 장군은 대략 청천강-함흥선까지 북진이 가능하다고 워싱턴에 보고했지만, 워싱턴은 막대한 '인명손실'을 우려하여 대략 38선을 회복한 현재의 상황에서 교섭의 실마리를 찾아야 한다고 생각했다.

미 국무성의 의견은 공산군이 휴전을 거부하는 한 전쟁을 계속해야 하겠지만, 38선을 넘는 총공세는 적절한 방책이 아니며 단순히 영토를 얻기 위해 부대의 안전과 인명손실의 위험을 무릅써야 할 이유가 없다는 것이었다.

브래들리 장군은 군사력의 소요를 판단하는 데 기초가 될 '정치적 목표'를 분명히 해야 한다면서, 다시 38선을 돌파하는 것은 정치적 목적에 근거해야 한다는 견해를 피력했다. 정치적으로 바람직스러운 '안정선'은 어디인가에 대한 토의에서 참석자들은 38선을 확보하지 못하는 협정은 수락하기 어렵겠지만, 서울을 재탈환하거나 38선 인근의 지형목표를 확보하기 위하여 공세작전을 할 필요가 없다는 것이 중론이었다. 러스크 차관보는 전쟁의 정치적 목표는 휴전을 달성하고, 전쟁 이전의 상황으로 회복하기 위해 '적에게 호되게 벌을 가하는 것'임을 강조했다. 반덴버그 장군은 북한 내에는 이미 공군이 타격할 만한 목표가 없음을 지적하고, 미국의 여론은 대치가 불가능한 미국인(irreplaceable Americans)과 무한정 소모가 가능한 중국인(Expendable Chinese)과의 교환을 언제까지 참아낼 것인가에 대한 문제라고 주장했다.[118]

합동참모본부는 무력으로 통일을 시도하는 데는 많은 위험이 따르겠지만, UN과 미국이 한반도에서 현재의 정치적 목표를 견지하는 한 UN군이 38선 이북으로 전진하는 것 자체를 금지해서는 안 되며, UN군이 공산군의 주저항선과 의도를 파악하기도 전에 38선에 관한 어떤 결정을 하는 것을 적절하지 않다는 의견을 제시했다.[119]

한편 다른 참전 국가들은 한국전쟁의 확대와 장기화를 우려하면서 UN군이 38선을 다시 넘기 전에 참전국가와 충분히 협의해줄 것을 요구하고 있었다.

트루먼 대통령은 3월 15일 기자회견에서 "38선을 넘는 것은 야전지휘관의 전술적 문제"라고 말했다. 이는 맥아더 장군에게 38선에 관한 융통성을 부여함과 동시에 UN의 장기적인 정치적 목표와 당장의 군사적 목표를 분리하려는 의도를 포함하고 있었다. 또한 '전술'이라는 용어를 사용함으로써 그 선을 넘는 작전일지라도 제한된 목표를 가질 수밖에 없음을 암시했다.

같은 날 국무성의 극동정책 초안이 제출되었다. 그 초안에서 미국의 전반적인 목표는 정치적으로 통일-독립 국가를 지향하되, 군사적으로는 침략을 격퇴하고 평화를 회복하는 것이었다. UN군 사령부는 공산군에게 최대의 손실을 강요하면서 38선 이남의 영토에 대한 통제를 회복하기 위하여 전술상황에 따라 38선 북쪽 10-20마일 정도까지 미 제8군의 '공세적 방어작전'을 허용했다. 그리고 38선에 도달하면 휴전을 추구하면서, UN군은 공산군의 균형을 파괴하기 위해 38선 이북으로 제한된 공세를 할 수 있지만 전면적인 공격을 하거나 북한의 영토 확보를 시도하지 않도록 규정했다. 또한 중국군에 심대한 손실을 가함으로써 국가적 위신이 실추되도록 하고 중국 정부에 대한 경제적·정치적·외교적 제재조치는 계속했지만, 중국 본토에 대한 직접적인 군사적 조치는 고려하지 않았다.[120]

미 제8군이 38선에 다시 근접해감에 따라, UN군사령부는 어느 정도 동등한 힘의 토대 위에서 협상을 제의할 수 있게 되었다. UN 회원국들은 UN군이 38선을 넘기 전에 평화협상을 추진할 것을 강력히 요구했다. 트루먼 대통령은 극동군사령부가 기꺼이 휴전을 고려하고 있다는 공개적 성명을 발표하는 것이 좋을 것으로 생각했다. 미 합동참모본부는 3월 20일 맥아더 장군에게 휴전교섭의 실마리를 찾기 위해 트루먼 대통령이 성명을 준비하고 있음을 알렸다.[121] 그러나 맥아더 장군은 3월 23일과 24일 2회에 걸쳐 워싱턴의 훈령과 반대되는 성명을 발표했다. 중국군의 전쟁 수행능력을 비하하는 한편 UN군에게 가해진 작전 제한 사항만 제거되면 중국군을 붕괴시킬 수 있다는 공세적 발언이었다. 맥아더 장군의 갑작스런 성명은 미국 정부의 체면에 손상을 주었다. 트루먼 대통령은 맥아더 장군의 행동이 대통령의 권위에 대한 도전이며, UN의 정책마저 무시하는 처사라고 생각했다. 이 사건은 전쟁 지도체계상 정치와 군사의 영역을 구분하기가 점차 어려워진 현실에서 정치가 군사를 이해하고 군사가 정치를 이해해야 할 필요성이 증대된다는 교훈을 주었으며, 트루먼 대통령이 맥아더 장군을 해임시키기로 결심한 결정적인 계기가 되었다.[122]

한편 미 제8군은 두 번째의 공중기동작전을 실시했다. 3월 23일 UN군은 B-26기 56대로 문산 일대를 폭격한 후, 미 제187공수연대 3,400여 명이 105mm 포, 경전차 등 각종 장비와 함께 C-119 72대와 C-46 48대의 수송기로 공중 기동하여 문산 지구의 북한군을 수직으로 포위했다. 그러나 북한군 제19사단 주력이 이미 철수하고 없었기 때문에 작전의 성과를 기대할 수 없었다.

〈그림 3-3〉은 1951년 전선 상황의 변화와 1951년 전반기 미 제8군의 진출 통제선이다.

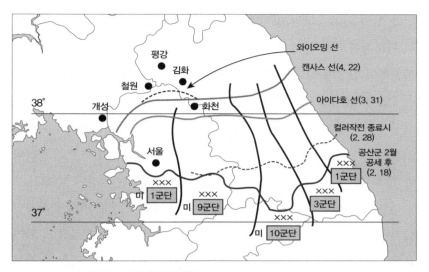

그림 3-3 1951년 전반기 UN군의 재반격 통제선
출처: Mossman, Ebb and Flow, Map 9·27·29·32, pp. 106, 318, 354, 380; 일본육전사연구보급회, 『한국전쟁 8권: 유엔군의 재반격』, 부도 '1'(밀물)을 참조하여 재구성.

    리퍼 작전의 결과로 공산군은 철의 삼각지(철원-김화-평강을 연결한 지역) 남단을 잇는 선으로 물러났다. 아이다호(Idaho) 선을 목표로 기동하던 UN군은 3월 말에 양쪽 끝에서 그 선을 넘었다. 서부에서는 임진강까지 기동했고, 동해안에서는 한국군 수도 사단이 3월 27일에 38선을 넘었다. 그러나 미 제8군은 중국군과 북한군의 공격준비 징후가 현저한 이상, 천연적인 장애물도 없고 방어에 적합한 지형도 아닌 아이다호 선에서 정지하는 것은 적절하지 않다고 판단했다. 어느 선까지 진격하여 공산군의 공세에 대처할 것인가는 전술상의 결심사항이었다.

    미 제8군사령관 리지웨이 장군은 전(全) 전선에서 공격을 재개하여 캔자스 선을 확보하고 철의 삼각지대 탈취를 준비하기 위해 러기드(Rugged) 작전을 계획했다.[123] 이 작전의 목적은 적의 기선을 제압하고 부단한 압력을 계속하는 것이었다. 목표선인 캔자스 선은 임진강 하구에서 판문점을 거쳐 동북진하여 연천 북쪽에서 화천저수지를 지나 다시 동북진하여 간성에 이르는 선으로, 대략 38선으로부터 북방 20km를 잇는 선이었다. 이 목표선의 정면은 184km이지만 임진강 하류와 바다 22km, 화천저수지 16km를 천연장애물로 이용할 수 있으며, 연천에서 화천에 이르는 고지군을 확보하게 되면 공산군의 지휘와 보급의 중추로 판단되는 '철의 삼각지대(철원-김화-금성)'를 위협할 수 있다는 이점이 있었다.

4월 5일에 러기드 작전이 시작되었다. 그 계획에는 두 개의 축차적인 단계선, 즉 유타(Utah) 선과 와이오밍(Wyoming) 선이 그려져 있었다. 와이오밍 선을 확보하면 철의 삼각지대를 지배하게 되었다. UN군사령부는 미 제8군이 와이오밍 선에 도달하면, 그 후에는 대대 규모의 정찰을 통하여 공산군과의 접촉만 유지할 심산이었다. 리지웨이 장군도 공산군과의 상대적인 전투력 비율, UN군의 군수능력, 그리고 지형적 요소를 종합적으로 판단한 결과, 와이오밍 선을 지나서 더 공격하는 것은 적절하지 않다고 판단했다.[124]

4월 9일에 미 제8군의 예하 군단들이 일제히 공격을 개시했다. 서부의 미 제1군단과 제9군단은 착실하게 적진을 돌파했고, 중·동부의 미 제10군단과 한국군 제3군단은 산악지형을 극복해야 했기 때문에 지체되고 있었다. 그러나 동해안의 한국군 제1군단은 UN 해군의 함포와 함재기의 지원을 받아 마치 행군하는 듯 빠른 속도로 북진을 계속했다.[125]

한편 극동군사령부는 공산군의 보급품이 만주와 소련으로부터 전선지역에 이르지 못하도록 하는 전략적 차단작전을 실시했다. 공산군은 미 극동해군의 해상봉쇄로 말미암아 블라디보스토크나 중국의 항구로부터 해상을 통한 군수지원에 어려움을 겪고 있었다. 결국 2개의 육상 보급로에 의존할 수밖에 없었는데, 서쪽은 압록강 하구와 만포진에서 시작된 철도와 도로망을 이용하여 평양으로, 동쪽의 보급로는 회령과 혜산진에서 흥남을 지나 해안선을 따라 전선으로 연결되었다. UN(극동)군사령부는 공산군의 보급선을 전략적으로 차단하기 위하여 서쪽 보급로는 폭격기 사령부가, 동쪽 보급로는 해군이 담당하도록 책임을 부여했다.[126]

3
휴전정책의 모색

맥아더 장군의 해임

트루먼 대통령은 1951년 4월 11일 맥아더 장군을 해임했다. 「뉴욕타임스」는 "대논쟁(Great Debate)"이라는 기사에서 이에 대해 "제한전 대 전면전(Limited War vs. Big War), 문민 대 군인(Civil Power vs. Military), 유럽 우선 대 아시아 중시(Europe vs. Asia) 정책에 관한 문제의 결론"이라고 요약했다.[127]

미 제8군사령관 리지웨이 장군이 그 후임자로 극동군사령관 직을 인수하게 되었고, 미 제8군사령관으로는 밴 플리트(James A. Van Fleet) 장군이 임명되었다.[128]

밴 플리트 장군은 '제1급의 야전사령관'이라는 보증서가 붙어 있었다. 1915년 육군사관학교를 졸업한 후 제1차 세계대전에 참전했다. 제2차 세계대전 때는 미 제4보병사단장으로 노르망디 상륙작전에 참전하여 무공을 세웠으며, 특히 전사(戰史)상 유명한 발지 전투를 지휘했던 주역이다. 그리고 1948년에는 그리스의 군사사절단장으로 그리스 군의 정비

를 도왔다.[129]

맥아더 장군이 해임될 무렵, 미 행정부 내부에서 대(對)한반도 정책에 대한 묵시적 합의가 있었는데, 그 내용은 전쟁을 종결하고 한국전쟁 이전의 상태로 원상회복시키는 것이었다. 따라서 UN군의 임무는 공산군을 군사적으로 압박하고 심대한 피해를 강요함으로써 휴전교섭에 응하게 하는 방향으로 수정되었다. 트루먼 대통령은 맥아더 장군을 그 직위에서 해제한다는 내용의 연설에서 처음으로 한반도에서 '제한된 전쟁을 진행'하는 것이 미국의 정책이라고 발언했다.[130]

리지웨이 장군은 전쟁을 '제한'하려는 대통령의 뜻에 적극적으로 동조했다. 그는 미 제8군의 임무가 '대한민국의 영토에 대한 침략을 격퇴하는 것'으로 미 제8군은 38선 이북에서도 상륙 및 공수작전을 포함하여 지상작전을 실시하도록 인가되었지만, 캔자스-와이오밍 선을 초월하는 군사작전은 오직 UN(극동)군사령관의 명령을 통해서만 실시해야 함을 밴 플리트 장군에게 명확히 주지시켰다. 또한 어떠한 상황에서도 미 제8군의 예하부대가 만주나 소련과의 국경선을 넘어서는 안 되며, 한국군이 아닌 UN군은 그 국경선에 인접한 북한 영토에서 작전할 수 없음도 재차 강조했다. 미 제8군사령관 밴 플리트 장군은 이 제한사항을 준수하고 부대의 안전을 보존하는 조건으로 지상군 작전을 시행할 수 있었다. 다시 말하면 지상군은 '인명의 불필요한 희생'을 치르지 않고, 화력(火力)에 의존하여 공산군에게 최대의 손실을 강요하는 방식으로 싸워야 했다.[131]

극동해군과 극동공군에 하달된 지시에서도 '제한 전쟁'의 의미가 강조되었다. 소련 영토로부터 20마일 이내, 북위 39도 이북의 중국 영토에 3마일 이내로 결코 접근해서는 안 되며, 나진이나 압록강 상의 수력발전시설에 어떠한 공격도 하지 않도록 지시되었다. 그리고 한-만 혹은 한-소 국경선을 넘기 위해서는 반드시 UN(극동)군사령관의 사전승인을 받아야 했다.[132]

4월 17일 중국군과 북한군은 모든 전선에서 화공작전을 실시했는데, 이로 인해 연기가 하늘을 뒤덮어서 미 제8군의 지상작전은 물론 UN공군의 활동을 방해했다. 이틈을 이용하여 공산군은 노골적으로 공격 준비를 서둘렀다. 서부에서는 기갑사단이, 철의 삼각지대에서는 공산군 대부대의 집결이 확인되었으며, 생포된 포로는 머지않아 공산군이 반격할 것이라고 증언했다. 따라서 UN군사령부는 공산군의 주공이 서울을 향해 공격할 것이라고 판단하게 되었다.

미 제8군사령관 밴 플리트 장군은 공산군에게 최대한의 피해를 강요하면서, 공산군의 전력이 고갈되는 상황이 되면 반격으로 전환하는 '리지웨이의 전략'을 답습하기로 했다. 서울을 포기할 수는 없었다. 서울을 포기하면, 한국 국민과 군의 전투의지가 꺾일 수도 있는 데다가, 서울의 군수지원 시설을 다시 대전 부근으로 옮기는 것도 쉽지 않은 일이었다. 따라서 밴 플리트 장군은 미 제9군단으로부터 미 제1기병사단을 차출하여 미 제8군의 예비로 삼고, 언제라도 서울 방어에 투입할 수 있도록 준비했다.

4월 21일 미 제1군단과 제9군단은 와이오밍 선을 향해 진격했다. 적의 공격 징후를 탐지하게 되면 곧바로 방어태세로 전환하는 것이 전쟁사의 교훈인데, 밴 플리트 장군은 '계속 공격'을 고집했다. 그렇게 했던 이유는 공산군이 공격을 하지 않을 수도 있으며, 미 제8군이 계속 공격함으로써 공산군의 공격 준비를 파쇄할 수 있다면 전략적으로 이익이라는 판단 때문이었다.

공산군의 '4월 공세'

중조연합사령부는 UN군이 38선을 넘어 평강과 세포 방향에 주공(主攻) 방향을 지향하면서 원산 혹은 통천 일대로 상륙작전을 실시하거나, 동·서해안에서 동시에 상륙하여 39도선(안주-원산 선)을 점령할 수 있다는 최악의 시나리오를 상정했다. 이러한 판단은 4개의 주 방위사단이 미국 본토에서 일본으로 이동했고 한국군 3개 사단이 일본에서 상륙훈련 중이라는 첩보 때문이었다.[133] 그러나 공산군은 아직 정비와 휴식이 충분하지 않았고, 식량과 탄약의 비축량도 부족했다. 이러한 상황에서 펑더화이는 새로운 공격을 준비했는데, 이는 공산군이 미 제8군 정면을 공격함으로써 미 제8군이 지상군 방어에 급급하게 되면 UN군이 동서해안에 대한 상륙작전을 포기할 것이라는 기대 때문이었다.

펑더화이는 UN군 수 개 사단을 섬멸함으로써 전장의 주도권을 회복한다는 4월 공세의 작전목적을 확정했다. 이를 위해 제3병단은 정면에서 공격하고, 제9병단과 제19병단은 양익으로 문산-춘천 간의 미 제1군단과 미 제9군단을 우회공격하며, UN군의 측후 상륙과 공수 강하에 대비하여 제42군은 원산과 양덕 지구에, 제38군은 숙천 지구에, 제47군은 평양 지구에서 대비하게 하였다.[134] 요컨대 중조연합사령부는 UN군의 상륙 위협을 저지하기 위하여 4월 공세를 서둘렀고, 부대 운용 면에서도 3개 병단을 지상공격부대로 운용하고 1개 병단 규모로 대상륙 및 후방작전을 담당하게 한 것이다. 또한 후방근무기구와 후근부대도 증강하여, 6개 후근분부, 2개 강안사무처, 31개 역, 39개 병원, 11개 차량연대, 17개 치중연대, 8개 인력수송연대와 8개 수송대대, 8개 경비연대와 7개 경비대대, 11개 담가연대 총 18만여 명을 운용했다.[135]

공산군은 4월 공세에 3개 병단, 11개 군, 33개 사단과 3개 포병사단,

1개 고사포사단 총 54만 8,000여 명(북한군 제외)을 투입한다면, 2 : 1로 공산군이 UN군에 우세할 것으로 판단했다.

4월 22일 황혼에 공산군은 27개 사단 약 25만 명으로, 그 강도나 기간에 있어 예상을 뛰어넘는 대규모 공세를 단행했다.[136] 이른바 춘계공세의 서막이었다.[137] 해가 질 무렵 모든 전선에서 4시간에 걸친 공산군의 공격 준비사격이 시작되었다. 주공은 예상대로 서울을 지향했다. 광덕산맥 축선(김화 → 가평)과 문산 축선(개성 → 서울)으로 협공을 기도했다. 중국군의 전술은 전과 다름없이 야간에 나팔을 불고, 북을 치고, 조명탄을 올리면서 인해전술(人海戰術)을 반복하다가, 날이 밝아지면 UN군의 포병화력과 공중공격을 피하기 위하여 접촉을 끊고 엄폐된 지역을 찾아 숨는 것이었다.[138] 중국군은 광덕산 줄기에 3개 군단, 9개 사단을 투입하여 마지막 승부를 걸었다. 중국군 제40군은 가평 동북 목동리까지 돌진하여 미 제8군의 동 · 서 간 연결을 차단하는 데 성공했다.

미 제8군은 사전에 세운 계획에 따라 신속히 후퇴했다. 공산군은 초봄을 기하여 마지막으로 걸었던 승부에서 서울을 탈취하지 못한 채, 4월 29일 공세를 중단해야 했다. 이는 공산군이 UN군의 화력에 의한 피해도 많이 입었지만, UN군이 공산군을 남쪽으로 더 깊이 유인한 후에 후방지역 상륙을 기도할지도 모른다는 두려움 때문이었다. 또한 UN군의 후방 상륙작전 가능성을 사전에 차단한다는 다급함 때문에 새로 투입된 제3병단과 제9병단의 작전 준비가 충분하지 못했고, 미 제8군 5개 사단과 3개 여단을 섬멸하겠다는 목표도 과도했으며, 미군의 기술적 우세와 화력, 전술의 변화에 대한 인식도 미흡했다.[139]

공산군의 4월 공세가 끝나자 밴 플리트 장군은 즉시 반격으로 전환하도록 명령했다. 그러나 미 제8군은 켄자스 선까지의 공격과정에서 공산

1951년 5월 1일, 미 해군의 어뢰 공격으로 일부 파괴된 화천댐

군의 전략적인 화천댐 이용을 우려했다. 공산군이 댐 문을 닫아 놓았다가, 미 제8군의 공격이 임박해지면 댐 문을 개방하여 수공전(水攻戰)을 펼지도 모를 일이었기 때문이다.

　미 제8군이 화천댐 수문의 파괴를 극동공군에 요청했지만 높이 20ft, 길이 40ft, 두께가 3ft나 되는 수문은 B-29기의 폭격으로 파괴되지 않았다. 이 임무는 결국 UN군사령부가 극동해군에 할당했고, 항공모함 프린스턴호에서 출격한 항공기는 5월 1일에 댐 중앙에 어뢰를 투하해 수문 하나를 완전히 파괴하고 다른 수문에 10ft 크기의 구멍을 뚫어 저수지의 물을 방류했다.[140]

　미 제8군은 5월 초까지 위력수색과 병행한 공세작전으로 공산군의 4월 공세에서 잃었던 지역의 절반가량을 되찾았다. 그런데 항공정찰 결과 철의 삼각지대와 개성 지구에서 군수물자의 수송이 눈에 띄게 증가하고, 중·동부전선으로 공산군의 병력이 다시 집결하고 있음이 파악되었다. 공산군이 대부대를 왜 험준한 태백산맥 지역으로 이동시키는지 UN군으로서는 의심스러운 일이었는데, 이는 후에 밝혀진 사실이지만 이는 공산군의 '5월 공세'를 위한 준비였다.

NSC 48/5

그 무렵 극동군사령부는 소련이 가까운 장래에 한국전쟁에 개입할 가능성이 있다는 첩보를 입수하였다.[141] 리지웨이 장군은 1951년 4월 17일에 소련군이 극동군부대를 공격한다면 UN군을 한반도에서 철수시켜 극동군사령부 책임지역 내의 임의의 곳에서 운용할 수 있는 권한을 그에게 부여해줄 것을 미 합동참모본부에 요청했다.

그에 대한 미 합동참모본부의 응신은 5월 1일 대통령의 승인을 받아 하달되었다. 그 메시지는 극동군사령관을 수신으로 했으나, UN군사령관으로서의 리지웨이 장군의 소관 임무를 전반적으로 포함하고 있었다. 그 메시지에서 UN군의 임무는 한국이 침략을 격퇴하여 평화와 안전을 회복하도록 돕는 것이며, UN군사령관의 군사적 목표는 한국의 지리적 경계선과 그 인접 해역 내에 투입된 북한과 중국의 군사력을 격멸하는 것이라고 규정했다. 더불어 이러한 군사적 목표는 두 가지 고려사항, 즉 UN군 부대의 안전과 극동군사령관으로서 기본 임무인 일본의 방위를 조건으로 추진하며, 만주, 압록강 상의 수력발전소 및 소련 영토로부터 15마일 이내의 목표물에 대하여 어떠한 작전도 수행해서는 안 된다는 점을 강조했다. 또한 그 메시지는 UN군이 제한적인 전술작전(상륙 및 공정작전 포함)은 수행할 수 있지만, 어떠한 '총공격'도 사전에 합동참모본부의 승인을 받아야 한다는 군사작전에 관한 지침도 포함하고 있었다. 어떠한 상황에서도 UN군은 압록강과 두만강 선을 넘지 못하며, 해군 작전도 중국과 소련의 연안은 '매우 안전하게' 두어야 했다. 공중정찰은 서부에서는 압록강까지 인가되었으나, 북동부의 나진에 대해서는 모든 공격이 금지되었다.

UN군사령관으로서 리지웨이 장군은 최근 일본에 도착한 2개의 주 방위사단(제40·제45보병사단)을 한국전쟁에 투입할 권한이 없었다.[142] 왜냐하면 미 합동참모본부가 2개의 주 방위사단은 일본의 방어를 위해서만 운용하도록 극동군사령부를 통제하고 있었기 때문이다.[143]

트루먼 대통령은 이러한 UN군의 임무와 군사작전 개념을 5월 17일에 승인함으로써 NSC 48/5로 확정되었다. 이 문서의 요지는 다음과 같이 한반도 정책에 관한 최종목표와 당면목표를 구분했다.

① 최종목표로서 한반도의 통일·독립·민주 한국은 정치적 수단에 의해 계속 추구한다.
② 당면목표로서 UN이 수락할 수 있는 한국전쟁의 해결방안은 UN 기구를 통하여 추구하되, 이는
  ⓐ 적절한 휴전협정으로 적대행위를 종결하고,
  ⓑ 행정과 군사적 방위를 둘 다 용이하게 할 수 있고, 어떠한 경우에도 38선 남쪽이 아닌 곳에 위치한 경계선 이남에 대한 대한민국의 통치권을 수립하며,
  ⓒ 한국에서 외국군의 단계별 철수를 가능하게 하고,
  ⓓ 북한의 새로운 침략을 저지 격퇴할 수 있도록 한국군의 충분한 증강을 허용한다.[144]

미국은 소련을 위시한 공산국가의 또 다른 도발을 억제하기 위한 방편으로 한국전쟁에서 공산군을 최대한 징벌하는 것이 당면목표였지만, 소련과 전면전으로 치닫거나 한만 국경선을 넘어 중국과의 확전으로 발전되어서는 안 된다는 것을 분명히 하고 있었다.[145]

공산군 '5월 공세'

중국군은 5월 10일부터 15일까지 5개 군(15개 사단)을 양구-인제 지구에 집결시켰다. 또한 공산군의 공군력이 급격히 증강되어 전선의 항공기만 1,000대를 헤아렸다. 미 제5공군이 5월 9일 총 312대의 전투폭격기를 투입하여 신의주 기지의 MiG-15기를 공습했지만, 공산군이 도전한다면 대규모의 공중전이 벌어질 가능성도 충분해 보였다.

밴 플리트 장군은 공산군의 새로운 징후에 대하여 '진지방어'로 대응하기로 결심했다. 이는 적에게 최대한의 피해를 주면서 축차적으로 철수하는 '지연전'보다 확실하게 적을 격멸하여 전력의 균형을 깨는 것이 중요하다고 판단했기 때문이다. 다행히 5월 초부터 미 제8군은 서울 북방을 반원형으로 돌아, 청평 남방을 경유, 홍천에서 북동진하여 대포리에 이르는 신방어선을 노네임(no name) 선으로 명명하고 진지를 강화하고 있었다. 노네임 선은 미 제8군에게 있어서 동-서로 연결된 최초의 진지선이었다.[146] 미 제8군은 증강된 15개 사단 규모로 노네임 선을 점령 방어하면서 미 제3사단과 미 제187공수연대를 예비로 지정했다. 한국군 제8사단은 전라도 지역에서 공비토벌작전 중에 있었다.

밴 플리트 장군은 화력과 장애물로 방어전투를 감당해야 하며, 인명을 희생시키는 근접전투는 지양할 것을 강조하고, 지뢰를 매설하고 철조망을 설치하는 등 진지방어를 준비를 5월 14일까지 완료하도록 예하 부대에 명령했다.

이러한 상황에서 중조 연합사령관 펑더화이는 한국군을 더 많이 섬멸함으로써 미군을 고립시키기 위하여, 동부의 한국군을 주목표로 하는 이른바 중국군의 제5차 전역 제2단계 작전(이하 '5월 공세')을 〈그림 3-4〉와 같이 계획했다.

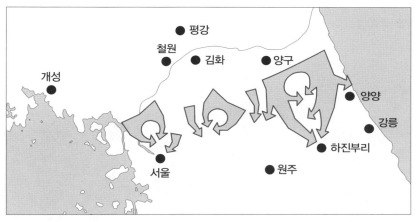

그림 3-4 공산군의 5월 공세(1951. 5. 15 – 5. 20)
출처: 일본육전사연구보급회, 『한국전쟁 8권: 진지전으로 이전』, p. 238.

이 작전의 목적은 중국군 제3병단과 제9병단이 동부전선으로 기동하여 양구-인제 지구에서 한국군 2-3개 사단과 미 제7사단 일부를 섬멸하는 것이었다.

5월 16일 오후6시, 동부전선에서는 포병 준비사격에 이어서 공산군의 공격이 재개되었다. 이는 중조연합사령부를 편성한 이후에 가장 큰 전역이었다.[147] 그러나 이 공세도 공산군이 UN군의 상륙작전 기도를 파괴하기 위함이 목적이었기 때문에, 전선 후방의 안전을 위하여 중국군

제26군은 원산, 제40군은 진남포에서 UN군의 상륙작전에 대비하도록 했다.[148]

중국군 약 21개 사단이 북한군 9개 사단의 엄호를 받으며 내평리(춘천 동북방 16km 소양강변)로부터 로동(인제 동북방 20km)에 이르는 미 제10군단과 한국군 제3군단의 전투지경선을 따라 공격해왔다. 한국군 제3군단이 붕괴되고, 미 제10군단의 동측방과 한국군 제1군단의 서측방이 노출되었다. 5월 18일에는 벌써 원주-강릉 간 국도가 평창에서 차단될 지경에 이르렀다.

미 포병사격과 수거된 탄피

밴 플리트 장군은 미 제8군의 예비인 미 제3사단을 평창 북방으로 투입해서 중국군의 돌파를 저지했다. 이 방어작전 동안 UN군 포병은 소위 '밴 플리트 탄약량(무제한 사격)'을 발사했다. 예컨대, 미 제2사단의 제38포병대대(105mm 곡사포)는 24시간 동안에 1만 2,000발의 탄약을 발사해서 노출된 측방에 대한 공산군의 포위기동을 저지했다.[149]

중국군과 북한군의 공세는 시작 후 4일이 지난 5월 20일 현저하게 쇠퇴하기 시작했다. 공산군의 공격 지속일수는 횟수를 거듭할수록 짧아

　　　　　　　　　　　미국의 6 · 25전쟁사

졌다. 이후 쌍방은 38선 일대의 남과 북에서 각각 전략적 방어로 전환했다.[150]

미 제8군은 부대 운용을 조정했다. 공산군의 5월 공세에 대한 실패의 책임을 물어 한국군 제3군단을 해체하고, 한국군 제9사단은 한국군 제1군단에, 한국군 제3사단은 미 제10군단에 각각 배속했다. 서로부터 미 제1군단, 미 제9군단, 미 제10군단, 한국군 제1군단으로 방어지대를 편성한 결과, 미 3개 군단의 전투정면이 한국군 제1군단의 전투정면보다 6배로 넓어지게 되었다.[151]

미군 사단과 한국군 사단 간의 전투수행능력 불균형으로 말미암아 한국전쟁은 자연스럽게 미군 주도의 전쟁으로 진행되었다. 연합작전은 지휘절차와 방법뿐만 아니라 상호 간의 신뢰와 호혜정신을 바탕으로 하지만, 미군들은 처음부터 한국군과 한국군의 지휘관들을 경시하는 경향이 있었다. 그것은 미국인들의 자존감과 우월심리, 그리고 북한군에 비해 한국군의 전투능력이 뒤떨어진다는 평가가 주된 요인이었다. 이런 인식의 결과 병참지원에 있어 두 나라의 군대 간에 차이가 있었고, 이런 병참지원의 차이가 연합작전에서 갈등의 소지가 되었다.[152]

한편 극동군사령부는 공산군이 더 이상의 공세를 하지 못하도록 전투력을 파괴하는 특단의 전략을 강구해야 했다. 그 전략의 핵심은 전선지역으로 향하는 공산군 군수보급의 맥을 끊어놓는 일이었다. 극동군 정보참모부가 판단하기에 공산군의 군수보급은 철도를 위주로 하고 있음이 확실해 보였다. 중국군과 북한군 각 사단의 보급소요를 하루 48-50톤(식량 10톤, 탄약 30톤, 유류 8톤 등)으로 판단하여 공산군의 일일 보급소요를 2,400톤으로 가정했을 때 적재량이 대당 2톤인 소련제 GAZ 트럭은 6,000대가 필요지만, 철도 화차 1대는 20톤을 수송할 수 있어서

15량으로 구성된 열차를 7회만 운행한다면 공산군의 보급소요를 충당할 수 있다고 판단했기 때문이었다.

이를 근거로 극동공군 목표위원회는 차단계획을 수립하면서 39도선 이남의 철교 45개소, 교량 12개소, 터널 13개소, 조차장 39개소 등 공격목표 173개소를 선정하여 작전부대에 제공했다. 극동공군은 신의주 일대, 만포진까지의 도로망, 평양 일원의 목표에 집중하면서 1만 2,000 파운드의 TARZON 폭탄의 위용을 과시했지만, 공산군의 대공포화와 MiG기가 위협이 되었고 가용 항공력도 부족했다. 다행히 극동해군이 동해안 축선에서 공중공격을 담당해주었기 때문에 전체적으로 차단작전은 균형을 이룰 수 있었다.[153] 그러나 1951년 5월 한 달 동안 극동공군의 항공작전은 상당한 차질을 빚고 있었다. 왜냐하면 한국전쟁에 투입된 18개의 항공전대 중에서 3개의 전대만이 한반도 내에 기지를 갖고 있었는데, 활주로의 문제로 대구 비행장마저 폐쇄되었기 때문이다. 또한 5월중심한 안개는 17일간이나 항공작전에 지장을 주었다. 하지만 다행히도 동해상 3척의 고속 항공모함과 서해상 3척의 항공모함 바탄호, 쎄서스호, 영국 글로리(Glory)호가 극동공군의 공백을 메꿔주었다.[154]

그러나 극동공군, 극동해군 및 해병대 항공대가 합동으로 실시한 철도차단 작전이 기대했던 성과를 거두지 못하고 있는 것으로 분석되었다. 무엇보다 5-6인치의 좁은 철도 궤도를 공중폭격으로 명중시킨다는 것이 생각처럼 그렇게 간단하지 않았을 뿐만 아니라, 공중공격 작전에 '비행기 사냥꾼 조'와 같은 공산군의 대공화망이 위협적이었기 때문이었다.

한편 극동공군과 해군, 해병대의 철도차단작전에도 불구하고 공산군의 차량 수송은 계속 증가하여 1951년 1월의 236대에서 5월에는 1,760 대나 관측되었다. 이에 미 제8군사령관은 극동공군과 해군에게 '도로'를

미국의 6 · 25전쟁사

이용하는 병참선의 차단을 요청했고, 극동군사령부는 극동공군의 비판적 견해에도 불구하고 교살작전(Operation Strangle)을 채택하게 되었다.

교살작전은 본래 미군의 항공차단작전 시리즈로서 제2차 세계대전 시에 독일군의 보급로 차단을 위하여 1943년 이탈리아 전역에서 실시되었던 항공작전의 명칭이었다. 한국전쟁기 UN군의 교살 작전은 38° 15′N과 39°15′N 사이의 공산군 트럭 행렬과 교량 등 수송망을 파괴하는 것으로서 북한 지역의 주요 도로를 군사적 목표로 선정했다. 극동군 사령부는 평양에서 남쪽과 남동쪽으로 통하는 3개의 도로는 미 제5공군에게, 양덕에서 남강 상류로 통하는 도로와 마전리에서 임진강 상류로 연결되는 도로는 제7함대에게, 원산과 고저에서 남으로 연결되는 도로는 미 제1해병항공단(1st Marine Aircraft Wing)에게 작전책임을 부여했다.[155] 교살작전 수행을 위한 미 제5공군, 제7함대, 제1해병항공단에 부여된 책임구간은 〈그림 3-5〉와 같다.

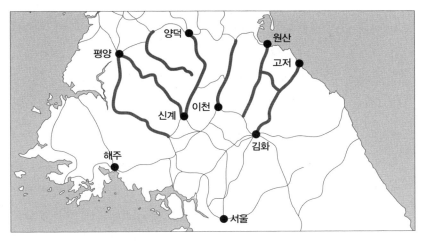

그림 3-5 UN군의 교살작전
출처: 케이글 · 맨슨(Malcolm W. Cagle and Frank A. Manson), 『한국전쟁 해전사』, p. 291.

교살작전을 수행하기 위해 미 제5공군은 32-64대의 전폭기로 구성된 공격집단을 출격시켰고, 동해상의 제7함대 항공모함 3척, 본 홈 리차드호, 에식스호, 앤티텀호도 적극적인 공세에 나섰다.

1951년 5월 말 극동해 · 공군의 교살작전과 병행하여 미 제8군도 공세작전을 재개했다.[156] 이 작전의 주안은 중국군과 북한군을 포착 섬멸하고, 철의 삼각지대를 탈취하는 것이었다. 이는 철의 삼각지대가 공산군의 수중에 있는 한 공산군이 또다시 공세를 되풀이할 수 있다고 판단했기 때문이었다.[157] 미 제8군의 예하 군단들은 22일부터 24일에 걸쳐 공세를 개시했다. 공산군의 위치를 확인하면 가차 없이 '밴 플리트 탄약량'을 퍼부었고, 전차를 비롯한 각종 지원화력의 엄호 하에 보병이 진격했다. 5월 말 UN군은 임진강으로부터 연천-화천-양구-인제-간성을 잇는 선까지 진출하여 대략 캔자스 선을 점령했다.

이 기간 UN군의 방어와 반격작전을 수행하면서 중국군과 북한군 사상자는 대략 9만 3,000명 정도로 판단되었고, 유기된 탄약과 공산군 포로도 전례 없이 많았다.[158] 포로들은 중국군과 북한군에 식량이 부족하다고 진술했다. 미 제8군사령부는 중국군과 북한군이 확실히 '붕괴'되고 있다고 결론지었다. 극동군사령부 정보참모부도 전선의 중국군 13개 군 중에서 7개 군만이 공세를 취할 능력을 가지고 있으며, 북한군 5개 군단도 병력과 장비가 많이 부족한 것으로 평가했다.[159]

UN군의 인명피해도 3만 5,770명(미군 1만 2,293명, 한국군 2만 3,500명)으로 파악되었다. 미군의 인명피해는 한반도의 낮은 전략적 가치와 제한전 정책에 비하여 예상을 뛰어넘는 것이었고 미국의 여론에 많은 영향을 주었다. 미 행정부는 한국전쟁에서 입은 병력의 손실이 너무 컸기 때문에 이미 정치적 목적과의 수지타산을 맞출 수가 없었다. 이는 결국 미 행

정부가 기존의 한국전쟁에 관한 정치적 목적을 포기하고 평화를 구해야 하는 동인이 되었다.[160]

극동군사령관으로서 그나마 다행한 것은 한반도의 현 군사적 상황이 미 행정부의 외교적 협상력을 뒷받침할 수 있다는 점이었다. 미 제8군은 실질적으로 전쟁 이전의 남한 영토는 물론이고, 공산군 측과 협상이 가능한 방어선에 도달했다. 다만 더 이상의 진격이 제한되었으므로 현 전선에 머물면서 공산군에게 최대한 압력을 행사하여 그들로 하여금 휴전 협상의 테이블로 나오게 할 수 있다면, UN군의 군사작전은 미 행정부의 전쟁정책을 성공적으로 뒷받침할 수 있다고 판단했다.[161]

캔자스-와이오밍 선

미 제8군은 2회의 공산군 춘계공세를 저지한 이후에, 이제 결코 패배하지는 않을 것이라는 확신을 갖게 되었지만 완승할 가망성도 멀어 보였다. UN군이 해·공군, 포병화력, 기갑력 등에서 절대적 우세를 점하고 있다 하더라도, 100만 명에 가까운 중국군과 북한군이 건재해 있고 압록강까지 300km가 넘는 공산군의 전투지대를 돌파하자면 최소한 10만 명 이상의 희생을 각오해야 할 것 같았다. 설령 압록강까지 진격하더라도 전쟁은 끝나지 않고 압록강 건너의 중국군과 장기전의 수렁에 빠질 우려도 있었다. '통일 한국'이라는 정치적 목적을 위해 수십만 명을 희생하고, '3차 세계대전'의 위협을 무릅써야 할 까닭이 없어 보였다. 미국 내부 여론도 최소한의 체면과 UN군 부대의 안전을 보장할 수 있는 조건이라면 만족하고 휴전을 택해야 한다는 것이었다.[162]

중국군과 북한군도 두 차례의 공세를 실패로 마감한 이후에 UN군을 한반도에서 구축하는 것은 어려울 뿐만 아니라, 건국한 지 1년밖에 되지 않은 중국의 국내외적 사정 때문에 한국전쟁을 계속하는 것도 쉽지 않았다.

결국 UN군과 공산군 모두 패배하지는 않겠지만 결코 완전한 승리를 얻기가 쉽지 않다는 것을 인정하면서 휴전을 모색하게 되었다.[163] 전선이 소강상태에 이르자 워싱턴은 서둘러 '휴전'을 미 행정부의 정책으로 굳혀 나갔다. 미 제8군의 차후 작전은 자연스럽게 캔자스 선의 확보에 필요한 작전으로 제한되었다. 밴 플리트 장군은 구상하고 있던 철의 삼각지대 공격계획도 포기해야 했다. 미 제8군은 캔자스선의 적절한 경계지대(공간)를 확보하기 위한 파일드라이버(PileDriver) 작전을 계획했고, 캔자스 선을 난공불락의 요새진지로 만들기 위해 철조망 가설, 지뢰 매설, 사계청소와 엄체호 구축, 도로 장애물 설치, 포병 화집점 사격 등으로 보강했다.[164]

캔자스 선의 확보에 필요한 경계지대를 어디까지로 할 것인가는 군사 지휘관의 권한범위 내에 있었다. 밴 플리트 장군은 공산군의 공격 준비 지역인 철의 삼각지대와 펀치볼(Punchbowl, 인제 북방의 해안분지)을 탈취할 요량으로, 지상작전의 목표선을 임진강-철원-김화-금성 남측-펀치볼 북방을 연하는 선으로 결정하고 와이오밍 선이라 명명했다.[165]

리지웨이 장군은 휴전 이후의 방어에 가장 유리한 지역을 확보하기 위하여, 캔자스-와이오밍 선을 주 저항선으로 채택했다.[166] 그러나 캔자스 선을 주 저항선으로 하는 경우에 옹진과 연안반도가 38선 이남인데도 불구하고 공산군의 수중에 들어가기 때문에, 리지웨이 장군은 비무장지대의 중심선을 캔자스-와이오밍 선의 서쪽 끝 지점인 한강과 임진강에서 북서쪽 약 15마일 이격된 한강과 예성강 선으로 변경할 것을 검토했다. 그러나 전선지역을 방문하며 토의한 결과, 예성강 선까지의 공격

미국의 6·25전쟁사

작전에 예상되는 사상자의 규모도 감내하기 어려울 뿐만 아니라 임진강 선에서 멈출 경우에 휴전협상에 임하는 공산군에게 체면을 세워주는 이점도 있었다. 마침내 극동군사령관 리지웨이 장군은 NSC 48/5의 지침과 지형적인 여건을 고려하여, 옹진과 연안반도에 대해 대한민국의 관할권을 고집할 필요가 없다는 것을 인정하게 되었다.[167]

파일드라이버 계획에 따라 미 제1군단과 미 제9군단은 6월 12일 와이오밍 선을 점령하고 정면에 대대급 경계부대를 배치하여 공산군의 반격에 대비했다. 미 제10군단(한국군 제7사단, 미 제1해병사단, 한국군 제5사단)은 중·동부전선의 산악지역에서 북한군 제2·제5군단을 물리치면서 진격하고 있었고, 동해안에서 한국군 제1군단은 고성 남방까지 진출했다. 파일드라이버 작전이 펀치볼을 제외한 지역에서 6월 15일까지 완료됨으로써, 공산군과의 접촉선은 중앙의 철원과 동부의 간성에서 솟아올라 예상 외로 W자형이 된 채 정지되었다.[168]

휴전회담의 진전이 세계의 이목을 모으기 시작하자 UN군과 공산군의 부대 운용에도 변화가 보이기 시작했다. 다행스럽게 당시 UN군이 점령하고 있던 경계선은 임진강 지역을 제외하고는 대부분 38선 북쪽이었기 때문에, 미 합동참모본부는 극동군사령부에 캔자스 선과 와이오밍 선을 넘어서는 작전은 합동참모본부의 승인을 득하라는 훈령을 하달했다.[169]

중조연합군은 18개 군단을 반씩 나누어 전선에 9개 군단을 투입하고 9개 군단은 동서해안과 종심에 배치함으로써 장기전에 대비하는 한편, UN군의 인명손실을 강요하는 소규모 섬멸전을 끊임없이 계속함으로써 휴전회담에서의 유리한 여건을 조성하고자 했다.[170]

1951년 6월이 지나면서 전쟁은 대치국면으로 전환되었고, 쌍방의 군사력은 현저하게 증강되어 결과적으로 균형을 이루게 되었다.

공산군 병력은 112만여 명으로 증강되었는데, 중국군이 14개 군과 10개 포병사단으로 77만여 명, 북한군이 7개 군단으로 34만여 명이었다. 중국군 사단에는 탱크와 장갑차가 편제에 없었고, 2개의 탱크 연대가 80대의 탱크를 보유하고 있었지만 전투에는 투입하지 않고 있었다. 그리고 중국군은 1,650대의 항공기를 보유하고 있었는데, 그중에서 690대를 만주에 전개해놓고 있었다. 조종사들은 MiG기가 3만 5,000피트 이상의 고도에서 중량이 무거운 F-86 세이버기보다 장점이 많은 것으로 자위하고 있었다. 중국 공군은 수적인 우세를 믿고, F-86기의 압록강 초계망을 뚫고 평양 상공까지 남하하였다가 안동기지로 귀환하는 중에 UN군 폭격기를 발견하면 급강하여 공격해왔다. 이후부터 극동공군은 폭격기가 전투기의 엄호 없이 MiG 회랑에 접근하지 않도록 규정하고, 공중공격의 목표 우선순위를 ① 적 비행장, ② 지상군 지원, ③ 차단작전으로 변경했다.[171]

UN군의 총병력은 69만 명으로, 지상군은 미군이 7개 사단과 1개 공수연대 25만 3,000명이었고, 한국군이 26만여 명, 영국과 프랑스 등 기타 UN군이 2만 8,000여 명이었다. 탱크는 1,130여 대, 박격포 이상의 화포는 3,720여 문으로 증가되었다. 또한 공군, 해병 및 항공모함 함재기 등 각종 항공기는 1,700여 대였고, 극동해군은 한반도 해역에서 270여 척의 함정을 운용하고 있었는데 그중에는 5척의 항공모함이 포함되어 있었다.

요컨대 1951년 6월 UN군과 공산군의 상대적 군사력 비는 〈표 3-4〉와 같이 지상군 총병력은 공산군이 약 2 : 1로 우세했지만, 공산군은 UN군의 상륙위협에 대비하여 약 절반에 해당하는 전투부대를 해안방어와 후방지역작전에 투입했기 때문에 결국 접적지역의 전투력은 어느 정도

균형을 이루고 있었다. 그러나 제공권은 MiG기의 출현에도 불구하고 UN군이 우세를 유지하고 있었고, 제해권은 극동해군이 완벽하게 통제하고 있었다.

표 3-4 1951년 6월 상대적 군사력 비교[172]

공산군	비교/평가	UN군
112만 명	2 : 1	69만 명
?	UN군 해상통제	항공모함 5척, 함정 270여 척
980대	UN군 공중우세	1,700여 대

출처: 중국 군사과학원 군사역사연구부, 『중국군의 한국전쟁사』 2권, pp. 569–573; 일본육전사연구보급회, 『한국전쟁 8권: 진지전으로 이전』, p. 218; 일본육전사연구보급회, 『한국전쟁 10권: 정전』, p. 333 참조 재정리.

한편 한국전쟁이 시작된 이후 미군의 전체 병력은 150만에서 330만으로 증강되었으며, 미 육군은 약 150만 명으로 18개 사단과 18개 연대였다. 한국전쟁에 투입된 6개 사단과 1개 공수연대는 미 전체 육군의 약 1/3이었고. 이 밖에 일본에 2개 사단과 1개 연대를 배치했고 유럽에 4개 사단을 배치할 계획이었기 때문에, 미국 본토에는 6개 사단만이 가용한 상황이었다. 이 6개 사단들은 동원된 지 얼마 되지 않았고, 편제장비와 훈련도 부족한 상황이었기 때문에 미 행정부로서는 한국전쟁에 더 이상 지상군을 투입할 여력이 없었다.[173]

미 행정부는 UN군이 한반도 전 해안을 봉쇄한 가운데 공중우세를 유지하고 있으며, 접적지역의 전투력도 균형을 이루고 있어서 한반도 전구는 안정을 찾아가고 있다고 판단했다. 또한 '침략 이전의 상태를 회복'하고 휴전을 강요하기에도 충분한 전력을 보유한 것으로 평가하고 교섭을 위한 준비를 서둘렀다.

- 1950년 11월 맥아더 장군은 한국전쟁을 끝내고자 총공세를 명령했지만, 중국군 30개 사단이 이미 한반도 북부에 전개하여 UN군의 취약점을 노리고 있었다.

- 중국군의 기습적인 공격에 UN군이 큰 피해를 입은 후에, 미 행정부는 한국전쟁을 '중국군과의 새로운 전쟁'으로 규정하고, 소련을 염두에 둔 동아시아 전략 차원에서 한국전쟁에 관한 정치적 목표를 '한반도의 통일'에서 다시 '전쟁 전의 상태로의 회복'으로 수정했다.

- 1951년 4월 트루먼 미 대통령은 맥아더 장군을 해임하고 휴전정책과 전쟁지도체제를 정비했다. 그리고 군사작전은 'UN군 부대의 안전'을 조건으로, 캔자스–와이오밍 선을 넘는 공세는 미 합동참모본부의 사전승인을 받도록 통제했다. 지금의 휴전선은 UN군의 진출 통제선인 '캔자스–와이오밍 선'에서 기인된바, 이는 곧 미국의 한국전쟁에 관한 정책과 전략의 산물인 것이다.

- 중국군은 열악한 무기체계와 군수지원능력의 결핍으로 작전수행능력이 제한되었다. 1951년 전반기 UN군의 항공력과 상륙작전 위협에 시달리던 공산군은 '4월 공세'와 '5월 공세'로 전세를 역전시키려 했지만 큰 피해만 입고 말았다.

- 1951년 6월 UN군과 공산군 쌍방은 군사적 수단에 의한 '완전한 승리'는 불가능하다는 것을 인정하고 휴전교섭 모드로 전환했으며, 미국의 한국전쟁 수행은 군사지휘관의 결심보다 미국 내 여론과 UN 참전국의 견해를 경청해야 하는 미 행정부의 정책적 판단에 의존하게 되었다.

4부

지리한 교섭과 소모전

1951. 6. 24-1953. 7. 27

1951년 7월 교섭이 시작된 이후 미 행정부는 우세한 군사력으로 압박을 가하면
쉽게 휴전이 성립될 것이라 판단했으나, 1951년 추계 공세와 2년여가량 지속된
항공폭격에도 불구하고 공산군 측은 교섭조건에 응하지 않았고 한국전쟁은 계속
되었다. 본 장에서는 전쟁의 정치적 목적을 달성하기 위한 '교섭'과 '군사작전'이
어떻게 상호 간섭하면서 각기 진행되었는지를 살펴본다.

질문들

• 미 행정부와 군사지휘관들은 한국전쟁에 투입된 UN군의 군사력도 충분하여 휴전교섭은 UN군 측의 의도대로 쉽게 성사될 것으로 판단했으나 그러한 기대가 무너지고 말았다. 이와 관련한 군사적 상황은 어떠했으며 그 이후의 변화는 어떠했는가?

• 휴전교섭조건을 강요하기 위한 UN군 측의 군사적 수단은 무엇이었는가?

• 회담장에서의 교섭과 군사작전은 긴밀하게 상관관계를 이루었다. 교섭이 난항에 빠지면 강력하게 응징하는 공세작전을 구사하고, 교섭의 실마리가 풀려가면 절제되었다. 그러나 정책을 결정하는 정치지도자들에게 더 중요한 변수는 국내의 여론과 참전(동맹)국과의 연대였다. 정치적 목적(정책)을 군사적 상황이 뒷받침하지 못할 때 의사결정은 어떻게 이루어지는가?

• 1953년 7월 27일 UN군과 공산군 대표 간에 휴전이 성립되었다. 휴전교섭을 성사되게 한 지배적인 요인은 무엇이었으며, 극동(UN)군사령부의 군사작전 수행은 정치적 목적 달성에 어느 정도 기여한 것인가?

1

쉽게 끝나지 않은 전쟁

휴전교섭의 시작

1951년 6월 30일 극동군사령관 리지웨이 장군은 라디오 방송을 통해 공산군 측에 원산항에 정박 중인 덴마크 병원선에서 휴전회담을 개최하자고 제의했다.[1] 공산군사령부는 7월 2일 라디오 방송을 통해 협상제의를 수락하면서 회담장소로 개성을 제안했는데, UN군 측에서는 개성은 38선 이남이었지만 공산군이 통제하고 있었기 때문에 개성에서의 휴전회담이 공산군에게 정치적·심리적으로 결정적인 이익을 제공할 것이라는 비판론이 있었다. 그러나 극동군사령부는 미 국무성의 조언에 따라 개성에서 휴전회담을 개최하는 데 곧바로 동의했다.[2]

리지웨이 장군은 휴전회담 시작과 동시에 군사작전을 중지하자는 공산군의 제안에는 어떤 '의도'가 있음을 간파했다. 공산군은 전투가 중지되면 틀림없이 군사력을 증강할 것이며, 상황이 호전되면 또 다른 공세를 준비할 가능성이 역력했다. 극동군사령관은 트루먼 대통령의 승인을 얻어 휴전회담의 협정이 성사될 때까지 적대행위는 계속될 것임을 공산군 측에게 통보했다.

리지웨이 대장은 '종전(終戰)'이라는 소리가 한 번 들리면 군대의 전투의지는 극도로 저하된다는 것을 제2차 세계대전의 경험을 통해서 알고 있었다. "현 위치에서 정지하라"는 명령이 하달되고 머지않아 정전이 될 것이라는 소문이 퍼지면 군대 내에 무사안일의 풍조가 급속히 확산된다. 심지어 제2차 세계대전을 마무리하는 과정에서 미군 병사들은 조속한 귀국을 위해 시위마저 서슴지 않았다. 리지웨이 극동군사령관은 미 제8군사령관 밴 플리트 장군에게 장병들의 전투의지가 흐트러지지 않도록 세심한 부대관리를 요구했다.[3]

휴전회담을 준비하면서 극동군사령부에서는 휴전교섭 기간에 '어떻게 싸울 것인가?' 하는 작전개념의 문제가 대두되었다. 원래 휴전회담은 전투를 중지한 상태에서 진행하는 것이 역사상의 상례였지만 교섭이 마무리될 때까지 어떠한 작전개념으로 전투를 수행할 것인가는 중요한 문제였다. 전투에서 패배해서도 안 되며, 방어만 해서는 휴전회담을 촉진할 수 없었다. 그렇다고 상대방의 화를 돋워 전쟁을 확대시켜서도 안 되었다. 그래서 미 합동참모본부가 제시한 작전개념은 절대로 'KO승'을 해서는 안 되며, 다소 불만족스럽더라도 '판정승'으로 이기는 것이었다.

미 합동참모본부는 이러한 방침을 UN군사령부에 훈령을 하달했으며, 이는 한국전쟁이 종결될 때까지 2년간의 휴전회담과 군사작전 수행개념을 규정하게 된바, 그 요지는 다음과 같다.

"UN군사령관의 임무는 휘하에 있는 부대의 안전을 보장하면서 적의 병력 및 군수물자에 최대한의 피해를 주는 동시에 전쟁을 종결하는 것이다. 이 임무에는

미국의 6 · 25전쟁사

38선 이남의 한반도 전 지역에 대한민국 정부의 기능을 확립하는 것과 UN군 철수 후에도 북한군의 침략을 저지하고 격멸할 수 있도록 한국의 방위력을 단계적으로 육성하는 사항도 포함한다. 다만 중국과 소련의 영토, 압록강의 발전시설 및 소련 국경에 가까운 나진항의 공격은 합동참모본부의 승인을 필요로 하며, 소련 국경선 2마일 이내의 폭격을 금지한다. 만약 소련이 한국전쟁에 개입하는 경우에는 전략적 수세를 취하고, 일본으로 철수할 준비를 한다. 또한 극동군 총사령관으로서 대만 및 팽호열도(澎湖列島)에 대해서는 해·공군으로 방위하는 한편 소련이 공격해오는 경우에는 일본을 방위한다."[4]

UN군과 공산군 대표단 간에 첫 회의가 1951년 7월 10일 개성에서 열렸다. UN군 측은 대표단장에 조이(C. Turner Joy) 중장, 대표에는 미 극동해군사령부 참모장 버크 소장, 미 극동공군사령부 부사령관 크레이지 소장, 미 제8군사령부 부참모장 하지 소장, 한국군 제1군단장 백선엽 소장을 임명하였다.[5]

공산군은 마오쩌둥과 김일성, 그리고 펑더화이가 전화 회담을 통해 회담 대표단을 구성했는데, 대표단의 업무는 리커농(李克農)이 주관하게 되었다. 그는 중국 외교부 제1부부장 겸 중앙군사위원회 정보부 부장을 역임했고, 마오쩌둥, 김일성, 펑더화이에게 회담상황을 직접 보고하고 지시받은 사항에 근거하여 대표단에게 회담방향을 제시했다. 휴전회담의 수석대표는 북한군 총참모장 남일 대장을, 대표는 중국군 부사령관 덩화(鄧華), 중국군 참모장 셰팡(解方), 북한군 총사령부 정찰국 국장 이상조, 북한군 제1군단 참모장 장평산이 임명되었는데, 공산군 측의 사실상 대표는 중국군 셰팡 소장이었다.

개성에서의 첫 번째 회의에서 공산군 대표는 UN군이 공산군 측에 평화를 구걸하러 왔다는 식으로 심리전을 구사했다. 리지웨이 장군은 회담 시작부터 공산군 측의 진정성에 대하여 회의를 품게 되었다. 그는 공산군 측이 휴전회담을 시간 연장책으로 이용하고 있을 뿐이며, 최소의 비용으로 변함없는 목표를 추구하려는 것 같다고 보고했다. 공산군 측 대표단의 태도가 점점 더 거칠고 비타협적이 되자, 리지웨이 장군은 "야만적이고 이해할 수 없는 상대와 개성에서는 회담을 더 이상 계속하지 않을 것"이라고 말했다.

워싱턴은 리지웨이 장군이 보다 관대하게 군사분계선에 관한 협상에 임하길 원했으나, 리지웨이 장군은 공산군 측의 군사적 상황이 불리하고 보급 사정이 좋지 않기 때문에 겨울철이 다가오는 것을 두려워하는 측은 공산군이라고 판단하고 있었다. 그 이유는 공산군의 병참선이 만주로부터 과도하게 신장되어 있었고, 장마철의 홍수와 UN군의 공중공격은 공산군의 군수지원을 더욱 더 어렵게 할 것이기 때문이었다. 미 행정부도 휴전회담을 구태여 서두를 필요가 없다는 판단에 공감했다.[6]

이러한 상황에서 일련의 사건들이 휴전협상을 방해했다. 7월 12일에는 공산군이 UN군 측 기자들의 출입을 거부하고, UN군 대표단의 자유로운 이동을 제한했다. 공산군 측은 7월 16일에 UN군 병사들이 판문점을 향해 사격을 가했고, 닷새 후 UN 항공기가 판문점에서 개성으로 이동 중인 트럭에 기총소사를 가했다고 비난했다. UN군 대표단은 두 가지 사건이 모두 사실이 아니라고 부인했으나 의견충돌은 해소되지 않았다.[7]

휴전회담의 진척이 없는 가운데, 리지웨이 장군은 휴전회담이 부대의 사기에 미칠 영향을 또다시 염려하게 되었다. 전쟁은 거의 끝났으며 미군이 곧 철수할 것이라는 언론의 '앞서가는 보도' 때문이었다. 제2차 세계대전의 승리 후에 있었던 '군대의 대 해체'가 다시 반복되어서는 안 된다고 생각했다. 전쟁이 끝났다는 인상은 여론에 좋지 않은 영향을 미칠 수 있었다. 공산군이 접촉선 후방에서 새로운 공격을 준비하는지는 알 수 없었지만, 공산군은 인력과 물자를 계속하여 전선지역으로 추진했다.

리지웨이 장군은 이러한 공산군 전력의 증강을 방치할 수 없었다. 7월 21일 미 제8군은 펀치볼 지역에 대한 공격명령을 하달했다. 이는 6월 중순 미 제10군단과 한국군 제1군단이 펀치볼에 대한 공세작전을 중지한 이래 작전로를 보수하고 대구경 화포와 보급물자 등을 보충하면서 회담의 추이를 지켜보고 있었지만, 회담이 정체되자 공산군을 압박하는 수단으로 다시 공세작전을 결심하게 된 것이다. 7월 27일 미 제2사단 38연대는 펀치볼 서측방을 공격하여 대우산(해발 1,179m)을 탈취했으나, 때마침 30년 만의 장마로 인해 8월 중순까지 공세를 중단하지 않을 수 없었다.

평양 주위에서도 대대적인 병력의 이동이 확인되었다. UN(극동)군 사령부는 7월 21일과 25일에 평양 대공습을 워싱턴에 거듭 건의하였지만, 워싱턴은 휴전회담과 국제사회의 기대를 이유로 일반적인 공군작전의 수준에서 시행하도록 제한하였다. 정치가 우선하며 군사가 정치에 종속되어야 하는 원리가 적용된 것이다. 극동공군은 7월 30일 평양의 조차장, 보급소, 부대 막사 등을 목표로 약 450대의 전투기와 전투폭격기를 투입하여 공습을 감행하였으나 장마철의 두터운 구름과 북한군의 대공 연막에 가려 폭격의 효과는 확인할 수 없었다.[8]

이처럼 UN군의 군사적 압박이 계속되는 상황하에서 교섭이 진행되었다. 회담 의사일정에 관한 합의과정에서 공산군 측은 '군사분계선으로서의 38선'과 한반도에서 모든 '외국 군대의 철수'를 주장했다. 미 행정부와 극동군사령부는 한반도 내의 중국군과 북한군이 수적으로 우세하고 압록강 너머에서 즉각 증원이 가능한 중국군이 실존하는 상황에서,

한반도에서 UN군의 철수는 고려할 만한 내용이 아니었다. 공산군 측이 집요하게 외국 군대를 철수하는 문제를 의제화하자고 주장했지만, 7월 26일에 양측은 다음 5개 항으로 최종의제를 합의했다.

① 의제의 채택
② 적대행위 종식을 위한 기본조건으로서, 비무장지대를 설치하기 위하여 쌍방 간에 군사분계선 설정
③ 정전과 휴전 감독기구의 구성 및 정전과 휴전을 위한 세부협정
④ 전쟁포로에 관한 협정
⑤ 쌍방의 관계정부에 건의[9]

휴전회담에 관한 의제가 합의되고 나서, 의제 제2항인 군사분계선에 관한 본격적인 회담이 7월 27일부터 시작되었지만 양측의 골은 너무도 깊었다. 양측이 제시한 군사분계선 안은 〈그림 4-1〉과 같았다.

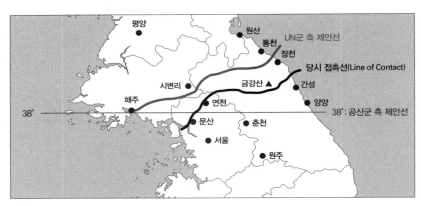

그림 4-1　UN군과 공산군이 제시한 군사분계선 안
출처: 일본육전사연구보급회, 『한국전쟁 10권: 정전』, p. 21.

공산군은 '원상복귀 원칙'을 고집했다. 휴전은 전쟁에서 승자도 패자도 없어야 한다는 의미이므로 군사분계선도 마땅히 본래의 38선이 되어야 한다는 주장이었다. 반면 UN군은 해군과 공군이 절대적으로 우세한 상황에서 공산군이 휴전으로 피해를 면하는 만큼 현 접촉선과 압록강 사이의 적절한 선을 군사분계선으로 양보해야 한다는 '보상의 원칙'을 주장했다. 8월에 들어서면서 타협점을 찾아보았지만 한 번 제의된 사항을 협상전략상 쉽게 양보할 수 없었다.[10]

UN군의 1951년 하계 공세8. 10-9. 18

7월의 장마가 끝나고 기상조건이 호전되자 극동군사령관은 미 제5공군에게 교살(Strangle) 작전의 재개를 명령했다. 북한 지역의 교통망을 파괴하고 물자저장소를 폭격하여 전선지역의 부대와 병력을 고립시킴으로써 UN군 측의 의도대로 휴전교섭을 조기에 타결하려는 목적이었다.

미 제5공군은 주간에는 철교, 조차장, 역사 등의 핵심표적을 타격하고, 야간에는 B-26폭격기로 야간철도 운행과 보수공사를 방해했다. 그러나 폭이 좁은 철교나 선로를 명중시키기가 쉽지 않았고, 파괴된다 하더라도 공산군은 즉각 보수공사가 가능한 시스템을 구축해놓았다. 예컨대 원산 인근의 철교 경간 4개를 주간에 파괴했지만 같은 날 야간 정찰기가 촬영한 적외선 사진에는 벌써 교각이 가설되어 열차가 달리고 있었으며, 청천강 철교의 경우에는 우회로를 사전에 구축해놓고 있었다.

교살작전과 병행하여 B-29 폭격기에 의한 전략폭격도 계속되었다. 회담이 난항에 부딪치자 워싱턴은 공중폭격 제한을 해제했던 것이다. 8월 14일에는 전투기 56대의 호위를 받은 B-29 폭격기 66대가 평양을 공습하여 심대한 피해를 입혔다.

그러나 개성 일대의 중립화는 서부전선에서 UN군의 군사작전을 제한했고, 휴전협상이 진행되면서 UN군의 공세도 둔화되었다. 휴전회담은 공산군의 전력 증강에 좋은 환경을 제공하고 있었다. 그것은 많은 수의 병력 보충, 포병과 각종 차량 이동의 증가, 그리고 탄약 비축활동이 활발한 징후에서 얻은 결론이었다.

리지웨이 대장은 UN군 부대의 안전을 도모하면서 공산군에게 최대한의 손실을 강요한다는 기본 방침에 따라 극동해군사령관 조이 중장과 제5공군사령관 웨인라이트 중장에게 항공력을 최대한 투입하여 북한의 교통망을 파괴하고 병력 집결지를 가차 없이 공격하라고 지시했다. 또한 미 제8군사령관의 건의를 받아들여 지상군의 탄약 보유기준을 45일분으로 증가시켰다. 45일분이라고 하면, 문당 1일 보급량이 경포는 50발, 중포가 30발이었으므로 105mm 곡사포는 문당 2,250발, 155mm 곡사포는 문당 1,500발을 비축할 수 있게 되었다.[11]

한편 휴전교섭에서 38선이 아닌 휴전 당시의 접촉선이 군사분계선으로 합의될 징후가 보이자, UN군과 공산군은 보다 좋은 방어선을 확보하기 위해 공세를 재개했다.

8월 18일 한국군 제1군단은 J자 능선으로, 미 제10군단은 펀치볼 서측방의 983고지 일명 '피의 능선'으로 공격을 개시했다.[12] 이 작전의 목적은 소양강 동안에서 남강 남부지역을 탈취하여 방어선을 더욱 견고하게 하는 동시에, 대우산 서측 고지를 탈취하여 차후에 펀치볼 탈취작전의 유리한 여건을 조성하는 것이었다.

J자 능선에 대한 공격은 한국군 제1군단 예하의 수도사단과 제11사단, 그리고 미 제10군단장 지휘하에 있던 한국군 제8사단이 담당했다.

한국군 제11사단이 공격하는 884고지는 동해안에서 16km나 떨어져 있었지만 극동해군의 전함 40mm 포와 순양함 20mm 포로 화력을 지원했고, 항공모함의 함재기가 공중폭격과 기총사격으로 우군 공격부대를 엄호했다. 그러나 약 2개월에 걸쳐 구축된 북한군의 진지는 견고했으며 역습도 맹렬했다. 8월 29일 오후 늦게서야 한국군 제1군단과 미 제10군단은 남강 남안의 중요 지형지물을 탈취함으로써 펀치볼 포위망의 일익을 형성했다.[13]

한편 미 제10군단장 바이어스 소장은 미 제2사단장 러프너 소장에게 펀치볼 서측방의 983고지를 탈취하도록 명령했다. 미 제2사단은 8월 18일 06시에 약 200문(포병 7개 대대 126문과 박격포 72문)의 공격 준비사격에 뒤이어 983고지에 대한 공격을 개시했으나 때마침 계속된 장마로 항공화력지원이 제한되었다. 더구나 공산군은 고지 전사면에 위진지 또는 경계진지만 준비해놓고, 고지 정상 부근에 동굴을 구축하여 웬만한 포병화력에는 꿈쩍도 하지 않았다. 그리고 고지 후사면의 중턱에 엄체호를 구축해놓았다. UN군이 집중포격을 가하면, 공산군 전투원들은 엄체호 내에 숨어 있다가 포격이 끝남과 동시에 엄체호에서 뛰어나와 수류탄을 투척하며 기관총 사격을 개시했다. 미 제2사단 포병 화력의 제압효과는 거의 없었으며, 정면공격으로는 결말이 나지 않았다.

그렇듯 어려운 상황에서 8월 20일 한국군 제36연대가 기습적으로 고지 후사면에 특공대를 투입하여 공격 개시 5일 만에 983고지를 탈환했다. 능선을 따라 공격전투를 수행하는 중에 피아(彼我)가 뒤섞인 시체들만 쌓여갔다. 이 처참한 전투상황을 관전하고 있던 미국 기자는 무의식중에 'Bloody Ridge(피의 능선)'라고 외쳤다. 8월 27일 피로 얼룩진 고지 정상은 다시 북한군에게 탈취되었다. 전투상황을 요약하면 983고지를 미 제2사단과 한국군 36연대가 공격 7일 만에 탈취했으나, 다시 3일 후에 공산군에게 빼앗기고 말았다.

개성에서의 회담은 8월 22일의 원탁회의를 마지막으로 모두 중단되었다. 이틀 전에 판문점 근처에서 중국군 소대가 순찰 중에 습격을 당했고, 그 다음 날에는 UN공군이 개성 회담장 지역을 폭격했다는 공산군 측의 항의 때문이었다.[14]

회담이 중단된 직후인 8월 25일 극동공군은 B-29 폭격기 35대를 투입하여, 소련 선박이 빽빽이 정박해 있고 막대한 군수물자가 야적되어 있던 나진(羅津)항을 폭격했다.[15] 이 도시는 소련에 가까운 항구라는 이유로 UN군의 공격이 금지되어왔지만 공산군 전력 증강의 통로가 되고 있었기 때문에, 트루먼 대통령의 승인을 얻어 공중공격을 시행하게 되었던 것이다.[16] 또한 미 제7함대는 동해안 봉쇄를 계속하는 가운데 매일같이 원산항을 폭격했으며, 영국 코만도 부대는 8월에만 2회나 원산항에 강습 상륙해 철도시설을 파괴했다.

미 제10군단장은 8월 31일 전 정면에서 공격을 재개했다. 미 제1해병사단은 펀치볼 동측방 고지 일대를, 한국군 제5사단은 펀치볼 서측방을, 미 제2사단은 피의 능선을, 가장 서측의 한국군 제7사단은 백석산을 공격했으나 모든 부대가 큰 손실만 입고 말았다.

그날 아침에 미 전함 뉴저지호의 각종 함포와 함재기가 장전항 일대를 집중 폭격한 후에, 상륙용 주정에 양동부대의 병력을 승선시켜 해안으로 돌진하다가 북한군 경비대의 사격을 받으면 격퇴당하는 것과 같은 상륙돌격작전을 수차례 되풀이했다. 이 작전이 당시 북한군의 부대 운용에 영향을 주지는 않았으나, 공산군은 휴전회담이 종료되기까지 후방 상륙위협에 많은 부대를 배비하고 주민들을 동원하여 해안 방어진지를 구축해야 했다.

8월 18일부터 9월 5일까지 3주간에 '피의 능선' 전투에서만 UN군은 전사 326명, 전상 2,032명, 행불 414명의 피해를 입었다. 또한 4km²의 야산을 탈취하는 데, 3주의 시간과 36만여 발의 포탄이 사용되었다.[17]

UN군사령부는 하계공세를 시작한지 얼마 되지 않아서 '제한공격'이 얼마나 값비싼 대가를 지불해야 하는가를 깨닫게 되었다. 제한된 공격은 어느 1개 지점에 우세한 전투력을 집중하여 유리할 것 같았지만, 실제로는 상대방도 그 1개 지점에 방어력을 집중하기 때문에 예상했던 결과가 나오지 않았다. '피의 능선' 공격에서의 희생이 UN군 수뇌부에 충격을 주었다. 결과적으로 제한공격을 통해 회담에 압력을 가하기는커녕, 인명 손실을 피하기 위해 선택한 휴전회담의 의미마저 퇴색되었다.

한편 밴 플리트 장군은 8월 말경에 '피의 능선' 전투가 지지부진한 상황으로 전개되자 중·동부전선에서 'Talons(맹조의 발톱)'라는 대작전을 구상하고 극동군사령관 리지웨이 장군에게 승인을 구했다. 그 계획은 원산 부근에 상륙 및 공수작전을 실시하고 동부전선의 군단이 총공격하여 전선을 김화-금성-금강산-장전 선으로 추진한다는 것이었다. 이렇게 함으로써 공산군이 궁지에 몰리면 휴전회담도 촉진될 것이며, 중·동부전선의 요철이 일거에 제거되면 휴전 후의 UN군 측 방어선이 보다 견고해지리라 판단했던 것이다. 리지웨이 장군은 휴전회담이 진행 중인 가운데 이러한 대작전을 실시하면, 공산군 측을 분노케 하여 교섭을 망칠 수 있다는 점을 우려했다. 또한 상륙작전을 실시하려면 일본에 주둔 중인 미 제16군단을 투입해야 하는데, 일본의 안전을 기본 임무로 여기고 있던 극동군사령관으로서는 선뜻 동의하기 어려운 일이었다. 따라서 그는 'Talons' 계획을 기각했다.[18]

미 제8군사령관 밴 플리트 장군은 상륙작전을 포기하고 'Talons' 계획 중에서 지상작전 부분만을 진행시키려 했으나, '피의 능선' 전투의 결과와 인명손실에 관한 보고를 받고 놀라지 않을 수 없었다. 상륙작전이 허용되지 않는다면 방법은 정면공격밖에 없고, 산악지형에서 돌파나 포위공격도 어려운 노릇이었다. 제한된 목표 공격을 되풀이하면서 막대한 희생을 감내할 수는 없었다. 밴 플리트 장군은 어쩔 수 없이 9월 8일 미 제10군단으로 하여금 피의 능선 정북방에 위치한 851-931-894 고지군을 탈환하도록 명령했다. 이 작전의 목적은 가칠봉-피의 능선-백석산 남방으로 크게 휘어져 있는 전선을 밀어올리기 위함이었다.

미 제2사단이 공격목표로 부여받은 931고지군은 '피의 능선'과 유사한 가치를 가진 암석의 연봉(連峰)이었다. '단장의 능선'이란 이 고지의 전투를 관전한 기자가 "Heartbreak Ridge"라고 호칭한 데서 연유했는데, 그 고지의 전투에서 희생된 군인을 생각하면 심장이 부서질 듯 가슴이 아팠다는 의미이다.

9월 13일 미 제23연대는 105mm 곡사포 2개 대대, 155mm 곡사포 2개 대대, 8인치 곡사포 1개 포대 등 총 76문의 화력지원하에 931고지에 대한 공격을 개시했다. 그러나 2주 만에 공격부대의 약 32%에 달하는 950명의 인명피해가 발생했고, 사단 전체로는 1,670명의 피해를 입었다. 이는 미 제23연대가 산악지형의 여건상 소수병력을 축차 투입할 수밖에 없었고 포병화력을 적절히 활용하지 못한 데에 반하여, 북한군의 박격포는 십분 위력적으로 운용되었기 때문이다.

한국전쟁은 고착상태의 진지전과 더불어 강력한 화력전투로 그 성격이 완전히 바뀌었다. UN군은 8월 18일부터 9월 18일까지 한 달 동안에 7만 8,000여 명의 인명피해를 입고, 동부전선의 일정 정면에서 불과 수

1951년 9월 피의 능선과 983고지

고지전

킬로미터밖에 전진하지 못했다. 극동군사령부도 실패를 자인할 수밖에 없었으며, 브래들리 미 합참의장은 밴 플리트 장군의 하계공세는 불량한 시간과 장소에서 공산군의 전술을 잘 이해하지 못하고 실시한 실패한 전역(campaign)이었다고 비평했다.[19]

UN군의 1951년 추계 공세[10.3-10.22]

극동군사령부는 미 합동참모본부로 공산군의 포병, 기갑부대, 특별히 항공 전력이 크게 증강되었다는 놀랄 만한 분석 결과를 보고했다. 합동참모본부는 9월 14일 공산군의 공세에 대비하기 위하여 일본에 있는 1개의 주 방위사단을 한반도로 이동시킬 것을 극동군사령관에게 제의했다. 그러나 리지웨이 장군은 자신의 주 임무는 '일본 방위'이며, 소련의 위협은 매우 현실적이라는 점을 상기시키면서 그 제안에 반대했다. 그는 한반도에서 현재의 지상군을 가지고 해군과 공군의 지원하에 군사작전을 성공적으로 수행할 수 있다고 자신했다. 그의 주된 요구사항은 공군력과 해군력의 증강이었다. 그러나 합동참모본부는 공군의 여력은 없고, 하와이 인근에서 훈련 중에 있는 1척의 항공모함과 지원세력을 신속히 재배치할 수 있을 뿐이라고 응답했다. 합동참모본부는 적절한 성질의 표적이 있다면 핵무기의 사용도 고려하고 있었다. 9월 말과 10월 초에 미군은 한반도에서 UN군의 제한된 지상공격을 지원하기 위하여 몇 차례 가상 핵무기 타격훈련을 실시했다.[20]

9월 말 '단장의 능선'에 대한 공격이 벽에 부딪치게 되자, 미 제8군은 랑글러(Wrangler) 계획을 수립하여 극동군사령부에 승인을 요청했다. 그 계획의 골자는, 미 제1군단과 미 제9군단이 먼저 공격을 실시하여 전선을 약 15km 북방으로 추진함으로써 철원-김화 도로망과 철도의 사용을 보장하고, 10월 중순에 미 제1해병사단과 한국군 1개 사단으로 고저와 통천 일대에 상륙작전을 실시한 후에, 미 제9군단, 미 제10군단과 한국군 제1군단이 병진 공격하여 평강-회양-고저 선으로 전선을 밀어 올리자는 것이었다.

밴 플리트 장군은 제2차 세계대전 시 그리스에서의 게릴라전 경험을 통해 '승리'만이 교섭 성공의 조건이라는 신념을 갖고 있었다. 그러한 이유 때문에 그는 극동군사령관에게 상륙작전과 북한군 격멸을 끈질기게 주장한 것이다. 그러나 극동군사령관 리지웨이 장군은 랑글러 계획을 시행하면서 입게 될 인명의 손실이 "더 이상의 유혈을 막기 위해 교섭한다"는 휴전회담의 취지와 상충한다고 생각했다.

며칠 후에 리지웨이 극동군사령관은 미 제1군단장 오다니엘 소장이 랑글러 계획의 대안으로 제출한 '코만도 작전' 계획을 승인했다. 이는 10월 초에 공격을 개시하여 문산 동북방 14km 지점의 임진강 서안-임진강변의 계호동-역곡천 남안의 고지대(高地帶)-철원 동북방 8km의 중계산을 잇는 선을 확보한다는 것이었다.[21] 이 작전이 성공하면 서부전선을 약 10km 북상시킬 수 있어 연천-철원-김화를 연결하는 철도를 엄호할 수 있고, 공산군을 압박하는 동시에 미 제8군의 사기를 고양할 수 있다고 판단했다.[22]

미 제8군사령관 밴 플리트 장군은 리지웨이 장군의 승인을 받아 코만도 계획이 포함된 '추계 공세'를 명령했다. 이 공세는 휴전회담의 교섭을 시작한 후 UN군이 최초로 전 정면에 걸쳐 실시한 제한공격이자 마지막 전면공세였다. 그 작전계획의 요지는 다음과 같았다.

① 미 제1군단은 10월 3일부터 코만도 작전을 개시한다.

② 미 제9군단은 좌일선의 미 제25사단이 공격하여 서측의 미 제1군단을 지원한다.

③ 미 제10군단은 10월 5일에 공격을 재개하여, 문등리 – 1211고지 – 남강 만곡부까지 진출하여 전선의 불균형을 조정한다.

④ 한국군 제1군단은 해안도로 정면에서 공격하여 미 제10군단의 공격을 지원한다.[23]

　6월 하순부터 폭염과 호우 속에서 귀국만을 생각하고 있던 미 제1군단 장병들은 4개월 만에 다시 전쟁의 참화 속으로 뛰어들었다. 10월 3일 오전 5시경, 미 제1군단 예하의 5개 사단(서로부터 한국군 제1사단, 영연방 제1사단, 미 제1기병사단, 한국군 제9사단, 미 제25사단)은 1시간여의 공격 준비사격을 실시한 후에 약 60km의 정면에서 일제히 공격을 개시했다.[24]

　코만도 작전은 화력을 위주로 한 정면공격이었다. 미 제1기병사단은 8인치 곡사포와 155mm 곡사포를 비롯한 약 100문의 포병화력과 수백 대에 달하는 전폭기가 출동하여 네이팜과 로케트 및 기관총 사격으로 지원하는 가운데 공세를 계속했다. 중국군은 2m 이상의 참호와 동굴 진지를 거미줄처럼 구축해놓고 강력히 저항했다. 예상한 대로 중국군의 저항은 미 제1기병사단 정면을 제외하고는 경미했다. 미 제1기병사단은 10월 19일이 되어서야 역곡천 남안의 공산군을 격멸했다. 그러나 코만도 작전에서 미 제1군단은 예상을 뛰어넘는 많은 인명피해를 입었다. 미 제1기병사단의 손실만 2,900명을 상회했고, 군단은 약 4,000명의 인명 피해를 입었다. 그러나 그것은 한국 방위를 위한 희생이라는 관점에서 보면 의미가 있다. 왜냐하면 이때의 진출선이 1953년 7월 27일 휴전 당시의 군사분계선이 되었고, 임진강 서안에 돌출된 방어선은 현재까지도 서울을 방위하는 데 긴요한 종심을 제공하고 있기 때문이다.[25]

미 제9군단도 10월 13일에 서로부터 한국군 제2사단, 미 제24사단, 한국군 제6사단이 병진하여 공격을 개시했다. 여기서도 중국군의 저항은 완강했지만, 군단은 맹렬한 포병화력과 항공기 폭격으로 이를 제압하고 목표선(523고지-봉화산-교암산)을 확보함으로써 금성분지를 감제할 수 있게 되었다. 그러나 10월 13일-20일까지의 공세작전에서 미 제9군단도 4,497명(전사 710명, 부상 3,714명, 행방불명 73명)이라는 충격적인 인명피해를 감당해야 했다.[26]

미 제10군단도 하계공세를 완결하기 위한 전면공세를 다시 시작했다. 이것은 '단장의 능선'의 복수전이었으며, 금성천 부근까지 진출한 미 제9군단과의 균형을 고려하여 문등리-남강의 만곡부까지 진격하기 위함이었다. 군단은 한국군 제8사단과 제5사단이 백석산-1220고지 방향으로 공격하고, 미 제2사단이 주공으로 '단장의 능선'을 공격해 탈취한다는 작전을 계획했다.

10월 5일 오후 늦게 300문에 달하는 야포와 박격포가 미 제2사단의 공격부대 정면에 공격 준비사격을 실시하고, 근접지원 항공기가 네이팜탄을 투하했다. 그러나 '단장의 능선'에는 고의적으로 한 발의 포탄이나 포격도 가하지 않았다. 미 제2사단의 공격부대는 조명이나 화력 지원도 없이 야간공격을 감행하여 일거에 최초 목표를 탈취했다. 미 제72 전차대대는 10월 10일 보병 1개 중대와 공병 1개 소대를 탑승시켜, 수입천 계곡을 경유하여 문등리로 진격했으나 북한군의 저항은 전혀 없었다. 고지만 방어하고 있던 북한군의 허를 찌른 셈이었다. 미 제2사단은 공격을 개시한지 10일 만인 10월 15일에 최종목표인 1220고지를 탈취했다.[27]

이 작전을 수행하는 동안에 미 제2사단은 2,030명의 인명을 잃었으며, 1차 공격 때부터의 손실을 더하면 3,745명(전사 597명, 부상 3,064명, 행방불명 84명)으로 편제인원의 22%를 잃었다. 탄약의 소모량도 막대했다. 76mm 전차포탄 6만 2,000발, 105mm 포탄 40만 1,000발, 155mm 포탄 8만 4,000발, 8인치 포탄 1만 3,000발, 60·81mm/4.2인치 박격포탄 11만 9,000발이 소모되었다. 공군도 842회나 출격했다. '피의 능선'으로부터 약 10km 북방의 문등리까지 진격하는 데 2개월이라는 시간과 약 6,000명의 값비싼 인명이 소요된 셈이다. 실로 얻은 것에 비하여 희생이 큰 전투였다.[28]

동해안의 한국군 제1군단도 추계 공세가 시작되자 해안도로를 따라 공격을 계속했다. 한국군 제1군단은 UN군 해군의 함포와 항공기의 지원이 있는 한, 북한군을 격퇴할 수 있다는 자신감에 차 있었다. 고성 북방의 남강을 잇는 선은 방어에 가장 유리한 선으로 평가되었다. 수차례에 걸친 탈취와 역습을 반복한 뒤, 10월 19일 한국군 수도사단은 남강의 동안과 월비산을 확보했다.[29]

펀치볼 지역은 한국군 제3사단이 미 제10군단 포병의 지원하에 10월 22일부터 11월 2일에 걸쳐 맹렬히 공격했다. 김일성도 전선을 방문하여, 만일 1211고지를 빼앗기면 UN군에게 금강산을 비롯한 많은 지역을 내주어야 하기 때문에 전략적으로 반드시 사수해야 한다고 강조했다.[30] 펀치볼을 감제하는 1211고지 일대는 포격과 항공기 폭격으로 말미암아 암석은 가루가 되어 형태조차 없어지고, 최정상의 표고가 낮아졌다고 한다.[31] 그러나 북한군은 끝까지 진지전으로 맞섰고, 한국군 제3사단은 정상 탈환에 실패했다.[32]

1951년 10월 하순 UN군의 전선은 7월보다 10-20km 북상해 금성 정면과 동해안 두 곳에서 현저하게 공산군을 압박했다. 그 돌출부들은 휴전회담 중에 UN군 측이 공격할 수 없게 된 개성 지역을 차지하기 위한 협상 조건이 되었을 뿐만 아니라, 한국 정부와 국민에게 옹진과 개성 지역을 내주는 대신에 더 많은 지역을 확보했음을 보여주기 위한 상징으로 활용되었다.

한편 웨일랜드 극동공군사령관은 1951년 9월 이후 한반도 상공에 갑작스럽게 출현한 소련제 MiG-15 제트전투기를 주의 깊게 지켜보았고, 극동공군은 청천강 이북에서 신의주와 삭주에 이르는 MiG 출몰구역을 'MiG 회랑'이라 불렀다. 극동공군사령부는 만약 휴전협상이 실패하여 전쟁이 계속된다면, 중국 공군과 극동공군 간의 대결로 비화될 것이라고 서둘러 예단했다. 웨일랜드 장군은 즉시 일본의 영공방위를 감안하여 2개의 제트전투기 비행단을 극동에 추가 배치해줄 것을 건의했다. 미 공군총장 반덴버그 장군도 중국 공군의 증강을 크게 우려했지만, 미 공군은 F-86 비행단을 극동공군에 파견할 여력이 없었다.

F-86기의 추가 배치가 제한될 것이라는 소식을 전해들은 미 제5공군사령관은 MiG기 회랑 내에서의 철도 차단작전을 중단하지 않을 수 없었다. UN군 전폭기들은 청천강 이남 지역에서만 차단작전과 전략폭격을 실시하게 되었고, 공산군 측은 북한 지역 여러 곳에서 비행장의 복구공사를 재개했다.

미 제5공군은 즉시 B-29기의 육안 및 전자폭격을 목표로 북한의 비행장들을 지정했다. UN 공군의 공중우세가 위협받고 있음을 알게 된 F-86 조종사들은 1951년 10월 초부터 3주 동안 한반도 서북상공에서 초계를 강화했다. 그럼에도 10월 23일에는 전쟁사상 가장 치열한 공중전이 전개되었다. 그날 약 100대의 MiG기가 압록강 남쪽에서 폭격기를 엄호 중인 F-86 세이버기 34대의 진로를 막고 공격해왔다. F-86 세이버기들은 MiG기 2대를 격파했지만 더 이상의 공격이 곤란했다. 또한 약 50대의 MiG기가 마치 인디언들이 포장마차를 에워싸듯이 B-29기 8대를 엄호하여 남시 비행장으로 향하고 있던 F-84 선더기 55대를 공격해왔다. 약 20분 동안의 전투에서 MiG기 4대를 격추했지만 F-84기 1대가 손실되었고, B-29기는 8대 중 7대가 피해를 당했으며 승무원의 태반이 부상을 당했거나 기내에서 사망했다.[33]

10월 말이 되자 공산군 항공세력의 활동은 더욱 대담해졌고, MiG기 26대가 의주 비행장에 전개했다. 이제까지 미국은 공산군 공군이 남한의 시설을 공격하는 경우에 UN 공군이 만주를 보복한다는 정책을 표방했지만, 극동공군은 중국 본토와 만주의 비행장을 공격할 만큼 막강하지 않았다. 이러한 상황의 변화는 UN공군의 공중 우세권 확보와 지상군의 안전에 커다란 위협이 되었다.[34] 미 공군 참모총장 반덴버그 장군은 극동 방문 중 기자회견에서 어느새 중국은 세계에서 공군력이 강한 나라가 되었다고 말했다.[35] 남시 상공에서의 처참한 뉴스 때문에 미 공군은 제5공군의 F-86 세이버기 증강계획을 서두르지 않을 수 없었다.[36]

이후 한국전쟁은 지상전과 공중전으로 대별되었다. 지상에서는 38선 부근 일련의 진지를 중심으로 피를 흘리는 공격과 후퇴 전투가 반복되고 있었고, 공중에서는 한반도 북서부 미그 회랑(MiG Alley)에서 미 공군의 제공권을 상징하는 'F-86' 세이버(Sabre) 제트기와 공습의 대명사인 'B-29' 폭격기, 그리고 이에 도전하는 공산군 'MiG-15' 제트기 간의 영역 다툼이 치열하게 벌어졌다.[37]

군사분계선 협상의 타결

1951년 8월 22일 이후부터 중단되었던 회담은 9월 10일 우연한 사건으로 교섭 재개의 실마리가 풀렸다. 미 공군의 폭격기 1대가 항로를 착각하여 개성 시가지를 기총으로 소사했는데, UN군 측 회담 대표인 조이 장군은 사실관계를 확인하고 즉각 정중하게 사과했다. 그에 대한 반응으로 공산군 측은 리지웨이 UN(극동)군사령관에게 회담의 재개를 제안하는 회신을 보내왔다. 리지웨이 장군은 그간의 휴전회담에서 개성을 공산군 측이 선전 장소로 이용했다는 이유 때문에, 회담 재개의 전제조건으로 회담장의 변경과 중립화에 관한 세부사항을 연락장교 수준에서 다시 협의할 것을 요청했다.

연락장교 회담이 1개월 3일 만에 판문점에서 개최되었다. 그러나 회담장 변경에 대하여 공산군 측이 반대했다. 리지웨이 극동군사령관은 김일성과 펑더화이 앞으로 직접 서한을 보내 회담장을 변경하자고 설득했다. 휴전회담장은 개성 동쪽 약 6마일 지점의 조그마한 마을인 판문점에 설치되었고, 반경 1,000야드의 원형 회담장소를 설치하고 헌병을 제외한 모든 무장군인의 접근을 차단하기로 합의했다. 개성에 있는 공산군 측 대표단과 문산의 유엔군 측 대표단 캠프도 그 중심에서 반경 3마일의 원형 지역에 같은 규칙을 적용하고, 개성-판문점-문산 도로 양측에 각각 200m 폭을 중립지대로 하여 양측 대표단의 회담장 출입을 보장했다. 그러나 세부적인 조정을 끝내고 연락장교가 '회담장 안전보장협정'에 서명한 것은 10월 22일이었고, 그날은 10월 3일부터 시작된 UN군의 추계 공세가 종료된 날이기도 했다.[38]

휴전회담이 중단되고 있던 기간에 국제사회의 긴장은 더욱 고조되었고, 동서의 양 진영은 각자의 안보태세를 구축했다. 미국은 10월 10일 국가안전보장법을, 20일에는 70억 달러에 달하는 대외군사원조법을 의결하여 서유럽의 재군비를 추진했고, 22일에는 터키와 그리스가 NATO에 가맹했다. 한편 소련도 9월에 프라하에서 세계평화회의를 개최하여 공산국가들의 단결을 과시했고, 10월에는 2차와 3차의 핵실험을 실시함으로써 한국전쟁과 더불어 서유럽에서도 전운이 번질 것 같아 보였다.[39]

양측 대표단은 회담이 중단된 지 2개월 만에 군사분계선에 관한 논쟁을 재개했다. 10월 26일에 접촉선을 기준으로 하는 UN군 측의 군사분계선에 관한 안이 묵시적으로 수락되었지만 비무장지대의 설치와 관련하여 두 가지의 문제가 남아 있었다.[40] 그 하나는 '개성'에 관한 사항으로, UN군 측은 개성을 한국의 관할지역으로 하거나 비무장지대 내에 두어야 한다고 주장했다. 그것은 개성이 역사적인 고도(古都)일 뿐만 아니라 1950년 전쟁이 시작된 이후에 빼앗겼다는 상징성이 있었고 서울 방위에 절대적으로 긴요한 지역이라는 이유 때문이었다.[41] 그러나 공산군 측은 개성이 휴전의 명분이자 불패의 상징이었기 때문에 단호히 거절했다. 또 하나는 당시의 접촉선을 군사분계선으로 인정하느냐의 문제였다. 리지웨이 장군은 휴전 발효일의 접촉선이 군사분계선이 되어야 한다는 원칙을 강요할 작정이었다. 왜냐하면 당시의 접촉선을 군사분계선으로 조기에 수락한다면, 명예로운 휴전에 이르게 할 군사적 압력수단이 무용지물로 전락할 우려가 있었기 때문이었다.[42]

트루먼 대통령은 11월 13일 합동참모본부와 국무성 관리들이 공동으로 검토한 방안을 승인했는데, 그것은 당시의 접촉선을 휴전협정의 군사분계선으로 하되 '유예기간'을 1개월로 한정하자는 것이었다. 1개월 이내에 휴전협정이 성사되지 않는다면 당시의 접촉선은 군사분계선으로서의 가치를 상실하고, 협정이 체결될 시점의 접촉선으로 다시 협의하자는 것이었다.[43] 군사분계선에 관한 협상이 진척되어가는 상황에서, 공산군은 서해안 연안의 도서지역에 설치된 UN군의 정보기지를 없애기 위해 중국군 제50군을 투입하여 도서상륙작전을 전개했다. 압록강 하구에서 청천강 하구에 이르는 연해의 일부 섬은 '백마부대' 또는 '평북연대'라 부르는 미군 특수공작원의 은신처가 되어 있었다. 특수공작원들은 북한 북부해안지역에 침입하여 군사정보를 획득하고 파괴활동을 전개했다. 11월 5일 밤, 중국군은 철산반도 남쪽으로 2km 이격된 단도를 먼저 공격하여 섬을 점령했다. 11월 6일에는 중국 공군 폭격기가 대화도를 폭격했다. 11월 16일 야간에 중국군은 2개 연대를 투입하여 애도(艾島)를 공격하여 점령했다. 중국군의 도서 공격작전과 동시에 북한군 해안방어부대 제26여단과 제23여단이 대동강 하구의 피도, 청양도와 옹진반도 부근의 용호도, 창린도, 순위도, 저도, 육도 등을 공격 점령했다.[44]

도쿄의 극동군사령부는 향후의 한국전쟁 수행방안에 대하여 검토했다. 그 결과는 UN군이 회담에서 만족할 만한 성과에 도달할 때까지 군사적 압력을 지속하고, 공산군이 진정성 있게 군사분계선 등 쟁점에 합의하면 공세를 중지하며, 만일 공산군이 휴전회담을 시간을 벌기 위한 방편으로 삼거나 군사력과 진지의 증강을 기도하면 선제공격에 의한 군사적 압박을 계속한다는 것이었다.

리지웨이 극동군사령관은 11월 12일 산만하게 실시된 미 제8군의 지상탐색전을 중단하고 '적극적 방어(The Active Defence)'로 전환하도록 명령했다. 미 제8군은 방어에 가장 적합한 지형을 찾아서 진지전을 준비하고, 공세작전은 1개 사단 이하 규모로 제한했다. 이는 휴전교섭에 대한 기대감이 높아진 반면에, 진지전에서 공세작전의 성공을 기대하기 어려웠기 때문이다.[45]

UN군의 전략폭격과 차단작전, 해상 봉쇄, 지상군 공세 등 군사적 압박이 직접적인 영향을 미쳤는지 모르지만, 결국 의제 '2'항 군사분계선에 관하여 UN군과 공산군 대표는 11월 27일에 다음과 같은 내용으로 협정에 서명했다.

> ① 접촉선을 군사분계선으로 하며, 휴전협정 후에 양측은 각각 2km씩 철수하여 비무장지대를 조성한다.
> ② 만일 30일 내에 휴전이 조인된다면 그 기간 중 접촉선에 변동이 있었다고 하더라도 이미 쌍방 간에 합의된 접촉선이 군사분계선으로 인정되지만, 이 30일 동안에도 적대행위는 계속된다.[46]

군사분계선에 관한 교섭이 7월 27일에 시작된 이후 약 4개월 만에 UN군 측이 제시한 안으로 타결되었다. 공산군 측으로서는 38선을 군사분계선으로 하자는 자신들의 주장을 관철시키지 못했지만, 30일간의 귀중한 시간을 얻었다. 그 기간 동안에는 UN군의 공격에 시달리지 않으면서 난공불락의 요새를 건설할 수 있는 제도적 장치를 마련한 셈이었다.[47]

〈표 4-1〉은 1951년 미군과 한국군의 월별 전사상자 통계로서, 중국군의 참전 이후 기동전을 실시했던 전반기와 휴전 회담기로 들어선 후반기의 전사상자 변화 추이를 보여준다.

UN군 측 입장에서 손익을 계산해보면, 1951년 7월부터 의제 2항이 타결된 11월 말까지의 기간 중에 6만 명에 가까운 손실을 입었으며 그중 2만 2,000여 명이 미군이었다. 휴전교섭이 시작되고 군사적 압력수단으로써 제한된 목표에 대해서만 UN군이 공세를 취했으나 전투사상자는 더 많이 발생했다. 미 행정부가 인명손실을 줄이기 위해 '휴전'을 전쟁정

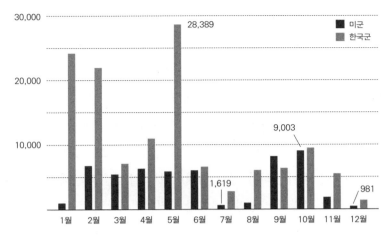

표 4-1 1951년 미군과 한국군 전사상자 현황
출처: *UNC G-3 Operation Report*, 1951년 1월 1일~1951년 12월 31일, 일일작전보고서 8-b항의 사상자 통계.

책으로 선택했지만, 이를 구현하고자 했던 군사작전의 결과는 판이했던 것이다.

그렇지만 UN군이 1951년 추계공세를 실시함으로써 9월과 10월에 미군이 많은 인명손실을 입었던 것은 휴전교섭을 촉진시키기 위한 미 행정부와 극동군사령부의 의지를 보여주는 증표이기도 하다.

미 제8군사령관은 군사분계선 문제가 합의되자, 공세행동은 적의 기습에 의하여 상실된 중요지형을 탈환하기 위한 역습으로 제한한다는 작전방침을 하달했다. 다시 말하면 현 접촉선에서 방어만 실시하고, 공산군 측이 휴전을 원한다면 그렇게 응하겠다는 의도였다.

후방의 게릴라 토벌

한국전쟁 기간 내내 UN군을 괴롭힌 것은 전선 후방의 게릴라였다.

UN군의 하계공세가 개시되자 북한군의 게릴라 활동이 현저하게 증가했다. 그것은 UN군의 공세를 견제하는 동시에 휴전 회담에서 공산군 측의 입장을 강화하려는 의도였다. 1951년 9월 30일 게릴라 1,400여 명이 곡성읍을 습격했다. 10월 13일에는 게릴라 150여 명이 남원 부근의 철도를 폭파하고 열차를 습격했다. 10월 17일에는 약 500명의 게릴라가 경찰서를 습격하여 경찰관과 주민 28명을 살상하고 도주했다. 11월 3일에는 약 300명의 게릴라가 철원 내대리에서 곡물을 약탈해갔고, 11월 29일에는 하동 북방의 악양면을 3일간 점거하면서 식량을 운반해갔다.[48]

군사분계선에 관한 협정의 성사로 전선이 안정되어가자, 미 제8군사령관 밴 플리트 장군은 후방지역에서 발호 중인 게릴라를 토벌할 수 있는 기회라고 판단했다. 미 제8군사령관은 한국군 제1군단장 백선엽 소장을 게릴라 토벌 지휘관으로 임명하고 한국군 수도사단과 제8사단을 그 예하의 작전부대를 편성했다. 백선엽 소장이 토벌군사령관으로 선발된 것은 여수·순천 반란사건 진압 시 참모장이었고, 1949년 여름부터 1950년 봄까지 제5사단장으로서 지리산 공비토벌작전을 수행했던 전력, 그리고 전쟁이 발발한 이후 다양한 직책에서 세운 전공들이 높게 평가되었기 때문이었다.

〈그림 4-2〉는 1951월 11월, 북한군 게릴라 활동을 요도화한 것이다.

'백 전투부대'(토벌작전부대는 백선엽 장군의 성을 따서 백 야전전투사령부로 명명)는 1951년 12월 2일-15일 동안의 제1기 작전을 지리산 일대의 게릴라 토벌에 집중했다. 게릴라들은 20-500명 단위의 집단으로 은거해 있었다. 백 전투부대는 4일간 포위망을 압축하고, 타격부대가 2일 동안에 게릴라를 소탕한 후에, 7일간은 게릴라들의 이동 통로를 완전히 차단했다. 2,500여 명을 일거에 사살하고, 막대한 통신 기재와 무기, 탄약, 식량

미국의 6·25전쟁사

등을 압수했다. 또한 은신처로 사용해왔던 산간 부락의 주민을 소개하고 가옥을 소각함으로써 근거지를 말살했다.

제2기 토벌작전이 12월 19일에 시작되었다. 수도 사단은 운장산을, 제8사단은 전주 남쪽의 회문산을 포위하고 24일까지 소탕작전을 마무리했다. 토벌작전을 개시한지 약 40일 만인 1952년 1월 3일까지 게릴라의 근거지를 대부분 소탕했다.[49]

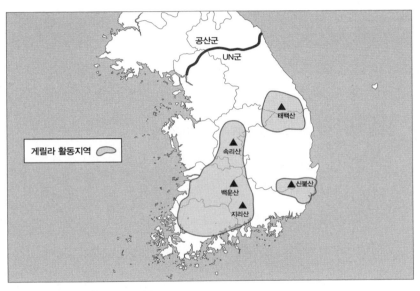

그림 4-2 1951년 11월 북한군 게릴라
출처: 일본육전사연구보급회, 『한국전쟁 10권: 정전』, p. 78.

2

교섭의 난항과 '항공력'

의제 3항: 정전과 휴전 실현을 위한 세부협정

판문점에서 양측 대표단은 의제 '2'항의 타결에 이어서 교섭을 계속했고, UN군 대표단은 의제 3항(감시방법을 포함한 휴전의 세부사항)에 관한 협상안을 아래와 같이 제시했다.

① 휴전협정 조인 후 24시간 내에 사격을 중지한다.

② 휴전협정의 이행을 위하여 동일한 수의 양측 대표로 구성되는 공동감시기구를 설치한다.

③ 휴전협정 조인 후 쌍방의 병력, 보급, 장비 및 시설의 증강이 있어서는 안 된다.

④ 군사정전위원회는 어느 곳에나 자유롭게 접근할 수 있어야 한다.

⑤ 양측 군대는 지상군·공군·해군이든 정규군·비정규군이든 상대방이 통제하는 영토로부터 철수해야 한다.

⑥ 특별히 상호 합의된 부대를 제외하고 어떠한 무장부대도 비무장지대 내에 있

어서는 안 된다.

⑦ 군사지휘관은 비무장지대 중 관할영역을 휴전협정 조항에 맞게 관리해야
한다.[50]

공산군 측도 5개항으로 된 협상안을 제시했는데 모든 외국군의 철수
문제가 먼저 토의되어야 하며, 중립국 감시기구가 가동하는 것을 기다릴
필요가 없이 즉각 휴전의 효력이 발휘되어야 한다고 주장했다. 미군을
가급적 빨리 한반도에서 철수시키는 것이 공산군 측의 목표이자 협상전
략이었다.[51]

이후 의제 3항의 협상은 ① 새로운 부대의 투입 금지, ② 북한의 비행
장 건설, ③ 근해도서의 지위, ④ 감시반의 구성과 군사정전위원회와의
관계 등 4개의 문제로 압축되었다.

공산군 측은 그들의 입장에서 '비행장 건설'에 관한 UN군 측의 제안
을 '국내 문제의 간섭'이라고 반발했으며, 군사분계선을 동해안에서는
동쪽으로, 서해안에서는 서남쪽으로 연장한 임의의 선 북쪽의 연해와 도
서에서 UN군의 철수를 요구했다. 또한 중립국 감시반의 공중감시를 거
부함으로써 추가적인 문제를 제기했다.

극동군사령관 리지웨이 장군은 북한 지역에 비행장이 복구되고 공산
군 측의 공군력이 증강된다면 장기적으로 휴전을 보장하지 못할 것이라
고 우려했다. 따라서 공산군의 북한 지역 내 비행장의 복구는 UN군의
부대안전에 가장 중대한 잠재적 위협이 되기 때문에 양보할 수 없는 사
안이며, 이 문제에 관한 중립국의 감시와 정찰을 허용하지 않는다면 북
한에 있는 97개 비행장의 복구를 금지하는 것은 아무런 의미가 없다고
주장했다. 그러나 북한도 북한 지역 내의 비행장 건설과 복구를 금지당

하는 일은 용납하기 힘들었다. 왜냐하면 북한의 모든 비행장은 UN 공군의 간단없는 폭격으로 이미 사용이 불가능한 상태였고, 비행장 복구의 금지는 국가적인 체면이 손상되는 일로 판단되었기 때문이다.[52]

워싱턴 당국은 리지웨이 장군의 생각과는 달리 어떠한 방법으로도 공산군 측의 또 다른 도발을 예방할 수 없기 때문에, 한반도에 투입한 중국군뿐만 아니라 중국 본토까지를 목표로 하는 군사적 '대제재(greater sanction)'만이 실제적인 억제조치가 될 것이라 판단하고 있었다.

리지웨이 장군은 1952년 1월 7일 군사적 '대제재'의 취약성을 주장했다. 그것은 만일 UN군 협상대표가 공산군의 비행장 복구에 대한 요구를 포기함으로써 휴전 이후 북한 지역에 공군력이 대폭 증강된다면, 만주나 중국 본토에 대한 UN군의 군사적 '대제재'는 실제로 불가능 할 것이라는 의견이었다. 리지웨이 장군의 주장은 일리가 있었다. 따라서 미 행정부는 중요한 현안들의 합의가 이루어질 때까지 '비행장 문제'에 관한 협상을 일단 연기할 것을 요청했다. 따라서 UN군 측 교섭 대표단은 공산군 측 대표단에게 '비행장 문제'를 제외하고 의제 3항의 세부사항을 토의하여 잠정적으로 합의한 사항을 일단 문서화하자고 제안했는데, 예상과 달리 공산군 측이 이 절차에 동의했다.

미 합동참모본부는 협상이 실패할 경우에 미국이 정치적 수단에 의하여 한국의 통일과 독립을 최종목표로 계속 추구하거나 명백한 군사적 승리를 추구해야 한다고 판단했다. 그러나 '완전한 군사적 승리'는 사실상 어려워 보였다. 미국으로서도 한반도에 투입 가능한 군사력이 제한되었고, 다른 UN의 참전 국가들이 확전을 지지하지 않았기 때문이다. 따라서 유일한 대안은 '휴전을 추구하면서 제한전쟁을 계속'하는 것이었다.

1952년 1월 UN군과 공산군이 마주한 전선은 종심 깊게 요새화되었다. 중국군은 전면적인 진지방어 형태로 전환했다. 20-30km의 종심에 걸쳐 참호를 파고 통나무와 석재를 이용하여 엄체호를 구축했으며, 반사면에는 깊은 교통호를 마련했다. 포병도 산허리에 동굴 진지를 파고 숨었다. 공중에서 보면 서해안에서 동해안까지 220km에 걸쳐 폭 20-30km의 커다란 개미집이 형성되어 있었다.[53]

UN군과 공산군은 한강 하구-철원 북서방의 역곡천-간성에 이르는 선에서 한 치의 양보도 없이 대치했다. UN군 지상군은 양지바른 남쪽 사면에서 충분한 보급품과 난방기구를 보유하고 있었으며 방한복을 입고 작전에 투입되었던 반면, 공산군 병력들은 보급물자가 부족한 가운에 하루 종일 고지 북사면의 음지에서 시베리아의 한풍을 견뎌야 했다. UN군은 상대적으로 유리한 환경에서도 추위를 핑계로 경계를 소홀히 했고 극도의 인내심을 요구하는 매복작전도 제한적으로 실시했다. 그러나 공산군은 추위를 이겨내기 위한 방편이었는지 침투조를 운용하여 UN군의 경계부대를 자주 습격했다.

UN군사령관은 지상작전이 교착상태에 빠지게 되자 자연스럽게 해군과 공군작전으로 고착된 현상을 타개하고자 했다. UN군은 항공력으로 공산군의 보급수송을 방해했고, 중국군과 북한군은 병참선을 방호하기 위하여 많은 부대를 후방지역에 투입해야 했다. 해군 함정은 거대한 함포로 동해안의 철도 파괴, 주요 항만 포격, 한국 제1군단의 지상작전 지원 등을 계속해왔다. 전함 뉴저지·위스콘신, 중순양함 트레드·로스앤젤레스·로체스터·센토볼, 경순양함 맨체스터가 40인치 18문, 20인치 36문, 15인치 12문 등 막강한 화력을 지원했다. 영국 해병 코만도는 단천(성진 서방 30km)을 3회, 원산항을 1회 습격하여 북한군의 신경을 곤두서게 했다.

1952년 1월 3척의 항공모함(에식스, 바이로코, 앤티텀)에서 발진한 함재기들은 북한의 철도 차단공격에 전념했다. 철도 차단작전은 교살(Strangle) 작전의 성과가 기대에 못 미치자, 공산군의 주 보급선인 철도의 취약한 좁은 구간을 주야간에 걸쳐 집중적으로 파괴하려는 의도였다.

함재기에서 발진한 제트기의 철도 파괴능력은 탁월하여 종전 같으면 하루에 복구 가능했던 것을, 같은 공격으로 3일 이상 복구해야 하는 파괴효과를 거두었다. 그리고 폭격방식도 점 목표를 대상으로 하지 않고, 중요 시설을 중심으로 정밀융단폭격을 실시해 파괴효과를 극대화했다. 예컨대 1월 하순에 원산-고원 간 철도는 2주간이나 파괴된 채로 방치되어 있었다.

철도의 피해가 증가되자 북한은 정규 3개 여단을 포함한 50만 명을 철도국 전담인력으로 편성했다. 50명씩의 복구반을 각 역사에, 10명 1개 조의 감시반을 철도의 6km 구간마다 배치하여 피해상황을 파악했다. 그리하여 철도가 파괴되자마자 모래포대와 삽으로 구멍을 메우고, 침목과 레일을 복구했다. 북한군은 주간에는 열차를 터널 속에 감추어 두었다.[54]

휴전회담이 시작되고 약 6개월이 지난 1952년 1월 25일 의제 3항에 대한 협상이 다시 시작되었다. UN군 측 초안은 월간 7만 5,000명의 인원교대를 허용하고, 남한에는 10개소, 북한에는 12개소의 출입항을 설치하며, 조사목적을 위하여 중립국 감시요원의 자유로운 활동을 허용할 것을 제안했다. 공산군 측이 많은 부분에서 UN군 측 안을 수용하면서 백령도 등 서해 5개 도서가 군사분계선의 연장선상 이북이라고 문제를 제기했지만, 얼마간의 논란 끝에 이 섬들을 UN군이 점령하는 데 동의했다.

2월 중순에 접어들면서 의제 3항은 다시 중립국 감시기구의 구성문제에 부딪혔다. UN군 측은 스위스, 스웨덴, 노르웨이를 제안했으나, 공산군 측은 폴란드, 체코슬로바키아, 그리고 소련을 지명했다. 리지웨이 장군은 UN군사령관으로서 소련을 중립국 감시기구를 구성하는 국가로 결코 수락할 수 없었으며, 이후 지리한 신경전이 계속되었다.[55]

의제 4항: 포로 송환

의제 4항 '포로 송환' 문제는 가장 간단한 문제로 생각되었다. 미국은 '포로 우대에 관한 1949년 8월 12일 제네바협정'을 조인한 나라였고, 북한도 이 전쟁이 시작된 직후에 제네바협정의 정신과 조항을 엄수한다고 선언한 바 있었기 때문이다.

양측 모두 인정한 제네바협정 제118조는 "포로는 실제의 적대행위가 종료된 후 지체 없이 해방하고 또한 송환하지 않으면 안 된다. 이러한 규정이 분쟁 당사국 간에 체결한 협정에 포함되지 않을 경우 또는 그와 같은 협정 자체가 없을 경우에는, 각 억류국은 전항이 정하는 원칙에 따라 송환계획을 스스로 작성하고 또한 실시하지 않으면 안 된다"라고 송환의 절차까지 규정하고 있었다.[56]

이와 같은 제네바협정은 다음과 같은 역사적 사실에 근거한 것이었다. 1783년 미국의 독립전쟁이 끝난 후 파리조약에서 "모든 포로는 방면된다"라고 규정하여 수천 명에 이르는 영국군과 독일군이 자유의사대로 유럽으로 돌아가기도 하고 미국에서 새로운 삶을 시작할 수 있었다. 자유송환이 곧 인도주의적이라는 공감대가 형성된 것이다. 하지만 소련은 제2차 세계대전이 끝나자 수백만 명에 이르는 독일군과 일본군을 장기 억류하여 황폐화된 국토를 복구하고 시베리아를 개발했다. 그래서 이와 같은 행위를 방지하기 위하여 제네바협정은 전술한 것과 같이 강제적 송환을 원칙으로 규정한 것이다.

그러나 휴전교섭에서의 포로에 관한 협의는 처음부터 극복하기 어려운 문제가 내포되어 있었다. 그것은 인도주의와 공산주의 모럴과의 대립이었다.

UN군은 포로를 수용소에 수용하고 국제적십자사에 충실하게 명부를 보고했다. 그런데 문제는 포로를 심문해본 결과 인도적 견지에서 북한으로 강제 송환되어서는 안 되는 부류가 있었다. 예컨대 북한군에 강제 징용되거나 연행되어 북한군에 편입된 자들이나, 한국군이었다가 북한군에게 포로가 된 후에 강제적으로 북한군에 편입되었던 자들이었다. 또한 중국군 포로 중에는 중국 내전 시의 국민당계가 많았고 그들 대부분은 타이완으로 갈 것을 희망하고 있었다.[57]

제네바협정 118조에서 포로는 적대행위 종료 후 지체 없이 송환되어야 한다고 기술되어 있었지만, 문제는 UN군이 수용하고 있는 포로 중에서 많은 수가 송환을 희망하지 않을 수도 있다는 점이었다.[58]

UN군 측은 공산군의 수중에 있는 UN군 포로의 숫자를 알지 못하여 협상에 어려움을 겪었다. 공산군 측은 미군 포로 3,198명을 포함한 4,417명의 UN군 포로와 7,142명의 한국군 포로, 총 1만 1,559명만의 명단을 제시했다. 이 명단은 예상한 포로의 수치와 많은 차이가 있었다. 북한의 라디오 방송은 전쟁 개시 후 1개월 만에 6만 5,000명을 포로로 획득했다고 선전했지만, 국제적십자사에 제출한 포로는 110명뿐이었고 그중에서 44명의 신원만이 확인되었다.[59] UN군 측에서 실종자로 판단한 숫자는 미군이 1만 1,500명, 한국군이 8만 8,000명이었다.

반면 UN군 측은 10만 명이 넘는 포로 명단을 국제적십자사에 이미 제출했다.[60] 쌍방이 수용하고 있다고 주장하는 포로의 수가 심한 불균형을 이루고 있었다. 또한 공산군 포로 중 스스로 투항했거나 UN군사령부에 협력적인 포로들이 만일 공산 치하로 강제송환된다면 그들의 생사를 알 수 없게 될 것이라는 인도적인 문제가 제기되었다.

미 합동참모본부는 공산군이 억류하고 있을 것으로 판단되는 미군 포로 중 약 48%의 명단만을 공산군 측에서 공개했다고 판단했다. 미 행정부의 입장에서 UN군 포로 약 3,000명의 행방은 그보다 몇 배 혹은 몇십 배의 공산군 포로와 그 가치를 비교할 수 없었다. 미 행정부의 당면한 목표는 가능한 많은 수의 UN군과 한국군 포로를 인도하는 것이었다. UN군 측은 공산군 측의 '전체 : 전체' 포로 교환의 제안은 사기극이라고 여기지 않을 수 없었다.

1952년 1월 중순 휴전회담은 '비행장 복구'와 '포로의 자원송환' 문제로 압축되었다. 1월 28일에 UN군 측은 공산군 측에게 2만 720명의 중국인과 11만 1,360명의 한국인을 열거한 수정된 포로 명부를 넘겨주었다. 이 숫자는 총 13만 2,080명으로서 1951년 12월 18일의 포로 명부보다 394명이 더 적었다. 이는 민간인 억류자를 제외한 결과였다. UN군 측은 공산군 측으로부터 UN군 포로에 관한 정보를 얻기 위함이었지만 공산군 측은 이러한 제의를 무시하고 다시 강제송환 원칙만을 되풀이하며 공박했다.

한편 의제 5항, '관계국 정부에 대한 건의'에도 중요한 문제가 걸려 있었다. 공산군 측은 협상 의제로 한반도에서 외국군 철수에 관한 문제를 포함해야 한다고 요구했으며, UN군 측은 미국이 교전 당사국으로서 해석되는 것을 원하지 않았고, 정치적 문제는 UN을 통하여 해결되기를 바랐다. 2월 17일 회의에서 쌍방은 휴전이 조인되고 효력이 발생한 후 3개월 이내에 대표 회담을 열어, 한반도에서 외국군의 철수 및 한반도 문제의 평화적 해결 등의 쟁점을 협상을 통해 타결한다는 데 합의했다.[61]

휴전교섭이 모처럼 활기를 띠고 있는 중에, 1952년 2월 18일 '거제도 사건'이 발생했다. 이 사건의 태동은 한국전쟁 초기로 거슬러 올라간다. UN군은 인천상륙작전과 이후 북진작전으로 13만 명 이상의 포로를 갑자기 수용하게 되었는데, 1950년 11월 이후 중국군의 참전과 공세로 말미암아 UN군은 공산군 포로를 부산 주변으로 다시 이송해야 했고, 1951년 1월에는 급기야 거제도에 포로수용소를 설치하게 되었다. 거제도 포로수용소는 360만 평의 부지에 철조망으로 울타리를 치고 임시막사 한 동에 700-1,200명을 수용했다. 따라서 13만여 명의 북한군과 2만여 명의 중국군 포로를 과밀하게 수용할 수밖에 없었고, 경계병의 부족과 수용소 설치에 관한 경험 미숙이 포로 관리에 관한 상황을 더욱 악화시켰다.[62]

'거제도 사건'은 공산군 포로에 대한 심문과 조사가 원인이었다. 2월 중순까지 제62포로수용소의 재소자 5,600명을 제외하고 모든 공산군 포로에 대한 조사를 마쳤지만, 제62포로수용소의 폭동 주동자들은 공산주의자들로서 어떠한 심사에도 저항하기로 사전에 모의했다. 2월 18일 아침에 미군이 조사를 위하여 제62동에 진입하자 1,000-1,500명의 포로들이 갑자기 쇠꼬챙이, 돌멩이, 칼, 도리깨 등을 휘두르며 미군 조사반을 공격했고, 이를 진압하는 과정에서 미군 사망자 1명과 부상자 38명, 공산군 포로 사망자 77명과 부상자 140명이 발생했다.

공산군 측 대표단은 오히려 포로를 야만적으로 학살했다고 항의하면서 UN군 측을 비난했다. 밴 플리트 장군은 도드(Francis T. Dodd) 준장을 새로운 수용소장으로 임명했으나 폭동과 사고는 계속되었다.

360만 평에 설치된 임시막사에 최대 10여만 명을 수용했던 거제도 포로수용소

친공 포로들이 장악한 수용소에는 정치적 구호가 난무하였다.

UN군 측의 일괄타결안

미 제8군사령관 밴 플리트 장군은 언제까지 계속될지 모르는 휴전교섭의 대치상태에서 나태해져가는 것만 같은 지상군 부대들이 불안해 보였다. 그는 공세작전을 실시하여 휴전교섭을 촉진하는 동시에, 적극적인 부대 운용으로 전투태세를 확립하고 기강을 확립하고자 했다. 미 제8군사령부는 2월 9일에 '굵은 지팡이 작전'을, 2월 22일에는 '귀향작전' 계획을 수립해 건의했다. 그 작전은 둘 다 서부정면에서 공격하여 예성강-개성 선까지 진출함으로써 수도 서울에 대한 서측방의 방어종심을 증가하려는 것이었는데, 다만 '굵은 지팡이 작전'은 동해안에서 양동작전을 실시한다는 차이점이 있었다. 그러나 2월 말경에 판문점에서의 휴전회담이 약간의 진전을 보였기 때문에 리지웨이 극동군사령관은 어떤 계획도 승인하지 않았다.

리지웨이 장군은 '군사작전의 목표로서 지형의 탈취'는 적절하지 못하다고 생각했다. 부분적인 전투에서 승리한다고 해도 인명의 손실을 감당할 수는 없었기 때문이다. 일본에 배치되어 있는 2개의 미군 사단을 제외하고 극동군사령관에게 가용한 모든 전력을 투입하더라도 공산군 측이 패배를 인정할 만큼 결정적 승리를 얻을 수 없다고 생각했다. 이러한 리지웨이 장군의 판단은 한국전쟁에서 UN군의 군사작전을 제한하는 근본적인 이유이기도 했다.[63]

한편 공산군은 UN군의 끊임없는 상륙작전 위협으로 말미암아 중국군 3개 군과 북한군 3개 군단을 해안방어에 투입해야 했다. 공산군은 해상으로부터의 상륙위협에 대비하면서 후방의 안전을 확보하기 위한 적극적인 방어작전을 구사했다. 1952년 2월에는 성진 동북쪽 30km 거리의 양도(洋島)를 공격했다. 그러나 그곳은 한국 해병대가 초소를 설치하

미국의 6·25전쟁사

여 폭격유도기지의 기능을 수행하고 있었기 때문에 극동해군은 뉴질랜드 구축함을 급파하여 북한군의 선박 11척을 격침시켰다.[64]

1952년 3월 해빙이 시작되자, 극동공군은 해군함재기의 폭격방법과 효과를 참고하여 특정 철도구간의 완전파괴를 시도했다. 3월 25-26일 24시간 동안에 폭격기 307대, 전투기 161대, B-26 폭격기 8대가 신안주와 정주 간의 철도 40km를 집중적으로 폭격했다. 그러나 북한 철도국은 놀랍게도 6일 만에 모두 보수했다. 이후 봄철의 기상이 고르지 못하자 극동공군은 항공폭격의 효과성이 낮다고 판단된 철도공격을 중단했다.[65]

극동공군은 1951년 11월부터 1952년 4월까지 매월 후방차단에 약 9,000회, 근접지원작전에 약 2,400회를 출격했다. 그러나 UN군의 공중차단작전은 공산군의 보급품이 전선에 도달하는 것을 막지 못했고, 휴전회담장에 미친 영향은 미미했다.[66]

극동해군은 1952년 4월 청진항에 200톤의 폭탄을 퍼부었다. 그러나 북한 당국은 전 국토가 불타 없어진다고 해도 결코 굴하지 않을 태세였다.[67] UN에서는 UN군 측이 일괄타결안을 제시하여 전쟁을 종결해야 한다는 의견이 우세했다.[68]

그러나 휴전교섭이 시작된 이후 공산군은 〈표 4-2〉와 같이 증강되었고, 극동군사령부로서는 항공력 이외에 교섭조건을 강요할 만한 확실한 군사적 수단이 없었다.

한반도에 투입된 중국군의 전투병력은 1951년 11월에 37만 7,000명에서, 1952년 4월에는 64만 2,000명으로 증강되었다. 이에 반하여 미군 병력은 1951년 11월 1일의 총병력 26만 4,670명이 1952년 4월 말에는 26만 479명으로 적은 수이지만 감소되는 경향을 보였다. 그것은

표 4-2 중국군과 북한군의 전력 증강

구분	1951년 7월	1952년 4월
병력	72개 사단(50만 2,000명) *전선지역 35개 사단	82개 사단(86만 6,000명) *전선지역 51개 사단
포병	중국군 - 4개 사단 북한군 - 장비중	중국군 - 8개 사단 북한군 - 4개 여단
전차	중국군 - 없음 북한군 - 1개 사단	중국군 - 2개 사단(520대) 북한군 - 1개 사단
공군	중국 공군 - 500대	중국공군 - 1,250대

출처: 일본육전사연구보급회, 『한국전쟁 10권: 정전』, pp. 112-115.

매일 1만 6,000-2만 8,000명의 보충병이 도착하고 있었으나 귀국하는 인원이 더 많았기 때문이었다.[69]

전체적으로 보면 한반도 중간지역에서 공산군과 UN군 약 150만 명이 맞붙어 어느 쪽도 꼼짝을 못하는 상태가 되었다.

전투부대란 위기감을 가지고 계속 움직여야 하는데, 고착상태에서 '안전'을 담보하는 것은 더 어려운 문제였다. 미 제8군은 대대 혹은 중대 단위 윤번제로 정찰이나 습격작전에 투입했다. 이것은 정보작전 면에서의 성과보다도 군 장병을 긴장시키고 전투감각을 잃지 않기 위함이었다. 미 제8군사령관 밴 플리트 대장은 시간을 허송하고 있는 군대에 생기를 불어넣고 한국군에게 승리의 경험을 통한 자신감을 고양하고 싶었다. 이러한 취지에서 4월 1일에는 '젓가락 6호 작전' 계획을, 이어서 '젓가락 16호 작전' 계획을 수립하여 건의했다. '젓가락 6호 작전'은 한국군 사단으로 철의 삼각지대 중앙의 서방산을 포위하는 계획이었고, '젓가락 16호 작전'은 동해안의 한국군 제1군단이 남강변의 북한군을 격멸하는 것이었다. 리지웨이 UN군사령관은 '젓가락 16호 작전'을 공격 개시 전에 최종 승인을 다시 받는다는 조건으로 허락했지만, 판문점 회담이 중대한

고비를 맞고 있었기 때문에 이 계획도 무기한 중지할 수밖에 없었다.[70]

판문점 협상 테이블에서는 의제 4항의 분과위원회가 열띤 논쟁을 계속하고 있었다. 공산군 측은 UN군사령부가 제네바로 보고했으나 공산군 측에 보낸 포로 명단에는 포함되지 않은 4만 4,000명에 대한 해명을 요구했다. UN군 측은 그 포로들은 북한군에 강제로 편입되었다가 다시 UN군 측에 포로가 된 대한민국 국민이기에 민간인 억류자로 재분류했다는 설명을 되풀이했다. UN군 대표단은 공산군이 전쟁 첫 9개월 동안에 포로를 획득했다고 선전방송을 통하여 자랑했으나 제네바에 명단을 제출하지 않은 5만 명의 한국 군인에 관한 신상정보를 요구했다.[71]

UN군사령부는 4월 8일부터 분산(scatter) 작전이라는 작전명칭하에 포로의 재분류 작업을 시작하도록 미 제8군사령관에게 지시했다. 그 심사 결과 10만 6,376명 중에서 3만 1,231명만이 북으로 자원송환을 희망했다. 거제도의 4만 4,000명 포로와 민간인 억류자는 심사를 그만두거나 폭력을 가하지 않고는 심사를 할 수가 없었다. 그 밖에도 부산의 제10수용소 포로병원에 수용된 1만 2,000명의 포로와 민간인 억류자도 아직 심사를 하지 않았다. 이러한 잠정적인 결과에 UN군사령부는 많은 수의 포로가 송환에 반대함으로써 교섭 간에 공산군 측의 저항이 더욱 거세질 것을 우려하게 되었다.

UN군 대표단은 4월 19일 공산군 측으로 자원송환을 원하는 포로가 약 7만 명이라고 통보했다.[72] 양측의 협상전략은 선전을 통하여 국제사회의 여론에 호소하는 것이었다. 이후 계속되는 휴전협상은 아무 성과도 없이 상대방을 비난하고 같은 이야기를 되풀이할 뿐이었다.

교섭의 진전이 없이 시간만 허송하게 되자, UN군 측은 포로의 자원송환 문제를 해결하기 위하여 비행장 문제를 양보하는 '일괄타결 협상안'을 제안하고자 하였다. 이를 위해서 우선 공산치하로의 송환에 반대하는 포로들은 적절한 시기에 포로 명부에서 제외하고, 다른 포로들과 분리 수용하고자 했다. 그 다음 UN군 측은 공산군 측에게 이 수정된 명부에 기초하여 '전체 : 전체' 교환에 동의하면서, 이는 공산군 측이 자원송환방식을 수락하지 않기 때문에 이렇게밖에 할 수 없었음을 설득할 심산이었다.[73]

1952년 4월 28일 UN군 대표 조이 제독은 워싱턴의 훈령에 따라 휴전회담의 고착상태를 타결하기 위한 '일괄타결안'을 내놓았다.[74] 그 제안의 골자는 북한 내의 비행장 복구와 재건에 관하여는 UN군 측이 양보하고, 소련의 중립국감시위원회 참여에는 반대하며, 포로의 자원송환 문제는 공산군 측이 양보해야 한다는 것 이었다. 다시 말하면 1만 2,100명의 UN군 포로와 약 7만 명의 공산군 포로를 교환하며, 중립국감시위원단은 쌍방이 수락할 수 있는 4개의 중립국 대표로 구성하자는 것이었다.[75]

공산군 측으로서는 중립국감시위원단에서 소련을 제외할 수는 있었지만, 포로의 자유송환은 결코 허용할 수 없었다. 공산군 측 대표는 UN군 측이 제시한 13만 2,000명의 포로 중에서 남한 출신이기 때문에 민간인 억류자로 재분류한 4만 4,000명에 대해서는 양보할 수 있다고 응답했다. 요컨대 UN군 측은 포로의 자유송환 원칙을 포기할 수 없었고, 공산군 측도 마찬가지였다.

정치적 압력수단으로서 항공력의 한계

1952년 5월 UN군사령부의 리더십에 변화가 생겼다.

1952년은 미국 대통령 선거의 해였다. 북대서양 최고사령관이었던 아이젠하워 원수가 공화당 후보로 출마하게 되자 리지웨이 대장이 그 후임으로, 극동군사령관으로는 클라크 대장이 임명되었다.

신임 극동군사령관 클라크(Mark W. Clark) 장군은 5월 7일에 도쿄에 도착하여 극동군사령부와 UN군사령부의 지휘권을 인수했다. 클라크 장군은 전임 리지웨이 장군과 미 육군사관학교의 동기생으로, 제2차 세계대전 시에는 이탈리아의 제5군사령관으로서 그 유명한 살레르노(Salerno)와 안치오(Anzio) 상륙작전을 지휘했고, 로마를 해방시킨 커다란 공적이 있었다.[76] 그런 역전의 장군이 5월 7일 하네다 공항에 도착했을 때에 그를 기다리고 있던 것은 '도드 사건'과 포로수용소의 문제였다.

미 극동군사령관 겸 UN군사령관, 클라크
Mark W. Clark, 1896-1984

제1차 세계대전은 중대장으로, 제2차 세계대전 기간에는 이탈리아 주둔 미군 최고사령관으로 활약했으며, 1952년 5월 12일 미 극동군사령관 겸 UN군사령관으로 부임했으나, 1953년 7월 27일 미군이 승리하지 못하고 휴전협정에 서명한 최초의 장군으로 기록되었다. 저서로 『도나우강에서 압록강까지』(*From the Danube to the Yalu*)가 있다.

바로 그날 오후에 거제도 포로수용소장 도드(Francis T. Dodd) 준장이 제76포로수용소 출입구에서 공산군 포로들에게 납치되었다. 포로들은 다른 수용소의 포로 대표도 자신들의 총회에 참석하게 해달라고 요청하

였다. 각 수용소로부터 2명의 포로 대표들이 그날 저녁 76수용소로 모였다. 밴 플리트 장군은 제1군단 참모장인 콜슨(Charles F. Colson) 장군을 도드 장군의 후임으로 임명했다.

도드 장군을 감금한 포로들은 UN군사령부가 다음 사항에 동의한다면 도드 장군을 석방하겠다고 했다.

> ① 위협, 구금, 대량 살인, 포 및 기관총 사격, 독가스 사용 및 세균무기를 포함하는 '야만적인 행동'의 중지
> ② 불법적이고 비합리적인 '포로의 자원송환' 중지
> ③ 재분류심사의 중지
> ④ 포로협의회의 구성 허용.

도드 장군은 포로들의 요구사항을 포함한 성명서에 동의하고 5월 10일 저녁에 석방되었다. 콜슨 장군도 포로들이 요구한 내용을 곧 승인했다.

리지웨이 장군으로부터 지휘권을 인수한 클라크 장군은 즉각 콜슨 장군이 동의한 요구사항을 무효라고 선언했다. 그리고 콜슨 장군을 즉각 해임하고 미 제2사단 부사단장인 보트너(Haydon L. Boatner) 준장을 수용소장으로 다시 임명했고, 제187공정연대 전투단과 전차 1개 대대를 거제도로 증파하여 UN군 전체 경비 병력을 1만 4,820명으로 증강했다. 또한 클라크 장군은 대통령의 승인을 받아 도드 장군과 콜슨 장군을 대령으로 강등시키는 등 포로수용소의 기강과 지휘체계를 혁신하는 조치를 단행했다.[77]

클라크 장군은 모처럼 안정된 전선의 상황에도 불구하고, 한 치의 양

보도 없이 팽팽하게 맞서 있는 휴전협상, 포로수용소를 둘러싼 폭발적인 상황, 한국 정부와의 위험한 관계 등 제반 문제를 안고 지휘권을 인수했다. 그는 우선 전선 상황을 확인하고, 한국 육군 2개 사단을 추가로 창설함과 더불어 한국군 병력을 41만 5,046명으로 확장할 것을 워싱턴에 건의했다.[78]

판문점의 휴전회담장에서는 건설적인 대안도 없이 비난만 난무하는 상황이었다. 공산군 측은 UN군 측이 네 번이나 포로를 대규모로 학살했고, 학대, 구금, 굶주림, 고문, 사살, 기총사격, 강제혈서 청원, 지문 날인, 강제 문신 등 비인간적이고 야만적인 방법으로 포로를 관리하고 있다고 주장했다. 새로 부임한 UN군 수석대표 해리슨 장군은 공산군 측이 휴전회담장을 UN 회원국 간의 불화를 조성하기 위한 선전장으로 활용하고 있으며, 교착상태를 무한정 연장하려는 의도를 가지고 있다고 결론지었다. 5월 23일 해리슨 장군은 휴회를 제의했다.

한편 한국의 정치상황이 한국전쟁의 해결을 어렵게 하고 있었다. 한국의 국민들이 휴전회담을 반대하는 입장에 동조하고 있었지만 이해할 수 있는 일이었다. 예기치 않은 전쟁을 경험하면서 받은 고통과 비극을 두 번 다시 반복하지 않기 위해서는 기회가 있을 때 통일을 달성해야 한다는 염원이 공감대를 이루고 있었던 것이다.

이승만 대통령은 한국전쟁을 겪으면서, 더욱 강화된 북한의 위협을 그대로 놔둔 상태에서 전투행위만 중단하는 '휴전'을 결코 받아들일 수 없었다. 당시 극동군사령관 클라크 장군도 군사력에 의한 통일이 가능할 것으로 판단했다. 한국 정부로서는 이러한 기회를 놓쳐서는 안 되었고, 통일을 이루지 않고는 한반도의 안전을 결코 보장할 수 없었다. 더구나 이승만 대통령은 한국 정부와 자신을 배제한 채 추진해온 미국의 휴전교섭을 배신행위라 여기고 있었다.[79] 이승만 대통령은 미국 정부에 보낸 서한을 통해 한반도에서 중국군의 완전한 철수, 북한군의 무장해제, 제3자의 북한 공산주의자 지원 방지를 위한 UN의 개입, 한반도 문제에 관한 국제회의에 한국 대표의 참가를 요구하면서, 한국 주권과 영토의 보전이 충족되지 않는 어떠한 휴전협정에도 반대할 것이라고 경고했다.

클라크 장군이 충격을 받은 것은 "만일 휴전이 성립된다면 한국군은 자유로운 행동을 취할 것이다"라는 이승만 대통령의 담화였다. 이 대통령은 한국군이 미 제8군사령관의 지휘하에서 작전을 하고 있는 근거는 조약이나 협정이 아닌 자신 한 사람과의 구두약속이었기 때문에 휴전이 되면 지휘권은 자동적으로 한국 대통령에게 환원되어야 하고, 공산군 측이 회담 상대로서 한국군을 인정하지 않기 때문에 한국군은 법률적으로도 휴전조건에 구속되지 않는다는 것이었다.

워싱턴은 한국군에 대한 지휘권을 휴전 후에도 확보할 수 있는 법적 근거를 마련하고, 휴전을 반대하고 있는 한국 국민과 정부를 설득할 필요성이 있음을 인식하게 되었다.

극동군사령관 겸 UN군사령관으로 부임하여 정치적·군사적 정세를 파악한 클라크 장군은 휴전회담이 미진한 이유는 바로 공산군에게 충분한 군사적 압박을 가하지 못하였기 때문이라고 미 합참에 보고했다. 동굴과 참호 속에서 버티고 있는 공산군을 괴멸시키고 압록강까지 밀고 올라가서 완승을 거둘 수 없는 한, 지상작전만으로는 휴전을 강요할 수 없다고 생각한 것이다. 결국 부대의 안전 곧 '인명손실'을 최소화하면서 그와 같은 군사적 압박을 행사할 수 있는 유일한 방법은 항공력이라고 판단했다.[80]

항공력은 군사적 무기일 뿐만 아니라 정치적 무기였다. 제2차 세계대

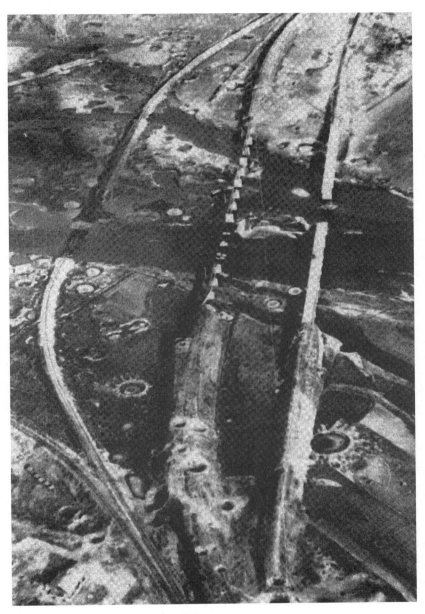

정정회담기에 군사적 압박수단으로 강화된 공중폭격

전 중 미국의 공군장교들은 적의 산업시설에 대한 전략폭격으로 적의 전투능력을 파괴할 수 있음을 알았다. 일본에 대한 미국의 전략항공작전은 군사적 성과 못지않게 일본 국민과 지도층에게 심리적인 압박을 가중시켰다. 일본 본토의 모든 부(富)를 파괴하려는 B-29의 무제한 공격이 1년 넘게 지속되자 일본이 항복했던 것이다.[81] 하지만 북한 지역에는 군사적 표적으로 여길 만한 산업시설은 벌써 모두 파괴되어 없었고, UN 공군이 공격할 수 없는 만주와 소련에서 병참지원을 받고 있었다. 따라서 수송망을 차단함으로써 전장을 고립화시키는 것이 UN군 항공 전략의 핵심 과제였다.

교살(Strangle) 작전은 1952년 5월까지 약 10개월을 계속했는데 기대한 성과를 달성하지는 못했다. 사실 극동군사령부는 1951년 초부터 항모 함재기의 100%, 해병 항공대의 60%, 미 제5공군의 70% 전력을 공산군 군수지원체제에 대한 공격작전에 할당했다. 그러나 항공력만으로 적의 군수지원체제를 파괴한 사례가 없었다. 제2차 세계대전 시 독일 공군이 영국을 고립시키지 못했고, 영국과 미국의 공군이 독일의 군수품 생산을 막지 못했다. 태평양전쟁에서 미국의 B-29기가 일본의 공업도시를 파괴했지만 일본을 봉쇄할 수 없었다.

UN군도 항공화력만으로 공산군의 군수지원체제를 파괴할 수 없었다. 공산군이 무제한의 인력을 동원하여 철도와 도로망을 보수하고, 지게와 등짐으로 보급품을 수송했다. 또한 기동전을 계속했더라면 군수 소요가 많아져 공산군이 더 어려움을 겪었을 것이지만 진지전으로 전환된 이후에 공산군은 유류와 탄약을 절약할 수 있었다. 밴 플리트 장군은 만약에 미군의 강점인 화력, 기동성, 융통성을 활용하여 공산군을 더 압박했더라면 공산군이 보급의 제한으로 쉽게 항복했을 터인데, 우리가 그들

UN군의 철도 차단작전

이 원하는 방식, 즉 제한전 정책하에서 '진지전'에 말려들었기 때문에 어려울 수밖에 없었다고 후술했다.[82]

　미 극동공군의 전략폭격과 철도 차단작전 등 부분적인 성과에도 불구하고 UN군의 항공작전이 판문점에서의 휴전협상에 결정적인 영향을 미칠 수 없다는 것이 분명해져갔다. 극동군사령부로서는 이해하기 힘든 결과였다. 더욱 우려되는 것은 공산군의 공군력이 계속 증강되고 있었다는 점이다. 그동안 야간폭격은 미 공군의 전유물이었지만 이제는 공산군 측 MiG기와의 공중전을 염두에 두어야 했다. 1952년 6월 10일 달 밝은 밤에 제19폭격기전대의 B-29 4대가 곽산의 철교 폭격을 위해 출격하여 비행 중, 공산군 제트전투기 12대가 더 높은 상공에서 기습적으로 공격해왔다. B-29기 1대는 목표 상공에서 폭발했고, 1대는 추락, 1대는 김포에 비상착륙했으며, 마지막 1대만이 요격을 모면했다. 이는 공산군이 1952년 2월 이후 압록강 남쪽의 중요지역에 대공포와 탐조등으로 방어망을 구성하고, 한반도 서북상공을 관제할 수 있는 요격용 레이더를 설치한 후에 야간 비행훈련을 강화한 결과였다. 이 사건으로 B-29기는 야

음을 이용한다 해도 MiG기의 요격에서 벗어나기 어렵다는 것을 인정해야 했다.[83]

극동공군사령관 웨일랜드(Otto P. Weyland) 장군은 북한 내의 보다 가치 있는 목표를 선별하여 집중적으로 공격함으로써 군사적 압력의 효과를 극대화해야 한다는 '항공압력(Air Pressure)' 개념을 제안했다.[84] 그리고 6월 6일에는 클라크 UN군사령관에게 북한 수력발전시설에 대한 공격을 건의했다. 북한에는 수풍 발전소 이외에도 부전, 장진강, 허천강, 부령 및 금강산에 수력발전소가 건설되어 있었다. 수풍 발전소는 당시 세계 4위의 발전량을 과시했고, 1948년 5월 이래 전력생산량 30만 킬로와트의 절반 이상을 만주 지역에 공급하고 있었다. 극동군사령관 클라크 장군도 포로 문제에 관한 교착상태를 타개하기 위하여 공산군에게 더 큰 군사적 압력을 가하는 것만이 해결책이라고 생각하고 있었다. 그 제안은 미 합참이 검토한 후에 6월 19일 트루먼 대통령의 재가를 받아 승인되었다.

극동군사령관 클라크 대장은 북한 지역 내의 수력발전소를 공격하도록 웨일랜드 극동공군사령관과 로버트 브리스코(Robert P. Briscoe) 제독에게 명령했다.[85] 수풍, 부전, 장전, 허천의 4대 발전소는 건설하는 데 20여 년이 걸린 북한의 주요한 산업자원이었다. 압록강의 수풍 발전소는 단동에서 불과 38마일 이격된 곳에 위치하고 있어서 MiG기 250여 대의 반격이 염려되었고, 극동해군의 함재기들은 1950년 압록강 철교를 공격한 이래로 MiG기 회랑에 더 이상 진입한 적이 없었다. 그럼에도 불구하고 수풍 발전소에 대한 공격에는 항공모함 복서, 프린스턴, 필리핀 씨, 본홈 리차드(Bon Homme Richard)호의 230여 대 함재기와 제12·22 해병 항공 전대 270대 규모의 전폭기, 그리고 제5공군의 제8·18·49·136 전폭 비행단의 모든 항공력이 동원되었다.[86]

미국의 6·25전쟁사

6월 23일 계획된 시간에 F-86 세이버 84대가 압록강 상공을 초계하는 가운데, 항공모함 복서, 프린스턴, 필리핀 씨호에서 출격한 AD 스카이레이더 폭격기 35대는 같은 항공모함에서 출격한 F9F기가 적의 대공포를 제압하는 동안 수풍 발전소를 공격했다. 이후 오후 4시 10분에서 5시까지 F-84기 79대와 F-80기 45대는 수풍 발전소에 145톤의 폭탄을 투하하여 완벽하게 파괴했다. 거의 같은 시간에 미 제5공군의 전폭기가 부전 3·4호기 발전소를, 제1해병비행단의 폭격기가 장진 발전소를, 항공모함 복서, 프린스턴 및 본 홈 리차드호에서 출격한 함재기들이 부전 1·2호기 발전소와 허천 발전소를 공격했다.[87] 다음날에도 제5공군, 제1해병비행단 및 제7함대 함재기들이 전날의 발전소들을 재차 공격했고, 이날 밤 폭격기사령부에서 공격하기로 한 장진의 1·2호기 발전소마저 제5공군의 전폭기가 폭격했다. 6월 26일과 27일에도 미 제5공군의 조종사들은 장진과 부전의 발전소를 계속하여 공격했다.

극동군사령부는 한국전쟁 발발 2주년에 즈음한 모종의 의식으로 4일간 북한 내 발전소를 폭격했는데, 공군과 해군을 합쳐 1,276회를 출격하여 북한 전력생산 잠재력의 90% 이상을 완전히 파괴했다.[88]

한편 1952년 여름의 휴전회담은 포로의 '강제송환'이나 '자유송환'이냐의 문제로 첨예하게 대립하고 있었다. 다시 말하면 중국이나 북한으로 다시 돌아가고 싶지 않다고 하는 포로 약 5만 명을 어떻게 할 것인가에 대한 문제로 양측은 선전과 군사적 압력을 계속했다. 공산권의 강제송환 주장이 받아들여지면 미국의 위신과 권위가 실추되고, 반대로 미국의 자유송환 원칙이 관철되면 아시아의 큰 나라로서 중국의 위상이 흔들리게 되었다. 이제 전쟁은 군사적 영역을 넘어섰다. 그러나 5만 명의 포로 문제 때문에 약 200만 명에 가까운 병력이 한반도의 중앙에 대치하여 매일

같이 수많은 사상자를 내면서 전쟁을 계속하는 것은 실로 불합리한 일이었다.

6월 23일부터 4일간 16만 9,944명의 포로를 심사한 결과, 송환을 희망하는 자는 공산군 측에 처음 통보한 7만 명보다 약 20%가 더 많은 8만 3,722명이었다. 이 결과는 UN군 측 일괄타결안의 협상 가능성을 높여주었고, 송환을 원하지 않는 8만 6,222명의 '자유의사'를 존중할 수 있을 것 같았다. 극동군사령부는 송환을 원하지 않는 민간인 억류자 약 2만 6,000명을 국제적십자사에 통보하고, 6월 30일부터 석방했다. 이윽고 판문점에서 공산군 측 대표가 이에 강력히 항의했으나 UN군 측은 이를 무시했다.[89]

1952년 7월 공중공격에 대한 동맹국들의 비호의적인 반응과 공산군 측의 격렬한 항의에도 불구하고, 극동군사령부는 공산군에 대한 군사적 압력을 가하는 주요한 수단으로 공중공격을 계속했다. 7월 11일 미제5공군, 제7함대 및 영국의 항공모함에서 출격한 전투폭격기는 오전 10시부터 4시간 동안 평양시에 항공폭격을 단행했다. 그날 저녁 50대의 B-29 전략폭격기가 다시 평양을 폭격했다. UN군은 평양 폭격을 위해 총 1,254회 출격했다. 평양 시내는 심각하게 파손되었고 수많은 사상자가 발생했다. 7월 13일 북한의 방송은 1,500동의 건물이 파괴되고 7,000명의 사상자가 발생했다고 전했다.[90]

판문점의 UN측 휴전회담 대표단은 7월 13일 공산군 측에 북한군 7만 6,600명과 중국군 6,400명을 합하여 약 8만 3,000명의 포로가 송환될 수 있을 것임을 통보했다. 해리슨 장군은 이 숫자가 개인면담에 근거했으며, 휴전 조인 후에 송환을 원하지 않는 포로는 공정한 기구의 감독 하에 공산군 측에게 면담과 설득의 기회를 허용할 것임을 강조했다.

5일 후에 공산군 측은 UN군 측의 제안을 절대로 수락할 수 없다고 답했다. 그것은 8만 3,000명이라는 숫자는 UN군이 처음에 제시한 13만 2,000명과는 너무도 많은 차이가 있으며, 2만 명의 중국인 포로가 반드시 송환되어야 한다는 이유였다. 더불어 공산군 측 대표단장인 남일 대장은 UN군의 수력발전체계와 평양에 대한 무차별적인 폭격을 야만적이라 비방하면서 공산군은 더욱 용감하게 싸우고 비합리적 제안을 결코 수용하지 않을 것이라고 말했다.[91]

7일간의 휴회가 반복되는 가운데 결실 없는 휴전협상으로 3개월을 허비했다. 휴전협상은 기약 없이 지연되는 가운데 인명피해가 계속 증가함에 따라 한국전쟁을 종결하라는 미국 내 여론의 압박은 가중되었다.[92]

1952년 8월, 휴전협정안은 63개 조항 중에서 포로에 관한 2개항만이 합의에 도달하지 못하고 있었다. 진보당 대통령 후보 할리난(Vincent W. Hallinan)이 제안하고 국무성 관리들이 동조한 회담방안은 이미 합의된 군사분계선에 기초하여 즉각 정전을 하고 포로문제는 후에 양측 민간대표에 의해 해결하자는 것이었다.[93] 미 국방성과 야전지휘관들은 전체를 해결하지 못하는 어떠한 휴전도 반대했다. 미국이 진정한 휴전에 이를 때까지 공중폭격의 강화, 한국 육군의 확장, 자유중국군의 운용, 상륙작전 등 군사적 압력을 강화해야 하며, 포로 문제를 정치협상의 대상으로 미루는 것은 가장 현명하지 못한 처사라고 주장했다. 공군에 의한 효과적인 타격과 해군력으로 중국의 해안을 봉쇄할 수 있는 방책이 언제라도 가용하다는 판단이었다. 그리고 만일 공산군에 대한 군사적 압박을 계속하지 않는다면 공산군 측은 포로 문제에 관해 결코 어떤 양보도 하지 않을 것이라는 것이 군의 입장이었다.

1952년 5월 초부터 8월 말까지 4개월 동안 휴전회담은 실질적으로 중단된 상태에 있었다. 양측에 요구되는 것은 인내뿐이었다. UN군 측은 힘(power)의 정책으로 다시 돌아섰다. 하지만 소련 및 중국과의 전면전쟁은 피해야 한다는 제약이 있었고, 지상작전은 벌써 진지전으로 고착되어 있었다.

클라크 극동군사령관은 1952년 8월 11일 각 사령부에 보낸 서한에서 한국전쟁이 발발하여 지상군이 위태로울 때 공군력이 지상작전을 지원하는 데 전력을 다했지만, 이제부터는 공군의 고유한 능력이 북한 지역의 구석구석에 미치도록 해야 함을 강조했다. 당시 미 공군의 교리는 전략 또는 전술 임무에 관한 내용이 주를 이루었지만, 미 공군의 고위층은 공군력을 국가정책의 집행수단으로 삼아야 한다면서 새로운 교리의 체계화에 부심하고 있었다.

때마침 1952년 8월 17일 저우언라이(周恩來) 수상이 이끄는 중국의 대표단이 모스크바에 도착했다는 상황이 접수되었다. 극동공군의 목표위원회는 모스크바에서의 중-소 회담에 영향력을 미칠 수 있는 심리전 효과를 위한 공중폭격이 필요하다고 판단했다. 목표위원회는 북한 지역 내의 주요한 표적으로 평양 이외에 한만 국경지대를 주목하게 되었다. 그것은 한반도의 동북단 국경지역에서 아직 북한의 생산공장이 가동되고 있었기 때문이었다. 예컨대 소련 령에서 8마일, 한만 국경에서 4마일밖에 떨어져 있지 않은 아오지(阿吳地)에는 최소한 12개의 군수공장과 1개의 종합정유공장이 있었다. 8월 29일 평양에 대한 공중폭격 계획에는 철도성, 군수국, 평양 방송국 이외에도 다수의 공장과 창고 및 병영시설이 망라되어 있었다. 이 공격에는 항공모함 복서함과 에식스함의 함재기를 포함한 UN군의 항공기가 도합 1,403회 출격했고, 그 다음 날에는 제19폭격전대 소속의 중폭격기 11대가 출격하여 남아 있는 표적을 마저 파괴했다. 9월 1일에는 제7함대의 항공모함 에식스, 프린스턴, 복서호의 함재기가 259회를 출격하여 아오지의 정유공장을 파괴했다. 그리고 그 후 한 달 동안 UN군의 항공작전은 한-만 국경지역을 포함한 북한 지역에 아직 남아 있는 산업시설과 병력집결지에 집중했으며, 금광·중석광·인광·아연광·연광(鉛鑛) 등 주요 자원지역을 폭격했다.[94] 이 밖에도 1952년 9월까지 북한 지역의 7개 도시와 신의주 동북쪽 북한 육군학교, 변전소, 기관차 수리공장, 시멘트 공장, 물자 보급기지, 중석광산 등에 대하여 극동공군은 무차별적인 폭격을 실시했다.[95] 이제 북한 지역에는 전략적이거나 경제적 피해를 유발할 수준의 공중공격 목표가 남아 있지 않았다.[96]

3

공산군의 공세와 교섭의 중단

공산군의 1952년 추계 공세

1952년 9월 극동군사령부의 정보 판단에 의하면 중국군의 전투력은 뚜렷이 증가되고 있었고, 개전 이래 누려오던 UN군의 제공권마저 시험대에 오르고 있었다. 9월 4일에는 청천강 북쪽에서 39대의 F-86기와 73대의 MiG기가 열일곱 차례에 걸쳐 교전한 결과 UN군은 MiG기 13대를 격파하고 세이버기 4대를 잃었다. 다행히 청천강 이북에서 단동에 이르는 소위 'MiG 회랑'을 제외한 북한 상공에서 UN 공군이 제공권을 유지할 수 있었던 것은 미 공군 조종사들의 전투경험에서 비롯된 월등한 기량 덕분이었다.[97]

한편 공산군의 정보판단은 UN군이 휴전회담의 주도권을 장악하기 위해 대규모 공중폭격과 더불어서 UN군 상륙부대 2개 사단 규모가 연안반도에 상륙작전을 감행하여 연안과 백천 지역을 점령한 후에 개성지구를 포위할 가능성이 있다고 예측했다. 따라서 중조연합사령부는 이에 대한 대비책으로 해안방어와 후방작전태세를 강화할 수 있도록 부대 운용을 보완했다.

중조연합사령부는 서로부터 중국군 제19병단(65·40·39·63군), 제3병단(38·15·60군), 제20병단(12·68·67군)과 북한군 전선사령부(3·1·2군)를 전선지역에 배비하고, 서해안 합동사령부(중국군 제50·42·64군 + 북한군 제4군단)가 북쪽의 용암포에서 남쪽의 해주까지 서해안 방어임무를 수행하며, 중국군 제9병단 사령부가 중국군 제20·27군과 북한군 제7·5군단을 지휘하여 고저, 원산, 퇴조 지역의 해안방어 임무를 담당케 했다. 그리고 중국군 제47군은 강동과 성천 지역에서 총 예비대의 임무를 수행하도록 배치를 조정했다.

이와 같이 공산군은 지상군 정면에 11개 군단을, 동서해안과 후방지역 방어에 11개 군단을 배치했는데 이는 UN군의 동서해안 상륙작전과 후방위협에 상당한 비중을 두고 대응할 수밖에 없었기 때문이었다.[98]

그러나 중조연합사령부는 UN군의 항공폭격과 상륙위협에 더 이상 당하고만 있을 수 없었기 때문에, 전선 정면에서 전술적 반격작전을 계획했다. 그것은 UN군이 동서해안에 상륙하더라도 공산군의 해안방어에 필요한 영구진지가 어느 정도 준비되었다는 자신감과 더불어, 전술적인 공격을 반복하여 UN군의 인명손실을 강요한다면 휴전교섭에서 주도권을 확보하는 데 도움이 될 것이라는 판단 때문이었다. 중국군은 9월 18일부터 10월 5일까지 제39·제12·제68군을 중심으로 전 전선에 걸쳐 전술적 반격작전을 전개하여 UN군 6개 거점을 점령했다. 그리고 10월 6일부터 31일까지 공산군은 제2단계 전술적 반격작전을 실시하여 UN군의 11개 거점을 점령했다. 1952년 가을에 시행한 공산군의 전술적 반격작전은 진지전에 돌입한 이후 UN군에 대하여 처음으로 실시한 조직적인 공격작전이었다.[99] 공산군의 추계공세가 계속되는 동안, 판문점에서 공산군 측 대표는 미국이 한국전쟁에서 세균전을 저질렀다는 등 선전전도 강화했다.

트루먼 대통령은 9월 26일 포로 문제를 뒷날 정치협상으로 연기하는 것에 반대하는 국방성의 입장을 지지하고, 지금까지의 UN군 측 제안을 일괄하여 최종안으로 제안하고 받아들이지 않을 경우에 '무기 휴회'를 선포함과 동시에 군사적 압력을 강화할 것을 지시했다.[100] UN군 측 대표는 포로에 관한 '자원 송환 원칙'에서 한 발자국도 물러설 수 없음을 분명히 했다.

무기 휴회 1952. 10. 8-1953. 4. 26

1952년 10월 8일 트루먼 대통령은 지지부진한 휴전회담을 중지하고 무기한 휴회를 선언함과 동시에 군사적 압박을 강화할 것을 명령했다. 휴전협상을 시작한 지 15개월, UN군 측이 1952년 4월 28일에 최종적인 일괄타결안을 제안한 지 약 6개월 만에 협상은 중단되고 말았다.

극동군사령관 클라크 장군은 금화 북방 '철의 삼각지' 고지군을 목표로 하는 미 제8군의 쇼다운(Showdown) 작전 계획을 승인했다. 이 작전의 또 다른 정치 · 전략적인 배경은 제7차 유엔총회가 10월 14일에 개막될 예정이어서 한국전쟁에 관한 UN 회원국의 지지를 얻기 위해서는 어느 정도의 작전성과가 요구되기 때문이었다. 미 제8군의 지휘관들은 5일 동안 200여 회의 항공기 폭격과 16개 포병대대 280여 문의 포병화력이 지원된다면 200명 정도의 사상자를 감수하는 범위 내에서 작전목표를 달성할 수 있을 것으로 판단했다.

그 작전의 무대는 오성산 남단의 상감령 일대였다. 오성산은 금성, 김화, 평강의 삼각지대 중앙에 위치한 해발 1061.7m의 중부전선 최고봉으로 전략적 요충지였다. 오성산은 서쪽으로 평강평원이, 동쪽으로 김화에서 금성을 거쳐 동해안에 이르는 도로를 통제할 수 있었다. 남쪽으로 7km 떨어진 김화는 UN군이 점령하고 있었다.

상감령은 중부전선의 전략 요충지인 오성산 주봉에서 남쪽으로 4km 이격된 지점으로 중국군의 전초진지가 편성되어 있었다. 상감령 바로 남쪽에는 598고지와 537.7고지(북산)가 위치하고 있었다. 이 동측의 537.7고지를 통제하고 있던 중국군으로 말미암아 UN군 측은 많은 사상자를 감수해야 했고, 이러한 이유로 UN군은 '저격능선'이라 불렀다.

10월 14일부터 11월 25일까지 43일간, 면적이 4km²도 되지 않는 산악지역에서 UN군 3개 사단이 항공기와 포병의 지원을 받으며 중국군 4개 사단을 공격했다. 병력과 화력의 밀집도는 세계 전쟁사상 유례가 없었다. 기간 중에 미 제7사단은 누적된 사상자로 말미암아 전투지역을 한국군 제2사단에 인계하고 철수해야 했다. UN군은 낮에 공격하고 중국군은 야간에 반격하였다. 뺏고 뺏기는 고지쟁탈전이 반복되었다. 그러나 중국군은 갱도 진지에 의지하면서 끝까지 사수했고, UN군 측에서는 9,000명의 사상자가 발생했다. 쇼다운 작전은 압도적인 전력을 투입하지 않는 한 지상전투는 무익하다는 사실을 입증했다.[101]

같은 기간에 UN군사령부는 원산 남쪽 25마일의 고저에 기만 상륙작전을 실시하여 공산군을 견고한 방어진지에서 유인한 이후에 해군과 공군의 화력으로 타격하려 했지만, 공산군의 반응이 없어 계획된 성과를 거두지 못했다.[102]

극동군사령부는 전쟁 전반의 흐름을 바꾸기 위해서는 결정적 전투에서 승리할 필요가 있다고 판단했다. 클라크 장군은 쇼다운 작전이 진행되는 중에, 지상군의 정면공격과 병행하여 합동 상륙작전을 실시하여 전선을 평양-원산 선으로 밀어 올리겠다는 공세작전을 구상했다. 이는 '8-52 작전계획'으로 발전되었고, 작전이 성공적으로 마무리되면 군사적 승리가 보장될 것 같아 보였다. 극동군사령부는 1952년 10월에 네 차례, 11월에 세 차례, 12월에 열다섯 차례 상륙작전 훈련을 실시하였고, 11월 말부터 특수부대원들을 대량으로 투입시키기 위한 공중강하와 해안침투 등의 훈련도 강화했다.[103]

한국전쟁의 분위기가 다시 고조되고 있었지만, 클라크 장군은 자신에게 부여된 한국전쟁에 관한 임무보다 극동군사령관으로서 일본 방위에 대한 임무를 항상 우선했다. 예컨대 UN군사령관의 지휘권을 인수한지 겨우 2주 만에 2개 사단으로 구성된 자유중국군 1개 군을 한국전쟁에 투입할 것을 요청했는데, 이는 휴전협상의 지연과 지구전에 대비하면서 미군 부대를 일본에 재배치하여 전략예비를 증강해야 한다는 자신의 구상 때문이었다.[104] 또한 보급품의 할당에 있어서도 ① 일본의 경찰예비대, ② 한국 육군, ③ 자유중국군의 우선순위를 지켜줄 것을 워싱턴에 요구했다.[105]

한국전쟁은 전투 사상자와 경제적 비용 면에서 미국에게 큰 부담이 되어왔고, 전쟁을 너무 오래 끌어왔다는 비난여론도 높아졌다. 공화당의 대통령 후보자 아이젠하워 장군과 민주당 후보 스티븐슨 주지사 모두가 한국전쟁을 정치적 수단에 의해 빠른 시간 내에 종결하겠다고 공언했다. 특별히 아이젠하워 장군은 한반도에서 한국군이 미군 부대를 대신하여 싸울 수 있도록 한국군을 증강해야 하며, 대통령에 당선되면 자신의 이름을 걸고 전쟁을 끝내겠다고 약속했다.

1952년 11월 4일 미 대통령 선거에서 공화당의 아이젠하워 후보가 승리했다. 아이젠하워 장군은 대통령 당선자로서 12월 2일에 한국을 방문했다. 이는 선거공약을 이행하기 위한 것으로 새로 지명된 국방장관 윌슨(Charles E. Wilson)이 브래들리 합참의장, 태평양함대사령관 래드포드(Arthur W. Radford) 제독 등과 함께 수행했다.[106] 일행은 3일 동안 체류하면서 클라크 장군, 밴 플리트 장군과 대담하고 전방과 후방의 지휘소를 방문했다. 아이젠하워 대통령 당선자는 어떠한 경우에도 '명예로운 휴전'을 추구할 것이라는 점을 분명히 했다. 그렇지만 명예로운 휴전은 쉽게 이루어질 것 같지 않았다. 미 합동참모본부는 오래전부터 휴전협상이 무기한 지연되거나 깨질 경우의 대안을 검토했다. 미 합참은 한국전쟁이 본질적으로 중국의 아시아 침략이라는 더 큰 문제의 일부이며, 미국의 아시아 정책은 중국에 대하여 미국이 어느 정도의 군사력을 투입할 수 있는지의 관점에서 모색되어야 한다고 판단했다.[107]

1952년 12월 4일, 미 제3사단 장병들과 야전 식사하는 아이젠하워 대통령 당선자

1952년 말 휴전협상은 다시 회복될 기미가 없었다. 회담의 중단이 장기화될 것 같았고, 전선 상황도 큰 변화가 없어 보였다. 북한 지역 내에는 얼마 남아 있지 않은 공업시설들마저 파괴되어서 극동군사령부는 항공력을 더 유익하게 사용할 수 있는 새로운 대안을 찾아야 했다. 7함대 사령관인 클라크(Joseph J. Clark) 중장이 대안을 제시했다. 그가 구상한 표적은 전선 후방의 군수품, 숙박시설, 병원, 탄약소 등이었다. 공산군이 군수품을 산허리에 굴을 파서 저장했지만 노출된 군수시설을 효과적으로 공격할 수 있다면 공산군에게 휴전회담을 압박하는 수단이 될 수 있다고 생각했다.

이렇게 전선후방의 군수시설을 공격하는 새로운 형태의 항공 종심지원임무(Deep Support Air Mission)를 '체로키(Cherokee)' 공격이라고 불렀다. 체로키 공격은 1952년 10월 9일 키어사지(Kearsarge), 프린스턴 및 에식스 항모로부터 91대의 함재기가 출격하여 처음 실시했고, 한국전쟁의 마지막 6개월 동안 UN군의 항공세력은 전선 후방의 군수시설을 주요 표적으로 공격함으로써 지상작전을 지원했다.[108] 한편 미 제8군은 장기전에 대비하기 위하여 병력과 부대의 교대 제도를 확립했다.[109]

공산군 측의 대대적인 선전전이 계속되었다. 때마침 12월 14일 봉암도에서 공산군 포로의 폭동으로 포로 85명이 사망하고 113명이 중경상을 입은 사건이 발생했다. 소련도 UN 총회에서 포로를 '집단학살'했다고 미국을 비난했다. 공산군 측 대표인 남일 대장은 휴전회담 시작 후 UN군 측에 억류된 포로 중 3,000명 이상이 사망하거나 부상을 입었다고 주장했다.[110]

1953년 새해가 밝았다. 지난해와 마찬가지로 전투가 진행되고 있었지만 휴전교섭은 중단된 상태였다. 한국전쟁을 빠른 시간 내에 종결시키겠다는 공약을 걸고 1953년 1월 20일에 제34대 미국의 대통령으로 취임한 아이젠하워 원수도 회담의 진전을 위해 모든 노력을 집중했으나 공산군 측은 꼼짝도 하지 않았다.

미 제8군은 부대 운용을 조정하여 한국군 12개 사단을 제1선에 배치하고, 미군 3개 사단을 후방에 배치했다. 이렇게 한국군을 전선에 내세운 것은 한국전쟁 발발 이래 처음 있는 일이었다.[111]

공산군도 1953년 1월까지 전체적인 부대 배비를 조정했다. 전선 정면에는 중국군 10개 군단과 탱크 4개 연대, 그리고 북한군 3개 군단과 2개 여단을 배비했다.[112] 서해안의 방어는 중국군 6개 군단과 북한군 1개 군단이 동해안의 방어는 중국군 2개 군단(+)과 북한군 2개 군단(+)이 담당했다.[113] 예비대로는 중국군 제47군단을 곡산에 배비하고, 중국군 제21군단이 한반도 북부와 동해안에서 건설과 복구를 지원하도록 했다.[114] 이와 같은 공산군의 군사력 배비를 분석해보면, 지상군 정면에 13개 군단을, 동서해안의 상륙위협에 대비하면서 후방지역 작전과 예비대 임무를 위해 13개 군단을 운용했다. 다시 말해서 공산군은 가용한 지상군 전력의 50%를 동서해안의 상륙 위협과 후방작전에 배비했던 것이다.

1953년 2월 극동군사령부는 공산군의 전력이 크게 증강되었다고 판단했다. 중국군 1-3개 군단이 추가로 한반도에 진입했거나 진입 중이었으며, 더욱 위협적인 것은 공군력이었다. 중국군은 2톤의 폭탄을 적재하고 690마일의 작전반경을 가진 소련제 신형폭격기인 IL-28을 도입하여, 830대의 제트전투기와 90대의 제트폭격기 등 1,485대의 항공기가 모두 한반도 내의 목표물을 타격할 수 있었다.[115]

이러한 상황에서 클라크 장군은 적의 공중공격 능력이 UN군의 안전을 위협한다고 판단될 때 만주에 있는 공군 기지를 선제공격할 수 있는 권한을 부여해줄 것을 요청했다. 또한 공산군은 개성을 서부전선의 안전한 지휘소와 집결지로 이용하고 있었다. 대부대의 집결, 재보급, 포병과 기갑부대, 심지어 중국군 몇 개 군단의 지휘소가 개성이라는 성역 안에 안주하고 있었다. 공산군의 공군력 증강과 개성이라는 성역의 문제가 아이젠하워 대통령의 관심을 끌었지만, 개성과 문산 일대에 대한 중립화 협정의 무효화나 만주 공군기지에 대한 공격권한의 양도는 UN 참전국과의 협조 등의 어려움 때문에 허용될 수 없는 일이었다.[116]

이와 같이 한치 앞을 내다볼 수 없는 대치 상황에서 하나의 역사적인 사건이 한국전쟁의 흐름을 바꾸었다. 1953년 3월 5일, 스탈린 소련 수상이 뇌출혈로 갑자기 사망한 것이다.[117] 전 세계의 공산당에 대해 강력한 통제력을 행사해온 그의 죽음은 한국전쟁에도 영향을 줄 수밖에 없었다. 스탈린의 뒤를 이은 말렌코프(Georgi M. MalenKov)가 화해적인 조짐을 보였고, 소련 방송은 제2차 세계대전에서 미국군과 영국군이 연합군의 승리에 공헌했음을 새삼스럽게 인정했다. 그리고 3월 28일 김일성과 펑더화이가 부상병 포로를 즉각 교환하자는 클라크 장군의 제안을 수락했다.[118] 이후 부상병 포로의 교환을 UN군사령부는 리틀스위치(Little Switch) 작전이라 명명했는데, UN군 측은 6,224명의 포로(북한인 5,194명, 중국인 1,030명)와 446명의 민간인 억류자를 인도하고 684명의 포로를 인수했다. UN군과 공산군 간의 상병 포로 교환이 성사되면서 휴전회담에 대한 기대도 다시 부풀어올랐다.[119]

미 행정부는 군사작전 수행방법을 더욱 제한했다. 미국의 정치적 목표는 종국적으로 통일이지만, 당장은 소련, 타이완, 중국의 UN 가입문제 등에 관한 미국의 입장을 위태롭게 함이 없이 한국전쟁을 우선 종결하는 것이었다. 이러한 미국의 정책에 따라, 미 제8군사령관 테일러 장

군은 2개 대대 규모를 넘는 공격작전은 사전 승인을 받아야 한다고 지시했다.[120]

한편 이승만 대통령이 점점 더 공개적으로 휴전에 반대함으로써 국제사회의 새로운 이슈가 되었다. 아이젠하워 대통령은 이승만 대통령의 친서에 대한 답신에서 UN은 한국전쟁 개입의 목적인 '침략의 격퇴'를 달성했으므로 이 대통령이 명예로운 휴전을 거부하는 것은 타당하지 않으며, 어떠한 경우에도 한국 정부가 미국이나 UN이 허용할 수 없는 조치를 취하지 않도록 당부했다.[121] 그러나 이승만 대통령은 전후 경제원조, 정치회담에 한국 참여, 한국 통일의 추진 약속과 더불어 한·미 상호방위조약을 체결하여 한국의 안전을 보장해야 한다고 고집했다. 그런데 클라크 UN군사령관은 한·미 상호방위조약이 '일본 방위'라는 극동군사령관에게 주어진 주 임무에 상충된다는 이유로 반대했다.

아이젠하워 미 대통령은 "아시아인에 대한 아시아인의 전쟁"을 표방하면서 한국군의 증강을 종전정책의 일부로 제안했다.[122] 한국군 2개 사단을 추가적으로 창설하여 모두 16개 사단, 52만 5,000명으로 증강해야 한다는 국방장관의 건의를 아이젠하워 대통령은 4월 22일에 승인했다. 동시에 그는 20개 한국군 사단의 인가에도 동의했지만, 나머지 4개 사단의 창설은 별도의 승인을 받아야 할 것을 요구했다.[123]

4

미완성의 휴전

회담의 재개

1953년 4월 26일 양측 대표단이 판문점 협상천막으로 복귀했다. 1952년 10월 8일 UN군사령부가 '무기 휴회'를 선포하고 교섭이 중단된 이후 6개월 만이었고, 1952년 5월 23일 이후 휴회를 반복하며 상호비방을 일삼았던 기간을 포함하면 대략 11개월 만에 협상 테이블에 마주앉게 된 것이다. 하지만 첫 회의에서부터 공산군 측 대표는 포로 송환 문제에 관하여 자신들의 주장을 굽히지 않아 회담은 다시 늪으로 빠져들었다.

한편 1953년 5월 한반도에 투입된 병력의 규모는 최고조에 달했다. 중국군과 북한군은 180만 명으로 중국군은 20개 군단 135만 명, 북한군은 6개 군단 45만 명이었다.[124] 공산군이 UN군의 상륙작전에 대비하여 후방과 예비로 약 절반을 배비했다 하더라도, 지상군 전투병력의 상대적 전력을 비교해 보면 〈그림 4-3〉과 같이 공산군이 약 2배의 우세를 점하고 있었다.

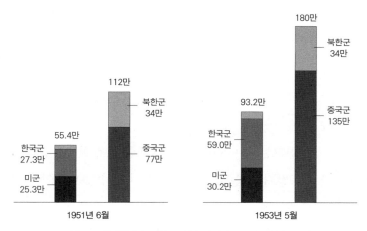

그림 4-3 휴전회담기 UN군·공산군의 지상군 전력증강(단위: 명)

공산군의 공군력은 중국군 항공기가 만주에 약 1,460기, 중국 본토에 900기가 있었는데 이 중 1,500기가 제트전투기였으며, 소련의 공군력도 극동에 총 5,600기가 전개되어 있었다.[125] 반면 미 극동공군의 전력은 약 1,500여 기 정도였다.[126]

이와 같이 1953년 5월 UN군과 공산군의 공군력을 수적으로 비교해보면 공산군 측이 상대적인 우위를 점하고 있었지만, 미 제5공군에는 4개의 F-86 비행단이 보강되어 있었다. 5월 8일부터 31일까지 F-86 조종사들은 MiG기를 1,507회 목격하여 537회 교전했는데, MiG 56대를 격파하는 중에 F-86 전투기는 단 1대의 손실을 입었을 뿐이었다. 한국전쟁 중 미 제5공군의 F-86 비행단은 수적 열세에도 불구하고 미 공군 조종사들의 전투경험과 숙련도 때문에 MiG기와의 공중전에서 승리할 수 있었다.[127] 그리고 그러한 결과로 말미암아 극동공군은 청천강 이북의 MiG 회랑을 제외하고는 확고부동한 제공권을 장악했다.[128]

중국과 북한의 해군력은 약 130척의 정찰정과 소형 주정이었다. 이에 비하여 극동해군은 항모 7척, 전함 1척, 순양함 4척, 구축함 51척, 소형 호위함 9척, 잠수함 4척, 소해정 22척으로 편성되어 동서해를 장악하고 있었다. 하지만 블라디보스토크 근해에는 소련 해군의 중(重)순양함 2척, 구축함 51척, 그리고 잠수함 100척 등 함정 400척의 위용을 염두에 두어야 했다.

한편 미 합동참모본부는 휴전협상이 실패할 경우 한국전쟁의 확대에 관한 방안을 검토했다.[129] 그것은 중국 본토와 만주에 대하여 직접적인 해·공군작전을 실시하고, 대략 한반도의 잘록한 허리 부분인 평양-원산 선으로 접촉선을 밀어올리기 위한 공세작전을 준비함과 더불어, 한반도 내에서 공산군의 피해를 지속적으로 강요하며, 한국군의 능력과 역할을 강화하는 것이었다.[130]

극동군사령관 클라크 장군은 최종적으로 휴전이 성립하기 전까지 또 다른 교착상황에 대비하는 것이 현명한 처사임을 강조하면서, 지상에서는 '강력한 방어'와 게릴라전을 강화하며, 공중공격을 수풍 댐이나 평양과 같은 중요표적에 대하여 지속적으로 실시함으로써 군사적 압력을 무겁게 가하는 군사작전 수행지침을 하달했다.

이러한 상황에서 극동공군의 항공표적장교들은 북한의 관개저수지에 대한 항공표적으로서의 적합성을 검토해오던 중에, 대부분 군량미로 조달되고 있는 '미곡' 생산의 중요성을 새롭게 인식하게 되었다. 웨일랜드 극동공군사령관은 주민의 삶에 영향을 줄 표적이라는 점에서 인가를 꺼려했지만, 저수지가 범람하게 되면 수송망도 차단할 수 있는 유용한 표적이라는 점에서 관개저수지에 대한 폭격계획에 동의했다.[131]

5월 13일 평양 북방 30마일에 있는 보통강 상류의 독산 댐을 썬더제트전투기 59대가 4개의 제파로 나누어 1,000파운드 직격탄으로 폭격했다. 댐이 붕괴되면서 약 6마일에 이르는 제방과 신안주-평양 간 철도선 상의 철교 5개소와 나란히 뻗은 2마일 길이의 국도를 휩쓸었다. 하류의 건물 700채가 잠겼고, 순안 비행장이 침수되었다. 관개저수지의 범람은 공산군에게 물질적 피해는 물론 군수보급에 상당한 영향을 초래했다.[132] 이후 5월 말까지 차단 댐과 권가 저수지를 폭격했다. 훗날 웨일랜드 극동 공군사령관은 한국전 말기의 뛰어난 공적으로 1952년 6월의 수력발전 소 폭격과 1953년 5월의 관개용 저수지에 대한 공격을 꼽았다.[133]

공산군의 최후공세와 휴전의 성립

1953년 5월 공산군 측은 군사분계선이 확정되기 이전에 한 치의 땅 이라도 더 뺏기 위한 최후공세를 기도하고 있었다. 공산군에게는 금성 정면의 약 8-10마일 불거져 돌출부를 형성하고 있는 한국군 사단들의 방어진지가 눈엣가시였다.

5월 13일 저녁부터 25일까지 중국군 4개 군단(제20병단은 제67군단과 제60군단, 제9병단 예하의 제23군단과 제24군단)이 과호리 남산 진지를 포함한 20개의 목표를 공격하여 휴전회담을 간접적으로 지원했다.[134] 5월 27일 부터 중국군 3개 군단(제20병단 예하의 제60군단과 제67군단, 중국군 제19병단 예하의 제46군단)이 제2단계로 한국군 제5사단 제27연대 거점과 한국군 제8사단 제21연대가 방어 중인 금성 동쪽의 북한강 서쪽 진지에 대해 공 격을 개시했다.

한편 판문점 회의장에서 UN군 대표 해리슨 장군 일행은 공산군 측의 고집과 한국 정부의 비타협적인 태도에 고전하고 있었다. 중국과 북한은 모든 포로를 송환해야 한다고 끈질기게 주장했고, 이승만 대통령은 휴전회담 자체를 반대하면서 북진통일의 기회를 엿보고 있었다. UN군 대표단은 5월 25일 중립국 포로송환위원회에 관한 최종조건을 제시한 후에 1주간의 휴회를 선언했다. 그리고 UN군의 확전 가능성에 직면한 공산군 측 대표단의 요청에 따라 휴회는 6월 4일까지 연장되었다. 다행히 휴전교섭이 재개되었을 때에 공산군 측은 5월 25일에 UN군 측에서 제시한 교섭 안에 원칙적으로 동의한다고 발표했다.

1952년 4월 28일 UN군 대표단이 '일괄타결안'을 제시한 후에 1년여에 걸친 길고도 험난했던 '포로 송환' 협상은 중립국송환위원회에 대한 권한위임사항을 포함하여 1953년 6월 8일에 조인되었으며. 합의된 주요 내용은 다음과 같았다.

① 송환을 원하는 모든 포로는 60일 내에 복귀시키고, 그때까지 송환되지 않는 포로는 중립국 송환위원회에 인도한다.
② 그 후 90일 동안 포로의 소속 국가가 대표를 파견하여 포로들에게 고국으로 복귀할 권리가 있음을 설명한다.
③ 그리고도 송환을 원하지 않는 포로는 정치회담으로 넘겨져 30일의 기한 내에 어떤 결정을 하게 한다.
④ 그 기간 후에도 여전히 남는 송환 불원포로는 민간인 신분을 가진 것으로 선포하고, 만일 그들이 중립국으로 가기를 희망할 경우에 중립국 송환위원회는 그들이 그렇게 하도록 도와준다.[135]

회담의 마지막 이슈가 합의된 이후 미국은 '승리'했다고 선언했다. 그것은 공산군의 침략을 격퇴함으로써 참전 목적을 달성했고, 군사적 압력을 계속하여 휴전회담의 핵심 쟁점이었던 '포로의 자원송환원칙'을 관철시켰다는 이유에서였다.

그러나 5월 13일부터 계속된 공산군의 공세로 말미암아 금성돌출부의 한국군 제2군단의 상황은 악화되고 있었다. 극동군사령부는 가용한 항공력을 총동원하여 이에 대응했다. 6월 12일 미 제5공군 및 해병대 항공단과 더불어 제7함대의 항공모함 프린스턴, 복서, 필리핀 씨, 레이크 참플레인(Lake Champlain)의 함재기들이 지상군을 근접지원했다. 6월 14일에는 UN군 항공기가 1,610회 출격하여 공산군의 중동부 및 동부 전선에 대한 대규모 야간공격에 대응했다.[136] 6월 15일에는 UN군 항공기가 2,143회나 출격함으로써 한국전쟁 참전 이래 하루 출격회수로는 최고 기록을 세웠다.[137] 그러나 금성돌출부에 대한 UN군의 가공할 만한 근접항공 지원에도 불구하고, 5월 13일부터 6월 18일까지 2단계로 나누어 실시된 공산군 측의 공격으로 말미암아 한국군 부대들은 결국 평균 3-6km 정도를 물러나야 했다.[138]

포로 자원송환원칙에 관한 긴 논쟁과 평화를 1년 이상이나 지연시킨 선전전도 끝이 났다. 그러나 휴전회담의 마지막 장애물은 이승만 대통령에 의하여 조성되었다. 1953년 6월 17-18일 밤에 수천 명의 한국인 포로가 상무대, 논산, 마산, 부산의 4개 수용소에서 탈출했다. 6월 18일 오후까지 2만 5,131명의 포로가 탈출했으며, 그중 971명이 재수용되었다. 이승만 대통령은 포로 탈출에 관하여 자신이 연루되었음을 곧바로 인정했다.[139]

이승만 대통령이 휴전회담에 반대하여 반공포로를 석방한 사건이 발생하자, 펑더화이는 UN군 측에게 압력을 행사할 목적으로 한국군에 대한 공세작전을 준비하도록 명령하였다. 휴전회담이 마무리 수순에 접어들 즈음에, 공산군은 전장의 형세가 자신들에게 유리하다고 판단했다. 이는 UN군에게는 지상공격을 수행할 여력과 의도가 없는 반면에 중국군과 북한군으로서는 '반상륙작전' 준비를 마무리하여 후방 위협에 대한 걱정도 어느 정도 해소되었고, 전선 정면에서 주도적으로 공세작전을 펼칠 수 있는 지상군 전력이 우세하다는 판단 때문이었다.[140] 공산군은 6월 24일에 중부와 동부지역에서 공세를 다시 시작했고, 수십만 명의 대군으로 금성돌출부를 집중 공격하였다. 중조연합군은 이른바 '금성 전역', 다시 말하면 한국전쟁 최후의 공세에서 승리함으로써 전후의 입지를 강화하겠다는 의도였다.[141] 상황이 심각하다고 판단한 클라크 장군은 일본에 있던 제24보병사단과 제187공정연대전투단을 한국으로 이동하도록 명령했다. 극동군사령부는 일본에 남아 있는 미 제1기병사단마저 한국전쟁에 투입해야 할지 모른다고 우려했다.

7월 초 판문점은 휴회상태에 있었지만, 미 행정부는 UN군이 공산군과 협상했던 것처럼 한국 정부와의 흥정에 진땀을 쏟아야 했다. 휴전회담의 본 회담이 7월 10일에 재개되었고, 7월 11일 마침내 이승만 대통령은 미국과의 상호방위조약, 경제원조, 그리고 한국군의 증강을 미국이 확약하는 조건으로 휴전에 동의했다. 그 결과로 이승만 대통령은 그의 염원이었던 '한국군 20개 사단'의 창설과 미국의 군사원조를 얻어냈으며, 미국은 휴전 후에도 한국군에 대한 지휘권을 유지하게 되었다.[142]

휴전교섭이 진행되는 동안에도 공산군의 공세는 절정에 달하였다. 7월 13일 21시 중국군 제20병단과 제9병단 예하의 제24군단은 미 제9군단 예하의 한국군 수도사단과 한국군 제2군단(제6·제8·제3사단)의 25km 정면에 재차 공격을 개시했다. 이른바 공산군의 금성 전역은 다음 날까지 21시간의 전투를 통하여 미 제8군의 금성돌출부를 제거하고 최대 7.2km를 진격했다.[143]

7월 17일부터 미 제8군은 반격작전을 개시했다. 극동군사령부는 폭격기 사령부, 제5공군과 제7함대의 모든 항공전력을 투입하여 서울의 합동작전센터의 통제하에 지상작전을 지원했다.[144]

7월 20일이 되자 UN군의 방어선은 어느 정도 안정을 회복했다. 미 제8군은 7월 17일부터 27일 정전 때까지 소대급 이상이 1,000여 차례의 반격작전을 시행하여 거리실 북산 등 공산군의 최후공세로 말미암아 상실된 지역의 일부를 회복했다. 공산군은 UN군의 항공력에 의해 피해도 많이 입었지만 금성돌출부를 제거하는 데 성공했으며, 한국전쟁에서 승리했다고 주장할 만한 근거도 마련했다.[145] 공산군 측은 1953년 5월 이후의 최후공세에서 공산군이 거둔 전투상황을 반영하여 군사분계선을 확정해줄 것을 요구했다.[146]

1951년 11월 군사분계선에 관한 조건부 합의가 UN군과 공산군 간에 이루어진 이후 약 20개월 동안, 양측은 '포로' 문제로 끝까지 대립해 왔다. 2년여의 교섭기간을 되돌아보면, UN군은 항공력에 의한 군사적 압박을 계속하여 포로의 '자유송환' 원칙을 관철시켰지만 지상 전투에서 금성돌출부의 일정 지역을 내줘야 했던 반면, 공산군은 UN군의 항공폭격으로 인한 많은 피해를 감당하면서 UN군 측에 포로 문제를 양보했지만 지상전투에서 UN군의 인명피해를 지속적으로 강요하여 미국과 UN 참전국의 염전(厭戰) 정서를 이끌어낼 수 있었다.[147]

〈표 4-3〉은 1951-1953년 5월까지의 월별 미군의 인명피해 현황을 보여준다. 이를 분석해보면 미 행정부가 인명피해를 줄이기 위해 휴전을 추구했지만 1951년 9월과 10월에 피해가 많았던 것은 UN군사령부가 강력한 추계 공세로 회담을 촉진하고자 했던 결과이며, 그 이후에도 진지전 등 다양한 전투작전 간에 인명피해가 계속되었음을 알 수 있다.

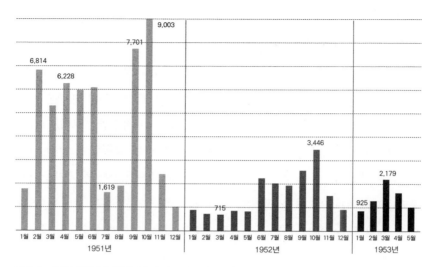

표 4-3 미군의 인명피해 현황(전사+부상+실종, 단위: 명)

출처: 1951년 1월-1952년 4월은 *UNC G-3 Operation Report*, 1952년 5월-1953년 5월은 *Command Report E.U.S.A.K* 일일보고서를 집계한 결과임.

또한 〈그림 4-4〉는 휴전회담 기간 접촉선의 변화를 보여준다.

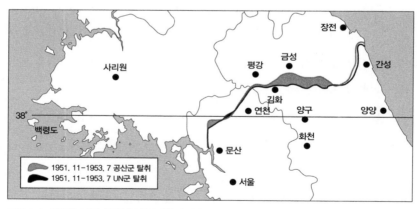

그림 4-4 1951년 11월-1953년 7월간 접촉선 변화

출처: 일본육전사연구보급회, 『한국전쟁 10권: 정전』, 부도 '1'.

미 행정부가 "휴전"을 전쟁정책으로 결정한 이후 UN군이 선정한 캔 자스 선과 와이오밍 선에서 큰 변동 없이 군사분계선으로 확정되었으며, 2년여의 교섭기간에 수많은 인명만 손실되었다.

표 4-4 휴전교섭 기간 주요 공세작전

구분		휴전회담	주요 공세	
			UN군(➡)	(⇐)공산군
1951년	7월	(7. 26) 5개항 의제 합의		
	8월	회담 중단(1951. 8. 23-9. 25)	하계 공세 (8. 10-9. 18) ➡	
	9월		추계 공세 (10. 3-10. 22) ➡	
	10월			
	11월	(11. 27) 군사분계선 합의		
	12월			
1952년	1월			
	2월	(2. 18) 거제도 사건		
	3월			
	4월	(4. 28) UN측 일괄타결안 제시		
	5월	실질적으로 회담 중단 (1951. 5-1951. 9)		
	6월		발전소 폭격 ➡	
	7월			
	8월			
	9월			추계 공세 (9. 18-10. 31) ⇐
	10월	(10. 8) 트루먼 대통령의 무기한 휴회 선언	쇼다운 작전 (10. 14-11. 25) ➡	
	11월			
	12월			
1953년	1월	회담 중단 (1952. 10. 8-1953. 4. 26)		
	2월			
	3월			
	4월			
	5월		저수지 폭격 ➡	최후공세 (5. 13-7. 27) ⇐
	6월			
	7월			

〈표 4-4〉는 휴전교섭의 진행과 교섭기간 주요 공세작전을 보여준다. 교섭 초기에는 UN군의 공세가, 1952년 10월 이후에는 지상전에서나마 공산군의 공세가 있었으며, 결국 공산군은 최후공세에서 금성 지역을 기념비로 갖게 되었다.[148]

7월 22일에 UN군 대표단은 6만 9,000명의 한국인과 5,000명의 중국인을 송환하겠다고 통보했다. 송환을 원하지 않는 자는 한국인이 7,800명, 중국인 1만 4,500명이었다. 공산군은 3,313명의 미군과 8,186명의 한국인을 포함하여 총 1만 2,764명을 송환할 것이라고 응신했다. 이 숫자는 UN군사령부가 판단한 수에 가까웠기 때문에 극동군사령관 클라크 장군은 쉽게 동의했다. 금성 정면의 종심 수 킬로미터를 북한 영토로 하는 '군사분계선에 관한 교섭'이 격렬한 논쟁을 거친 끝에 합의에 도달했다. 휴전협정의 마지막 장애물들이 제거된 것이다.

쌍방은 7월 27일 오전 10시에 판문점에서 휴전협정에 조인할 계획이었지만, 그날 오후가 되어서야 문산에서 UN군사령관 클라크 대장은 8군사령관 테일러(Maxwell D. Taylor) 장군, 극동해군사령관 클라크(J.

UN군측과 공산군측 수석대표 해리슨(W. K. Harrison)과 남일이 협정문에 서명

미국의 6·25전쟁사

J. Clark) 제독과 극동공군사령관 웨이랜드(Otto P. Weyland) 장군이 지켜보는 가운데 UN 측 대표자격으로 휴전협정에 서명했다. 한편 공산군 측의 김일성과 펑더화이는 대한민국 대표 최덕신 소장이 끼어 있는 한 클라크 장군과 만나지 않겠다고 버티다가 끝내 공산군 측 사령부에서 서명했다.[149] 그리고 휴전은 1953년 7월 27일 오후 10시에 발효되었다.

1950년 6월 25일 시작된 전쟁은 3년 1개월 2일 17시간 만에 일단 수습되었다. 제2차 세계대전 후 5년째에 돌발된 한반도에서의 전쟁 때문에 미국은 전사 5만 4,246명, 부상 46만 8,659명, 행방불명 또는 포로 5,178명을 모두 합하여 52만 8,083명의 인명피해를 입었다.[150] 아이젠하위 대통령은 휴전협정의 조인이 끝난 즉시 연설을 통해 한국전쟁 참전을 통해 공산군의 침략을 성공적으로 구축했고, 휴전협정에서 포로 자유송환 원칙을 관철시켰음을 강조했다.[151]

그러나 과거의 전쟁에서 '무조건 항복'이 전쟁의 결과물(end state)이라 여겨온 미국 국민들에게 한국전쟁은 승리도 패배도 아닌 이상한 전쟁으로 끝나고 말았다.[152]

요약

- 1951년 7월 시작된 휴전교섭은 기대와 달리 휴회를 반복하면서 2년여를 끌었고, 누적된 인명피해는 미국 내의 여론과 참전국과의 갈등을 악화시켰다.

- 휴전교섭의 쟁점은 군사분계선과 비무장지대의 설정, 군사력 증강 금지와 중립국 감시기구의 구성 등이었으며, '포로 송환' 문제는 양측 모두 한 치도 물러설 수 없는 사안이었다. 교섭은 전쟁을 끝내기 위한 것이었지만, 교섭조건은 양측 모두 참전의 명분과 승리를 얻기 위한 또 다른 전쟁의 이유가 되었다.

- 미 행정부와 군사지휘관들이 신뢰했던 '항공력'은 철도 차단, 교살작전 등 다양한 방법으로 변화되었지만, 회담장에서 더 이상의 정치적 압력수단이 되지 못했다.

- 1953년 3월 5일 스탈린의 사망으로 휴전교섭의 환경이 변화하였으며, 공산군은 1953년 5월부터 최후공세를 단행하고 금성돌출부를 빼앗아 선전물로 삼았다.

- 미국은 38도선 인근에서 정전상태의 전환으로 만족했다는 면에서 비기고 말았지만, 극동(UN)군사령부는 북한군을 침략 이전의 상태로 격퇴하고, 교섭기간 부대의 안전을 도모하면서 공산군에게 최대한의 피해를 강요함으로써 포로의 자유송환 원칙을 강요했다는 점에서 성공적인 군사작전을 수행한 것으로 평가할 수 있다.

미국은
한국전쟁에서
비길 수밖에 없었다

1950년 6월 25일 북한의 남침으로 한국전쟁이 발발하자 미국은 극동공군과 해군의 지원작전과 더불어 한국전쟁에 즉각 개입했다. 미국은 UN의 집행대리인(executive agent)으로서 연병력 178만여 명을 파병했고 한국전쟁의 정책을 규정했으며 군사작전 수행을 책임진 실질적인 주역이었다. 그러나 미국은 52만여 명의 인명피해를 입어가면서 정전(停戰)체제로 전환하는 데 만족했는데, 그 피해 규모는 제2차 세계대전(106만 4,200명) 다음이었고 남북전쟁(49만 5,600명)과 제1차 세계대전(36만 4,800명)보다 많았다.

이러한 미국의 한국전쟁 수행 결과를 평가해보면, 미 행정부가 개입 초기 '북한군 침략 이전의 상태를 회복'한다는 전쟁의 정치적 목적을 구현했으며, 휴전교섭 간에 '군사분계선'과 '포로의 자유송환' 원칙 등의 주요 사안에 대하여 공산군 측에게 의지를 강요했다는 점에서는 '성공적(successful)'이었다고 평가받을 수 있을 것이다. 그러나 상대가 있는 전쟁에서 상호 합의에 의한 정전, 38도선에 근접한 군사분계선 등으로 보아 한국전쟁을 주도한 미국은 비겼다(tie)는 평가가 보편타당한 것으로 여겨진다.

미국은 한국전쟁에서 비길 수밖에 없었다

한국전쟁에서 미국이 비길 수밖에 없었던 첫 번째 이유는 미 행정부의 전쟁정책과 전략의 문제에서 기인했다.

미국은 세계전략의 연장선상에서 소련의 개입 가능성을 염두에 두고 한국전쟁을 수행했으며, 유럽 우선의 사조 때문에 한반도 전구에 더 이상의 군사력을 투입할 수도 없었다.

한국전쟁 초기에 미국은 전쟁의 정치적 목적을 '침략 이전 상태로의 회복'으로 규정하고 소련과 중국의 국경선 지역을 침범하지 않는 범위 내에서 소이탄의 사용을 통제하는 등 군사적 수단과 방법을 제한했다. 그러나 맥아더 장군의 인천상륙작전 성공 이후에 미 극동군사령부가 전략적 포위 및 추격작전으로 전환하자, 미 행정부는 전쟁정책을 '통일'로 추인했다. 이후 중국군의 참전이 사실로 판명되자 미국은 한국전쟁을 중국군과의 '새로운 전쟁'으로 규정하고 전쟁의 정치적 목적을 '전쟁 이전 상태의 회복'으로 다시 변경했으며, 1951년 6월에는 부대의 안전을 우선적으로 고려하는 '명예로운 전쟁의 종결'을 추구했다. 전쟁 수행과정에서 정책의 잦은 변경은 금기시되어야 할 병가의 원칙이었지만, 미 행정부는 인천상륙작전의 성공과 중국군의 참전 등 군사적 상황에 따라 '침략 이전 상태의 회복 → 통일 → 휴전'으로 정책과 전략의 변경을 거듭함으로써 미 극동군사령부의 한국전쟁 수행은 혼선이 불가피할 수밖에 없었다.

그러나 문제는 이를 활용한 공산군의 전략과 전술이었다. 1951년 6월 미 행정부는 UN군의 군사력이 '명예로운 전쟁의 종결' 정책을 충분히 뒷받침하리라 판단했지만, 휴전회담이 시작되자 공산군은 접촉선(line of contact) 일대에 거대한 벌집 같은 수많은 동굴과 진지를 구축하여 UN군의 가공할 공중폭격과 포병화력으로부터의 피해를 예방하는 가운데 군사력의 증강을 도모했다. 쉽게 끝날 것으로 판단되었던 휴전교섭이 무작정 지연되는 상황에서 공산군 측이 군사력을 증강하자, 미 행정부와 극동군사령부는 제한전(limited war) 정책을 수정하여 전쟁의 수단과 방법을 점진적으로 확대해갈 수밖에 없었다. 북한의 수풍댐과 발전소 폭격, 나진항 폭격, 완전한 군사적 승리를 위한 공격작전 계획(OPLAN

8-52)의 수립과 준비가 그 증거이며, 1952년 중반 이후에는 중국 본토에 대한 직접 공격을 검토했고, 아이젠하워가 미 대통령에 취임한 이후에 미 행정부는 핵무기의 사용 가능성을 비치며 공산군 측이 조기에 교섭조건에 응하도록 압박했다.

요컨대 미국의 한국전쟁에 대한 전쟁정책은 세계전략의 연장선상에서 '제한전'을 기본 개념으로 한 방어적이고 소모적인 작전으로 일관했다. 또한 한국전쟁을 총지휘했던 UN(극동)군사령관은 '일본의 방위'에 역점을 두었고, 휴전교섭이 시작된 이후에는 UN군 부대의 안전을 내세워 인명손실이 우려되는 지상군의 공세를 제한했기 때문에 전쟁에서의 승리는 요원할 수밖에 없었다.

둘째로 미국은 가용한 최대의 군사력을 투입했지만, 군사력의 우세만으로 승리할 수 없었다.

개전 초 맥아더 극동군사령관은 북한군이 한국전쟁에 투입된 미 육군과 조우하게 되면 전쟁을 포기할 것으로 생각했지만, 지상전투가 진행되면서 북한군의 전투력과 전술에 놀랄 수밖에 없었고 낙동강 방어선까지 후퇴를 거듭해야 했다. 미 행정부는 유럽의 방위와 미 본토의 예비 역량을 제외하고 가용한 최대의 군사력을 투입했다. UN군사령부는 1,200-1,500대의 항공기를 운용했으며, 참전한 우방공군을 포함하여 항공작전 출격 횟수는 총 104만 708회에 이른다. 미국의 해군력은 UN군의 병력 7명 중 6명과 총 5,400만 톤의 물자와 2,200만 톤의 유류를 선박으로 수송했으며, 극동해군은 항공모함 22척, 전함 4척, 구축함 25척, 순양함 4척 등 최대 371척을 한반도 주변해역에서 운용했다. 또한 1950년 10월까지 미국은 7개 사단(+)의 지상군을 투입했는데, 이는 유럽과 일본에 전개한 부대를 제외하고 투입할 수 있었던 최대 규모였다.

그러나 1951년 6월 이후 한국전쟁의 양상이 지금의 휴전선 일대에서의 진지전으로 전환된 이후 전장에서의 주연은 공군과 해군이 아닌 지상군이었다. 중국군과 북한군은 지상군 병력을 무한정 증강하여 UN군보다 수적인 우세를 유지했기 때문에 극동군사령부는 지상전투에서 결정적인 승리를 위한 더 이상의 공세작전을 수행할 수도 없었다.

셋째로 미국이 한국전쟁에서 비길 수밖에 없었던 보다 분명한 이유는 전쟁 수행방법(How to fight)에 있었다.

UN(극동)군사령관이었던 맥아더 장군, 리지웨이 장군, 클라크 장군 모두 자신에게 부여된 군사적 목표를 달성하는 데 가장 확실한 수단은 항공력이라고 생각했다. 중국군과의 새로운 전쟁을 선포하고 이를 타개하기 위한 수단도, 2년여의 휴전교섭 기간에 협상력을 뒷받침하기 위해 공산군에게 군사적 압박을 가하려 했던 수단도 모두 항공력이었다. 그러나 미군이 총 2,150대의 항공기를 손실하면서까지 전략폭격, 철도 차단, 교살(Strangle) 작전, 체로케 공격 등 다양한 공세작전을 구사했지만 공산군의 원시적인 군수지원체계마저 파괴할 수 없었으며, 산악·야간전투와 진지전을 위주로 하는 공산군과 같은 방식으로 싸워 이길 수도 없는 노릇이었다.

극동해군은 개전 초기부터 한반도 동·서의 전 해안선을 봉쇄한 상태에서 동서해 상에서의 상륙위협을 지속적으로 가함으로써 공산군에게 두려움을 주었고, 공산군의 작전운용에 직간접적인 영향을 끼쳤다. 예컨대 1951년 4월과 5월에 있었던 공산군의 공세는 UN군의 상륙위협을 해소하기 위한 급조된 공격이었다. 이후에도 공산군은 동서해안선 방어와 후방작전에 군사력의 약 50%를 할당했고, 북한 정부는 해안방어와 후방작전에 전 인민을 투입했다. 그러나 북한의 동서해안선이 거점화된 이후에는 극동해군의 함포공격도 공산군에 대한 군사적 압력수단으로서 그 효과가 제한될 수밖에 없었다.

미 육군과 해병대는 항공기와 포병 화력(火力)이 목표지역을 완전히 제압한 이후에 기동하는 방식으로 전투를 수행했다. 미 육군과 해병대는 당연히 주간전투를 선호했고 야간전투와 백병전을 회피하는 모습을 보였다. 전쟁기간 미 제8군의 공격은 1951년 10월 미 제2사단의 단장의 능선에 대한 무조명무지원 야간공격을 제외하고, 대부분 여명에 시작하여 해가 지기 전에 서둘러 주간작전으로 마무리했다. 이는 우세한 무기체계로 화력전투를 수행하기 위함이었지만 주간전투만으로는 전과를 확대하기에 제한적일 수밖에 없었다. 인천상륙작전의 성공 이후에 UN군은 전략적으로 북한군의 퇴로를 차단하면 북한군이 패배를 인정할 것으로 생각했다. 그래서 미 제8군은 도로를 따라 신속히 북진하는 데 주안을 두었기 때문에, 포위된 북한군을 격멸하려는 시도조차 하지 않았고 격멸할 수도 없었다. UN군의 전략적 포위기동 이후에 신기루처럼 사라졌다고 믿었던 북한군은 북으로 도주하여 재편성하거나, UN군의 후방지역에서 게릴라 부대로 전환하여 효과적인 배합작전을 수행했다. 중국군의 제2차(1950. 11. 25-12. 4) 및 제3차 공세(1950. 12. 31-1951. 1. 8) 기간에 미 제8군이 두려워했던 것은 내륙산악을 통한 침투식 기동으로 UN군을 포위 섬멸하려는 중국군의 기도와 이에 배합하여 UN군 후방을 끊임없이 교란하는 북한군 게릴라 부대(인천상륙작전 후 소탕하지 않았던 북한군)의 위협이었다.

1951년 6월 휴전을 모색하는 과정에서 UN(극동)군사령부는 캔자스-와이오밍 선을 주 저항선으로 채택했고, 그 선상에서 뺏고 빼앗기는 '고지전'을 치른 후에 지금의 휴전선이 되었다. 다시 말하면 현재의 휴전선은 미국이 선택한 전쟁정책과 전략의 산물이었다. 지상전투의 양상은 밀고 밀리는 '기동전'에서 1951년 7월 이후 엄체호와 땅굴에 의지하는 '진지전'으로 전환되었다. 진지전으로 전환된 이후 UN군과 공산군의 전투양상은 확연히 바뀌었다. UN군의 항공력과 포병화력은 그 효과가 감소된 반면, 공산군의 전유물이었던 산악전과 야간전투는 그 효과가 증대되었고 공산군의 보급지원 소요도 줄어들어 공산군의 전선 상황은 쉽게 안정을 되찾았다. 공산군은 휴전회담장에서의 선전전과 병행하여 전선에서의 소규모 기습공격으로 UN군의 인명손실을 집요하게 강요했다.

휴전교섭의 진척이 없이 전쟁은 장기화되고 예기치 않게 많은 인명손실이 누적되자, 미 국민의 여론도 나빠지고 UN 참전국과의 갈등도 확대되었다. 그러나 접촉선을 중심으로 UN군과 공산군 약 200만 명이 대치하여 꼼짝도 할 수 없었고, UN(극동)군사령부는 항공력과 포병화력만으로 공산군에게 명예로운 전쟁의 종결을 강요해야 했지만 화력(火力)의 효과는 제한적이었다. 다시 말하면 UN군은 항공력, 군수지원능력 등 객관적인 군사력의 우세에도 불구하고 비대칭전략을 구사했던 공산군에게 의지를 강요할 만한 확실한 군사적 수단과 방법이 없었던 것이다.

시간이 지날수록 공산군의 전투병력은 끝이 없는 것같이 증강되었고 오히려 작전방식은 공세적으로 변화되었다. 공산군은 1952년 가을 UN군의 인명손실을 강요하여 휴전회담장에서의 주도권을 확보한다는 목적으로 추계공세를 단행했고, 1953년 5월 13일부터 7월 20일까지 최후공세를 단행하여 금성돌출부를 제거하고 군사분계선의 조정을 요구했다.

결국 미국이 한국전쟁에서 비길 수밖에 없었던 것은 미국의 전쟁정책과 전략, 군사력과 전쟁 수행방법 등 다양한 측면에서 그 원인을 찾을 수 있다. 한국전쟁 개입 초기에 세계 전략의 연장선상에서 선택한 제한전 정책과 전략은 중국군의 개입으로 전쟁의 공간적 범위와 수단을 확대할 수밖에 없었고, 2차 대전 시 항공력과 기동전에 의한 승리의 경험이 한반도의 산악지형과 공산군의 유격전 방식에 먹혀들지 않았던 것이다.

한국전쟁의 영향과 유산

미국은 한국전쟁에 즉각 개입한 이후 공산권과의 세계대전을 치를지도 모른다는 위기감 속에서 한국전쟁을 수행했으며, 그렇게 비긴 전쟁으로 마무리했지만 한국전쟁을 통하여 많은 것을 얻었다.

제2차 세계대전 기간에 유럽을 방위하는 강대국으로 인정받은 미국은 한국전쟁 이후에 대서양과 태평양을 연결하는 초유의 강국으로 자리매김하게 되었다. 또한 미국 국민들은 소련과 공산국가들이 세계대전의 위험을 두려워하지 않는다는 상황인식과 더불어, 평화는 국제적인 회의체가 아니라 힘에 의해 확보된다는 사실에 동의하게 되었다. 미 행정부는 군사정책을 새롭게 단장하는 계기로 삼았고, 미국의 안보와 세계의 평화를 유지하는 데 필요한 미군의 재편을 서둘렀다. 또한 미군은 1947년 육·해·공군의 삼군체제로 개편한 이후 실시한 최초의 전쟁에서 항공력을 통합 운용하는 데 많은 시행착오를 거듭했지만, 이후 합동작전 수행체계를 발전시켜 대서양과 태평양을 연결하는 군사강국으로 일신했다.

북한의 남침 이후 3일 만에 한강선 이북을 내어준 절체절명의 순간에 미국의 참전은 우리 대한민국에게 오롯이 한줄기 희망이었다. 극동군사령부는 미 행정부의 정책에 따라 즉각 개입했지만, 전쟁 초기의 한국군은 무기와 탄약, 보급품은 물론, 전쟁을 수행할 만한 지도력도 없어 보이는 무력한 군대였다. 극동군사령관 맥아더 장군은 세계 제1·2차 세계대전을 치른 만 70세의 노장이었고, 미 제8군사령관, 극동해군 및 공군 사령관 등 주요 지휘관들은 50대 후반 역전의 장군들이었지만, 이응준 장군(59세)을 제외한 우리 한국군은 28-34세의 청년들이었다. 1950년 10월과 11월에 압록강을 향하여 총진격을 할 때에도, 1951년 전반기 공산군의 공세가 거듭될 때에도 맥아더 장군과 미 제8군사령관은 한국군을 신뢰하지 않았는데 그 이유는 한국군 장교단의 무능함이었다.

그러나 전쟁이 해를 거듭해가면서 한국군의 전투력은 강화되었고, 1951년 중반기 한국전쟁의 양상이 진지전으로 전환되고 UN군사령부가 지상군의 공격부대 규모를 제한하는 상황에서도 한국군은 한 치의 땅이라도 빼앗기 위하여 싸우고 싸웠다. 한국전쟁 후반기 공산군의 전투병력이 계속 증강되는 상황에서 한국군의 증편은 미 행정부의 불가피하고도 합리적인 대안이었다. 1953년 7월 한국 육군은 18개 사단으로 증편되었고, 문산 축선을 제외한 대부분의 전선을 한국군이 담당하게 되었다.

한국 국민과 정부는 미 행정부의 휴전 정책에 선뜻 동의할 수 없었다. 이 땅에 전쟁의 비극이 다시 있어서는 안 된다는 간절함 때문에 국제정치적 구조하의 '휴전'을 반대했다. 논란을 거듭한 끝에 이승만 대통령은 휴전의 전제조건으로 한·미 상호방위조약의 체결과 경제원조 및 한국군 20개 사단 증강안을 제시하여 안전보장을 담보했고, 미 행정부는 한국군에 대한 작전지휘권을 유지함으로써 동아시아에서의 봉쇄정책을 강화할 수 있게 되었다.

국가안보 면에서 한국전쟁의 가장 큰 유산은 한·미동맹이다. 그러나 한국전쟁 기간의 태동과정에서 한·미 연합작전은 결코 수월하지 않았다. 우리 군의 편성과 무기체계가 미군의 교리에 근거했음에도 불구하고 전투부대의 편성, 군대문화와 사상이 달랐고, 무엇보다 전쟁의 정치적 목적인 국가 이익, 다시 말하면 전쟁에 임하는 관점이 상이할 수밖에 없었다.

한·미동맹체제 발전의 지평과 한계는 무엇일까? 결국 한·미동맹의 발전은 상대 국가의 이익을 존중하는 가운데, 상호 특성을 인정하면서 공동의 가치를 지향하기 위한 보완적인 노력이 조화를 이룰 때 가능하리라 본다.

한편, 한국전쟁의 경험과 상처가 현재까지 북한의 군사정책과 전략에 지대한 영향을 미치고 있다는 것은 당연한 사실이다. 김대중 대통령도 김정일과의 정상회담을 회고하면서 북한의 미국에 대한 인식에는 뿌리 깊은 불신과 증오가 내제되어 있다고 증언했다.

평양이 UN군에 의하여 점령된 것은 약 2개월에 불과하지만 UN군은 군사적 압박의 수단으로 3년 내내 항공폭격을 계속했으며, 극동공군은 공산군의 은신처가 될 만한 곳이면 도시와 촌락도 가리지 않았다. 또한 전쟁기간 공중폭격만큼이나 공산군을 힘들게 한 것은 상륙위협이었다. 공산군은 가용한 전력의 약 50%를 후방에 배비하고 기뢰전으로 대항했으며, 해안 방어진지 구축을 위해 전 주민을 동원할 수밖에 없었다.

2년여의 휴전교섭 기간에 UN군은 항공폭격 등 군사적 압박을 지속했지만 공산군은 이에 굴하지 않았고, 1953년 5월 이후 공산군의 최종 공세를 허용함으로써 오히려 공산군이 승리했다고 선전할 만한 근거를 제공했다. 그렇지만 북한의 김일성은 전 한반도를 공산화하겠다는 자신의 목표 달성에 실패했으며, 전쟁의 과정에서 당시 900만 인구의 북한은 도시와 농촌까지 폐허가 되었고 산업시설도 완전히 파괴되었다.

북한이 표방한 4대 군사노선도 따지고 보면 6·25전쟁의 경험적 산물이었다. '전 인민을 무장화'하여 유사시 전투원으로 활용할 준비를 갖추며, '전 국토의 요새화'로 각종 군사시설은 물론 생산 및 소산시설을 지하화함으로써 공중폭격에 대비하고, '전 군의 간부화'로 북한군을 정예화하며, 현대적 무기로 무장하고 군사기술을 발전시킨다는 '장비의 현대화' 정책은 지금까지 변함없는 북한의 기본노선인 것이다.

서해 NLL 문제도 한국전쟁의 과정과 결과에서 비롯되었다. 한국전쟁 기간 극동해군은 압도적인 해군력으로 한반도의 동서해안을 통제했고, 서해의 대동강 하구(39°35′N) 이남 해상은 전쟁기간 내내 봉쇄되었다. 그러나 미 행정부가 한강 하구로부터 캔자스-와이오밍 선을 군사분계선으로 휴전교섭을 추진했기 때문에 38도선 이남의 개성 서측 연안 반도는 북한 지역이 되었고, 그 결과로 현재의 NLL 문제가 태동되었다. 38도선 이남에 위치한 백령도, 연평도 등 서해 5도는 38도선 남측 지역으로 휴전교섭 중에도 해상 분계선 문제가 거론되었지만, 해군력이 약하여 해상 봉쇄를 당하고 있었던 공산군 측으로서는 UN군 측의 통제선에 묵시적으로 동의할 수밖에 없었다.

또한 북한의 핵 개발 전략과 북한이 동서해안 방어와 후방 예비대를 보다 비중 있게 편성하는 것도 6 · 25전쟁 수행의 연속선상에서 평가하고 대안을 강구할 필요가 있다 할 것이다. 이러한 관점에서 보면 한국전쟁은 "아직 끝나지 않은 전쟁"인 것이다.

반드시 기억해야 할 교훈들

미국이 수행한 한국전쟁 수행 경과를 분석해보면 다양한 측면에서 많은 교훈이 있지만, 본서의 일관된 관점과 같이 군사전략적 차원에서 반드시 기억해야 할 교훈을 다음 세 가지로 정리하고 독자 제위들과 함께 논의해 보고자 한다.

첫 번째 교훈은 북한의 기습남침으로 한반도가 적화통일의 위기에 몰렸지만 주변국과 UN의 간섭으로 6·25전쟁은 국제전으로 비화되었고, 그 결과는 현 휴전선에서의 분단으로 다시 고착화되었다는 사실이다.

분단의 고착화는 동전의 양면과 같이 서로 다른 의미가 있다. 그 한편은 북한이 소련의 사주하에 압도적인 군사력으로 기습 남침하였음에도 불구하고 미국이 자유민주주의의 선봉에 서서 이를 격퇴하였다는 사실이며, 다른 한편으로는 세계 최강대국이었던 미국이 UN의 집행대리인으로 싸웠지만 객관적으로 열세하였던 공산군과의 전쟁에서 비길 수밖에 없었다는 것이다.

미국의 개입으로 공산침략을 극복하였다는 사실은 현재의 한·미동맹이 우리 안보의 기본축이 되어야 한다는 당위성을 웅변적으로 말해주지만, 비겼다는 사실은 미·중·일·러로 둘러싸인 지정학적 안보상황하에서 분쟁이 발발하였을 경우에 더 많은 고려사항이 있음을 시사한다. 중국은 미 제국주의의 침략에 반대하여 실시한 정의의 전쟁에서 승리하였다고 자평하고 있으며, 북한도 1953년 7월 27일을 조국해방전쟁 승리기념일로 착색해왔다. 이는 미국이 한반도에서 소련과의 대리전을 치러야 했다는 국제정치적 구조의 문제이기도 했지만, 험준한 산악지형에서 병력에 의한 근접전투 중심의 공산군과 예상외의 인명손실을 감수하면서까지 16개 참전국의 의지를 규합하여 완승을 목표로 한 미국의 전쟁 수행은 제한될 수밖에 없었다.

정전체제로 전환되고 60여 년이 지난 지금, 역사가 반복되어 이 땅에 다시 전쟁이 발발한다면 어떻게 될까? 북한에 비하여 한·미동맹의 국력이나 군사력이 1950년 당시보다 수치적으로 훨씬 더 우세한 상황이라고 판단할지 모르나, 그것은 숫자에 불과할지 모른다. 북한의 국제정치적 고립, 경제난과 불안정성 등이 심화되어 급변사태가 발생할 경우에도 우리의 낙관적인 상상이 현실화되기에는 예측하지 못한 숱한 어려움이 노정될 것이다. 왜냐하면 지정학적으로 한반도를 둘러싼 주변국가의 이해관계가 복잡하고, 오랜 기간 상이한 정치체제로부터의 이질감, 북한 핵 등 정치적·군사적 환경을 종합적으로 고려해볼 때 북한 정권과 통치체제가 유지되는 한 군사적으로 완전한 승리를 얻기 위한 인적·물적 손실은 감내해야 할 수준을 상회할 가능성이 높기 때문이다.

휴전선을 중심으로 한 남·북한의 과밀한 군사력과 현대적 무기체계의 살상력으로 미루어본다면, 이 땅에 전쟁이 다시 일어나서는 안 된다는 주장에는 이론의 여지가 없다. 한반도에 전면전쟁이 다시 발발한다면 그로 인한 물리적인 피해와 정치적·심리적인 상처는 회복 불가능한 상황이 될 것이다. 그렇다면 그 대응책은 무엇인가? 한·미동맹체제는 미래 안전보장의 근간이 되어야 하며, 군사적으로는 충분한 '억제' 능력을 갖추고 정치·외교 등 국가의 총체적 능력이 이를 뒷받침하여야 한다. 우리 군은 규모, 무기체계의 질(質), 장교단의 전문 직업성, 징병제하에서 세계 최고수준의 장병 등 강점을 극대화하고, 한미연합사를 중심으로 지휘체제와 교육훈련을 강화함으로써 위기대응태세를 유지해야 한다.

둘째, 첨단수준의 무기체계나 투입된 국방비의 총량이 국가안보와 전쟁 승리를 담보하지 않는다.

1950년 당시 중국의 국내총생산량은 미국의 1/16이었고, 국방비는 1/20이 되지 않았다. 전쟁 초기 미군 3명에게 1개월 동안 트럭 한 대분의 물자를 공급했지만 북한군 병사 3명에게는 같은 기간 자전거 한 대분의 물자를 지게와 우마차로 지원할 수밖에 없었다.

새롭거나 강력한 무기체계에 대한 과신은 오히려 전쟁 수행 전반을 그르칠 수 있다. 1950년 10월 중공군이 포로로 잡혔지만 미 행정부와 극동군사령부는 중국의 정규군의 참전했다고 믿지 않았고 그 규모도 과소평가했다. 그러한 오판은 아이러니하게도 미군이 자랑하던 무선통신 감청기술과 항공사진 판독에 근거한 정보력에서 기인했다. 1950년 10월 24일, UN군이 총공세를 실시하던 날 아침에 맥아더 장군은 청천강에서 압록강까지 항공 관측비행을 실시하고, 계획된 공세를 그대로 시행하도록 명령했다. 중공군이 참전했다는 사실에도 불구하고 총공세를 실행에 옮긴 것은 3주간에 걸쳐 실시한 극동공군의 공습 성과를 과신했기 때문이었다.

2년여의 휴전회담 기간에 극동군사령관이 믿었던 항공력도 공산군에게 의지를 강요하는 수단이 되지 못했다. 공산군은 땅굴을 파고 야간 · 산악전투로 대응했고, 기뢰전으로 극동해군의 전함에 맞섰다.

군사력의 열세를 뒤집는 본보기가 비대칭전략이다. 2,500여 년 전 손자는 전쟁이란 '상대를 기만하는 것(兵者詭道也)'으로, '적과 정공법으로 대치하고 기공으로 승리를 취하며(以正合, 以奇勝)', '적의 강한 곳을 피하고 약한 곳을 공격(避實而擊虛)'해야 한다는 비대칭전의 진수를 설파했다. 리델 하트(Liddell Hart)도 적의 강점을 피하고 약점을 이용하는 '간접접근전략(indirect approach)'을 제안했고, 미국의 전략가들은 9 · 11 테러 이후에 '비대칭전'의 개념을 새롭게 인식하게 되었다.

미래 위협에 대비하여 우리도 역(逆) 비대칭전략을 개발해야 한다. 적의 위협을 수준(level), 차원(dimention), 유형(pattern)으로 나누어 구체적으로 분석하고, 적의 취약점을 이용하는 대응개념을 설정하여야 한다. 그리고 이를 위한 교리 및 전법의 개발과 군사대비태세 유지를 위한 훈련이 뒷받침되어야 한다.

또한 무기체계와 같은 유형 전력도 중요하지만 무형 전력의 중요성이 강조되어야 한다. 낮에는 UN군이 밤에는 공산군이 고지를 뺏고 빼앗는 진지전으로 전환된 이후에도 한국군은 한 치의 땅이라도 더 차지하기 위하여 끝까지 싸움으로써 지금의 휴전선을 지켜낼 수 있었으며, 그 결과가 한·미동맹체제의 초석이 되었다. 군이 왜 싸워야 하는지, 어떻게 싸워야 하는지에 대한 분명한 가치관을 확립해야 하며, 조건반사적 대응이 가능한 수준까지 장병의 교육훈련을 강화해야 한다.

셋째, 국민의 안보의식과 의지만큼 국가의 안보태세는 견고해질 것이다.

국가의 안보태세가 굳건하려면 냉철하고 판단력 있는 정치가, 전략적 혜안과 지도력이 있는 군사지휘관과 훈련된 군대, 그리고 적개심, 즉 평화를 위해서 전쟁에 대비해야 하며 기꺼이 그에 따른 수고에 동참할 의지를 가진 국민이 있어야 한다. 민주주의 국가에서 훌륭한 정치가를 국민이 선출하고 국정의 수행을 국민이 감시·감독한다고 보면, 국민의 안보에 대한 이해와 의지가 결국 그 나라의 안보태세를 결정한다고 말할 수 있다.

민주주의 국가에서 군이 전문 직업주의를 추구하고, 안보에 관한 사항이 국가적 비밀이기에 군에게 국가안위에 관한 모든 것을 맡기기만 하면 된다는 생각은 후진적이며 무책임한 일이다. 현대의 전쟁은 총력전이기에 국가의 모든 능력이 통합되어야 하고, 동시에 거의 모든 국민이 전쟁에 직간접적으로 참여하게 된다. 무엇보다도 군사력의 건설과 유지에 소요되는 천문학적 비용은 모두 국민이 책임져야 할 몫이다.

고가의 무기체계를 정치적 판단이나 비밀이라는 이유로 효과성을 입증하지도 않은 채 구매하도록 방치하는 국민은 국가의 안보를 요구할 자격이 없다. 대한민국의 국민이라면 지금의 평화를 유지하기 위하여 피를 흘렸던 쓰라린 역사와 전쟁사를 공부해야 하고, 국방비가 어떻게 사용되며 군사력과 대비태세의 수준은 적정한지 궁금해해야 한다.

끝으로 "평화를 원하거든 전쟁을 준비하라"는 격언을 되새기면서, 우리 국민들이 군을 아끼고 사랑하며 국가의 안보태세를 지혜롭게 살펴 진정한 평화와 광복의 그날이 속히 오길 기원한다. 국민이야말로 진정한 평화의 보루임에 틀림없다.

주

서론

1　한국전쟁의 발발 기원을 상황 논리로 해석하거나 미국의 군사 사상과 전략에 의한 공중 폭격을 제국주의적이며 야만적인 전투행위라는 비판적 시각이 있다. 커밍스 · 할리데이 (Bruce Cummings and Jon Halliday), 차성수 · 양동주 역,『한국전쟁의 전개과정』(서울: 태암, 1989).

2　군사투쟁은 철저하게 정치투쟁을 위하여 복무하는 것이다. 한국국방대학교, 박종원 · 김종운 역,『중국전략론』(서울: 팔복원, 2001), p. 199.

3　퍼트렐(Robert Frank Futrell), 강승기 역,『한국전에서의 미 공군 전략』(서울: 행림출판, 1982), pp. 365-367; 허준, "한국전쟁 시 해군력 운용과 역할에 관한 연구"(국방대학원 안전보장학 군사전략 석사학위논문, 1989), pp. 11-12.

4　미 합동참모본부는 각 군의 참모총장과 해병대 사령관으로 구성되었고, 초대 합참의장은 브래들리(Omar N. Bradley) 원수였다. 슈나벨 · 왓슨(James F. Schnabel and Robert J. Watson), 채한국 역,『미국 합동참모본부사: 제3집 한국전쟁(상)』(서울: 국방부 전사편찬위원회, 1990), pp. 314, 319; 남정옥,『한미 군사 관계사 1871-2002』, pp. 465-466.

5　극동군사령주의 보급품 할당 순서도 한국 육군은 일본 경찰 예비대 다음이었다. 슈나벨 · 왓슨,『미국 합동참모본부사: 제3집 한국전쟁(상)』. pp. 267-273.

6　슈나벨 · 왓슨,『미국 합동참모본부사: 제3집 한국전쟁(하)』, pp. 203-212.

7　육 · 해 · 공군은 전장에 대한 상이한 가치와 우선순위를 가지고 있다. 위의 책, pp. 113-121.

8　또한 극동해군은 해양통제권을 확보함으로써 전쟁물자와 병력을 지속적으로 제공할

수 있었다. UN군의 병력 7명 중 6명이 해상으로 수송되었고, 총 5,400만 톤의 물자와 2,200만 톤의 유류가 선박으로 수송되었다. 케이글 · 맨슨(Malcolm W. Cagle and Frank A. Manson), 신형식 역, 『한국전쟁 해전사』(서울: 21세기 군사연구소, 2003), pp. 182-183.

9 김태우, "한국전쟁기 미 공군의 공중폭격에 관한 연구"(서울대학교 대학원 박사학위논문, 2008), p. 33.

10 1949년 미 공군은 60개 전대에서 48개 전대로 축소되었지만, 전략공군사령부(SAC)는 18개 전대에서 19개 전대로 확장되었다. 위의 글, pp. 41-42.

11 전쟁은 정치적 · 경제적 수단 등과 달리 폭력을 수반하지만, 정치적 목적을 수행하기 위한 도구인 면에서 무분별한 학살과 구별된다. 베일리스(John Baylis) 외, 박창희 역, 『현대전략론』(서울: 경성문화사, 2009), p. 45.

12 김영성, "미국과 이라크 간 전쟁에 관한 연구", p. 28.

13 필드(James A. Field, Jr.), 해군본부 작전참모부 역, 『미 해군 한국전 참전사』(서울: 해군본부, 1985), pp. 466-467.

14 위의 책, p. 515.

15 2013년 통화가치로 계산한 전쟁 비용은 제2차 세계대전이 3조 2,110억 달러, 2위가 한국전쟁 6,910억 달러, 그 다음이 베트남전쟁 6,500억 달러, 제1차 세계대전 6,420억 달러, 테러와의 전쟁 4,390억 달러, 이라크전 3,190억 달러, 걸프전 920억 달러 순이었다. 김병륜, "승패 좌우하는 군수… 미 6 · 25전쟁 비용은 767조 원", 『국방일보』, 2013년 3월 17일.

16 미국의 인명피해는 전사 5만 4,246명, 부상 46만 8,659명, 실종 739명, 포로 4,439명이다. 김원권, 『한국전쟁 피해 통계집』(서울: 국방군사연구소, 1996), pp. 135-138; 미 해군의 73척이 공산군의 해안포 등에 의하여 피해를 입었고, 4척의 소해함과 1척의 원양 예인선이 기뢰폭발로 침몰하였다. 항공기 손실은 극동공군 1,466대, 해병대 항공기 368대, 극동해군 항공기 316대이며, UN 참전국 항공기 손실은 152대이다. 남정옥, "미국의 국가안보체제 개편과 한국전쟁 시 전쟁정책과 지도"(단국대학교 대학원 사학과 박사학위논문, 2006), pp. 99, 103.

17 중국 해방군화보사(中國 解放軍畵報社), 노동환 외 역, 『그들이 본 한국전쟁 1』(서울: 눈빛출판사, 2005), pp. 16-17; 방문권 · 허종호, 『혁명무력의 위대한 영도자: 자주시대의 위대한 수령 김일성 동지』, 4권(평양: 사회과학출판사, 1988), pp. 170-251.

18   류제승, 『아직 끝나지 않은 6 · 25전쟁』(서울: 책세상, 2013), pp. 218-220; 파견된 소련
        군은 약 7만 2,000여 명이었다. 페트로프(Leonid. Petrov), "러시아에서 본 한국전쟁",
        『전쟁의 기억 · 기억의 전쟁』, 한국학중앙연구원 동아시아역사연구소 국제학술회의
        (2012. 12. 18), p. 5; 소련은 미국과 직접적인 군사적 충돌이나 한국전쟁에 연루되기를
        원하지 않았기 때문에, 10월 25일 중국군이 UN군과의 교전에 성공하고 난 이후에 소련
        공군을 파견했다. "한국전쟁에서의 중국 지상군과 소련 공군의 개입 협상: 러시아와 중
        국의 새로운 증거", 『전쟁의 기억 · 기억의 전쟁』, 한국학중앙연구원 동아시아역사연구
        소 국제학술회의(2012. 12. 18), p. 65.

19   Rosemary Foot, *The Wrong War: American Policy and the Dimensions of the Korean
        Conflict*, 1950-1953 (Ithaca: Cornell Univ. Press, 1985), pp. 23-24.

20   북한은 미 제국주의에 맞서 투쟁한 '조국해방전쟁'이라고 규정하고, 1950. 6. 25-9. 15까
        지 제1단계는 미 증원부대 상륙 전에 남반부를 해방하기 위하여 싸웠으며, 1950. 9. 16-
        10. 24까지 제2단계에서는 인천상륙작전 이후 UN군의 진격을 지연시키면서 계획적인
        후퇴와 새로운 후비부대를 편성했으며, 1950. 10. 25-1951. 6. 10까지 제3단계에서는
        중국의 지원군과 함께 UN군을 38선 이남까지 구축하면서 UN군의 역량을 소멸했으며,
        1951. 6. 11-1953. 7. 27까지 제4단계에서는 미군의 증강과 장기전의 상황에서 진지방
        어전으로 승리를 쟁취했다고 주장한다. 『조선대백과사전』, 17권(평양: 백과사전출판사,
        2000), pp. 501-502.

21   한국학 중앙연구원 동아시아 역사연구소는 2012년 12월 18일에 "전쟁의 기억 · 기억의
        전쟁" 제하의 국제학술회의를 개최한 바 있다.

1부 즉각 개입

1   '트루먼 선언'을 뒷받침하기 위해 북대서양조약기구(NATO)를 창설하는 등 유럽 방위에
        일관된 노력을 경주했고, 터키에 대한 1억 달러의 군사원조와 그리스에 대한 3억 달러의
        경제 및 군사원조를 핵심으로 하는 '마셜 플랜'이 추진되었다. 김행복, 『한국전쟁의 전쟁
        지도: 한국군 및 유엔군 편』(서울: 국방부 군사편찬연구소, 1999), p. 38.

2   국방부 군사편찬연구소, 『전쟁의 배경과 원인』, 6 · 25전쟁사, 1권(2004), p. 106.

3   슈나벨 · 왓슨(James F. Schnabel and Robert J. Watson), 채한국 역, 『미국 합동참모본
     부사: 제3집 한국전쟁(상)』(서울: 국방부 전사편찬위원회, 1990), pp. 41-42.

4   그 선 밖에 있는 나라들의 안전에 대한 질문에 대하여 애치슨 장관은 아무도 이들 지
     역을 군사적 공격으로부터 보호할 수 없으며, 또 그러한 장치는 필요하지도 않고 효
     력도 없다고 대답했다. 김행복, 『한국전쟁의 전쟁지도』, pp. 38-39.

5   미국의 합동참모본부는 국가안전보장법(1947)과 그것의 수정법(1949)에 의거 합동전
     략기획단, 합동정보단, 합동군수기획단 등 3개의 주요 단을 편성하고, 그 위에는 각 군
     대표로 구성된 3개의 합동위원회를 구성했다. 합동참모본부는 그 위원회 중 어느 하
     나에 과업을 부여하며, 그 위원회는 다시 해당되는 합동참모단에게 검토 보고를 요청함
     으로써 주어진 과업을 수행했다. 슈나벨 · 왓슨, 『미국 합동참모본부사: 제3집 한국전쟁
     (상)』, pp. 6-7.

6   1945년 이래 한국에 대한 미국의 원조액은 매년 1억 달러를 초과했는데, 미국은 파시
     즘과 식민주의를 추구한다는 국제사회의 비판을 받았다. 필드(James A. Field, Jr.), 해군
     본부 작전참모부 역, 『미 해군 한국전 참전사』(서울: 해군본부, 1985), p. 24.

7   1948년 8월 15일 대한민국 정부가 출범하면서, 미 제24군단에 의한 미군정이 종결되
     었다. 주한 미국 군사고문단에 대한 지휘감독을 극동군사령관이었던 맥아더 장군이 작
     전지휘권을 거부함에 따라 주한 미국대사의 관할하에 들어갔고 국무부의 통제를 받았
     다. 국방부 군사편찬연구소, 『전쟁의 배경과 원인』, pp. 115-119, 124-125.

8   스튜어트(James T. Stewart) 편저, 공군본부 작전참모부 역, 『한국전쟁에서의 공군력』
     (서울: 공군본부, 1981), p. 8. 소련은 전후 군사력을 1/3 수준으로 감축했음에도 175개
     사단, 430만 명을 유지하고, 155억 달러의 국방예산을 사용하고 있었다. 국방부 군사편
     찬연구소, 『전쟁의 배경과 원인』, p. 89.

9   맥아더는 1947년 1월 1일에 공표된 통합군사령부 계획에 따라 극동군사령관(CINCFE)
     이 되었다. Harry G. Summers, Jr., *Korean War Almanac* (New York: Facts on File,
     1990), p. 48.

10   통합군사령부란 동일 국가의 육군, 해군, 공군에서 차출된 상당규모의 부대로, 단일 지
     휘관의 통합지휘 또는 작전통제하에 작전하는 부대를 말한다. 국방부 군사편찬연구소,
     『전쟁의 배경과 원인』, pp. 89-91.

11   각 사단의 전시 편성은 1만 8,900명이었지만, 평시 편제는 3개 대대, 6개 중전차중대,
     3개의 105mm 포병대대, 3개 대공포대가 결여되어 있었다. James F. Schnabel, *Policy
     and Direction: The First Year* (Washington, D.C.: Office of the Chief of Military History

United States Army, 1972), p. 54.

12 위의 책, p. 59.

13 필드,『미 해군 한국전 참전사』, pp. 58-59.

14 제96기동부대의 기함 주노(Juneau)함은 배수량이 6,000톤, 속력이 33kts 이상이었으며 주포로 5인치(Twin) 16문을 장착하고 있었다. 또한 제91구축함분대의 구축함 4척 (Mansfield, DE Haven, Collett, Swensen)은 배수톤수 2,200톤, 속력 35kts로 1944년에 건조되었으며 각각 5인치(S) 6문을 장착하고 있었다. 위의 책, p. 58. 제90기동부대는 상륙군 지휘함 1척, 병력 및 화물 수송함 각 1척 및 예인함 등으로 구성되어 있었다. 위의 책, p. 59. 제3기뢰전대(Mine Squadron 3)는 디젤엔진을 사용하는 목선 6척과 소해함 4척으로 구성되어 있었다. 허준, "한국전쟁 시 해군력 운용과 역할에 관한 연구"(국방대학원 안전보장학 군사전략 석사학위논문, 1989), pp. 25-27.

15 필드,『미 해군 한국전 참전사』, p. 61.

16 1950년 6월 당시 서태평양지역의 미 해군력은 극동해군사령관과 제7함대 사령관 예하의 전투부대는 항공모함 1척, 순양함 2척, 3개의 구축함 분대, 2개 초계기 대대 그리고 몇 척의 잠수함이 전부였다. 허준, "한국전쟁 시 해군력 운용과 역할에 관한 연구", p. 29. 이 외에도 극동해역에는 영국과 오스트레일리아 함정들이 활동하고 있었다. Summers, *Korean War Almanac*, pp. 196-197.

17 비행단(Wing or Air Wing)은 3-5개의 전대로 구성되는데, 한국군은 보통 준장이, 미군의 경우는 대령이 지휘한다; 1950년 5월 31일 극동공군은 1,172대를 보유하였지만, 작전 투입이 가능한 항공기는 553대였고, 그중 F-80C 제트전투기가 365대로 노후했다. 퍼트렐(Robert Frank Futrell), 강승기 역,『한국전에서의 미 공군전략』(서울: 행림출판, 1982), p. 61.

18 제5공군 전방사령부는 1950년 7월 24일 주한 미제5공군사령부(Fifth Air Force in Korea: FAFIK)로 개칭되었다. 김태우, "한국전쟁기 미 공군의 공중폭격에 관한 연구"(서울대학교 대학원 박사학위논문, 2008), p. 61.

19 채병덕 소장과 김백일 대령에 의해서 이루어진 후방 예비병력의 이동 지연과 축차적 투입, 한강교 조기 폭파 등이 결정적인 과오로 지적되었다. 김행복,『한국전쟁의 전쟁지도』, p. 564; 국방부 군사편찬연구소,『전쟁의 배경과 원인』, p. 127; 일본육전사연구보급회 편, 육군본부 군사연구실 역,『한국전쟁 1권: 38선 초기전투와 지연작전』(서울: 명성출판사, 1986), p. 291.

20 북한군 남침은 새벽 4시경에 시작되었다. 아침 6시경에 북한군이 옹진, 개성, 춘천에서

38선을 넘기 시작하였으며, 동해안 강릉 남쪽에서 상륙했다. 슈나벨 · 왓슨, 『미국 합동 참모본부사: 제3집 한국전쟁(상)』, pp. 58-59.

21 위의 책, p. 64.

22 위의 책, p. 69.

23 이후 미 합참은 미 제7함대의 작전통제권을 태평양함대 사령부로부터 극동군사령부로 이양하였다. 필드, 『미 해군 한국전 참전사』, p. 53.

24 케이글 · 맨슨(Malcolm W. Cagle and Frank A. Manson), 신형식 역, 『한국전쟁 해전사』 (서울: 21세기 군사연구소, 2003), p. 52.

25 북한군은 1950년 6월 28일 11시 30분에 서울을 해방하였다. 방문권 · 허종호, 『혁명무력의 위대한 영도자: 자주시대의 위대한 수령 김일성 동지』, 4권(평양: 사회과학출판사, 1988), p. 187.

26 한국군은 종심방어나 군수지원체계가 준비되지 않았고, 후퇴작전의 계획이나 실행 능력도 없었다. "Security Information: From CINFE To JCS (30 June 1950)," Pertinent Papers on Korean Situation, Volume I, pp. 222-224; 슈나벨 · 왓슨, 『미국 합동참모본부사: 제3집 한국전쟁(상)』, p. 75.

27 미 제5공군이 일본 북구에 전개되어 있었기 때문에 한국전쟁 초기에는 18개 편대 중 4개 편대만이 출격할 수 있었다.

28 항공모함보다는 작지만 구축함보다는 크며, 빠른 속도로 넓은 해역을 장악할 수 있도록 만들어진 군함이다. 김행복, 『한국전쟁의 전쟁지도』, p. 189.

29 당시 프리깃(Frigate)함은 호위함이라고 부른다. 빠른 기동을 위해 경무장한 특징을 지니며 순찰과 호위 목적에 운용하는 전함이다. 영국 해군이 실제로 한국전쟁에 참가한 것은 9월 5일이었다. 필드, 『미 해군 한국전 참전사』, pp. 72-73.

30 "Memorandom for the secretary of Defence: U.S. Courses of Action in the Event Soviet Forces Enter Korean Hostilities (10 July 1950)," Pertinent Papers on Korean Situation, Volume I, pp. 236-237.

31 한반도의 지정학적 가치를 인정하지 않고 주한 미군의 철수를 주장한 사람도 맥아더 장군이었다. 이상호, "맥아더와 한국전쟁, 1945-1951"(한국학중앙연구원 한국학대학원 박사학위논문, 2007). pp. 228-229.

32 미 합동참모본부는 6월 28일 '지상군'을 투입하지 않고, 38선 이북에 대한 공중작전과 미 제7함대의 지원만을 검토하였다. 이는 한국전쟁에 '완전한 개입'을 피하려는 의도였다.

위의 글, pp. 90-93.

33 Roy E. Appleman, *South to the Naktong, North to the Yalu; June to November 1950* (Washington D.C.: U.S. Government Printing Office, 1975), p. 50; 퍼트렐,『한국전에서의 미 공군전략』, pp. 5-6.

34 슈나벨 · 왓슨,『미국 합동참모본부사: 제3집 한국전쟁(상)』, p. 101에서 재인용.

35 온창일은 미국이 국가 위신(prestige) 때문에 개입하였다고 주장했다. Chang-Il Ohn, "The Joint Chiefs of Staff and U.S. Policy and Strategy Regarding Korea 1945-1953," Ph.D. Dissertation, University of Kansas, 1978, pp. 88-99.

36 남정옥,『한미 군사 관계사 1871-2002』(서울: 국방부 군사편찬연구소, 2002), pp. 465-466.

37 1950년 7월 3일, 트리그브 리(Trygve H. Lie) 유엔 사무총장이 제출한 결의안은 미국이 유엔회원국이 제공한 모든 부대를 지휘하는 것이었다. 김태우, "한국전쟁기 미 공군의 공중폭격에 관한 연구", pp. 54-55.

38 남정옥,『한미 군사 관계사 1871-2002』, pp. 311-314.

39 합동참모본부는 합동전략기획단, 합동정보단, 합동군수기획단으로 구성되었으며, 이들 합동참모단 위에는 각 군의 대표로 구성된 각각의 위원회가 편성되었다. 합참은 위원회에 과업을 부여하며, 위원회는 합동참모단에 보고를 요청하고 검토, 수정, 승인의 과정을 통하여 과업을 수행했다. 슈나벨 · 왓슨,『미국 합동참모본부사 제3집 한국전쟁(상)』. p. 7.

40 김행복,『한국전쟁의 전쟁지도』, pp. 201-206; 슈나벨 · 왓슨,『미국 합동참모본부사: 제3집 한국전쟁(상)』, pp. 110-111; 송요태, "낙동강 방어선 동부축선 상에서의 한미연합작전", 「한국전쟁 시 한 · 미 군사적 역할과 주변국의 대응」, 국방부 군사편찬연구소, 한 · 미 국제학술세미나(2003. 6. 26), p. 130.

41 김행복,『한국전쟁의 전쟁지도』, p. 269.

42 남정옥,『한미 군사 관계사 1871-2002』, pp. 322-323.

43 이는 미 군부 내 맥아더 장군의 영향력에서 기인했다. 합참의장 브래들리 장군도 육사 12년 후배였으며, 육군 참모총장 콜린스 장군과 해군 참모총장 셔먼 제독, 공군 참모총장 반덴버그 장군은 맥아더 장군이 육군사관학교 교장이었을 때에 사관생도 혹은 초급 장교였다. 슈나벨 · 왓슨,『미국 합동참모본부사: 제3집 한국전쟁(상)』, pp. 417-421.

44 위의 책, pp. 15-18.

45 9월 중순 에티오피아는 UN 사무총장에게 군사지원 제공을 약속하고, 11월에 1,069 명의 부대를 제공했다. 라틴아메리카에서는 콜롬비아가 유일하게 해군과 군사원조를 제의했다. 1개 중대를 파견한 룩셈부르크와, 공군 부대의 형태만을 제공한 남아프리카 연방을 제외하고 적어도 대대급 규모의 지상군을 제공했다. 위의 책, pp. 115-137.

46 온창일 외,『6 · 25전쟁 60대 전투』(서울: 황금알, 2011), p. 46.

47 B-29의 차출은 미국의 한국전쟁 개입을 상징하는 것이라고 기사화되었다. Conrad C. Crane, "Raiding the Begger's Pantry: The Search for Airpower Strategy in the Korean War," *The Journal of Military History*, Vol. 63, No. 4 (Oct. 1999), p. 887.

48 제22, 제92폭격기대대는 미 본토에서 8,000마일이나 떨어진 극동으로 9일 만에 이동 하여, 원산폭격작전에 참여하였다. 퍼트렐,『한국전에서의 미 공군전략』, pp. 51-52, 75.

49 1921년 두에(Giulio Douhet)의『제공권(*The Command of the Air*)』을 통해서 '전략폭격 (Strategic Bombing)'이 최초로 개념화되었다. 손경호, "한국인들의 제2차 세계대전 기 억과 6 · 25전쟁",『전쟁의 기억 · 기억의 전쟁』, 한국학 중앙연구원 동아시아역사연구소 국제학술회의(2012. 12. 18), p. 27; 김태우, "한국전쟁기 미 공군의 공중폭격에 관한 연구", pp. 26-27.

50 Conrad C. Crane, "Raiding the Begger's Pantry," p. 889; 김태우, "한국전쟁기 미 공군의 공중폭격에 관한 연구", pp. 67-73.

51 8월 1일부터 5일간 흥남 비료공장, 8월 10일 원산 정유소와 철도창, 8월 22일에 청진 등 북한 전략표적에 대한 UN공군의 항공폭격은 8월 중 계속되었다. 퍼트렐,『한국전에서 의 미 공군전략』, pp. 173-183.

52 소련 해군이 나진항에서 북한군을 훈련시켰고, 청진 및 웅기의 기지시설도 자유롭게 사 용하고 있었다. 필드,『미 해군 한국전 참전사』, p. 47.

53 제5전술공군의 하루 출격능력은 400소티였고, 7월 한 달 동안 4,300회의 지상 근접지 원, 2,550회의 근접차단, 57회의 전략폭격, 1,600회의 정찰 및 공중수송을 지원함으로써 총 8,600여 회를 출격하였다.

54 F-80기는 일본 기지로부터 350마일(563.5km) 떨어진 전투지역까지 비행하여 15분 정 도 체공할 수 있었기 때문에 출격한 항공기의 약 25%만이 공중폭격 작전에 효율적으로 참여할 수 있었다. 김태우, "한국전쟁기 미 공군의 공중폭격에 관한 연구", pp. 126-129, 295.

55 극동공군사령부는 제77기동부대의 평양 공습계획을 알지 못하여, 7월 4일에 계획한

B-29의 평양 출격을 취소해야 했다. 퍼트렐, 『한국전에서의 미공군전략』, pp. 54-55. 이후 연합함대는 7월 한 달 동안 북한군의 항공기 38대를 완파하고 27대에 손상을 입혔다. 케이글 · 맨슨, 『한국전쟁 해전사』, pp. 56-57.

56 케이글 · 맨슨, 『한국전쟁 해전사』, p. 281; 필드, 『미 해군 한국전 참전사』, p. 76.

57 필드, 『미 해군 한국전 참전사』, p. 202.

58 케이글 · 맨슨, 『한국전쟁 해전사』, p. 303.

59 허준, "한국전쟁 시 해군력 운용과 역할에 관한 연구", p. 49.

60 필드, 『미 해군 한국전 참전사』, p. 55.

61 김행복, 『한국전쟁의 전쟁지도』, p. 565.

62 7월 1일 미 극동군지휘소장 처치(John. J. Church) 준장과 한국군 총참모장 정일권 소장이 협의하여 미국은 경부국도를 기준으로 서부전선을, 한국군은 동부전선을 담당하기로 협의했다. 온창일 외, 『6 · 25전쟁 60대 전투』, pp. 42-45.

63 Schnabel, *Policy and Direction*, p. 84.

64 슈나벨 · 왓슨, 『미국 합동참모본부사: 제3집 한국전쟁(상)』, pp. 140-141.

65 미군의 교리 및 편성에 의하면 수 개의 사단으로 군단을 편성하고, 수 개의 군단과 전투지원 및 전투근무 지원부대로 독립적인 작전이 가능한 군을 편성한다.

66 미국은 1950년 한국전쟁이 시작될 당시에 육군 10개의 전투사단과 해병대 2개 사단을 운용하고 있었다. 필드, 『미 해군 한국전 참전사』, pp. 107-108.

67 김행복, 『한국전쟁의 전쟁지도』, pp. 331-332.

68 북한군은 5단계로 나누어 작전을 전개했는데, 제1차 작전은 6월 25-29일 어간에 서울을 해방하면서 한국군 기본집단을 소멸하고, 제2차 작전은 7월 6일까지 평택-충주-삼척선까지 진출하며, 제3차 작전은 7월 20일까지 대전과 소백산 동남부에서 한국군을 소멸하며, 제4차 작전은 8월 20일까지 마산대구-영천-포항 선까지 진출하고, 제5차 작전은 9월 15일까지 부산 근거지를 소멸하는 데 목표를 두었다. 방문권 · 허종호, 『혁명무력의 위대한 영도자』, p. 187.

69 그 실종자 중에는 미 제24사단장 딘 소장도 포함되어 있었다. 온창일, 『6 · 25전쟁 60대 전투』, pp. 52-62.

70 케이글 · 맨슨, 『한국전쟁 해전사』, pp. 58-62.

71 필드, 『미 해군 한국전 참전사』, p. 63.

72   위의 책, pp. 145-146.

73   국방부 군사편찬연구소, 『6 · 25전쟁사 4권: 금강-소백산맥 선 지연작전』, pp. 618-620.

74   공군본부 작전참모부, 『한국전쟁 항공전사』(서울: 공군본부, 1989), p. 107; 퍼트렐, 『한
      국전에서의 미 공군전략』, p. 99.

75   극동공군의 오도넬 폭격기사령관은 전략폭격기가 북한 지역으로 출격할 경우에 호위전
      투기가 필요 없다고 말했다. 퍼트렐, 『한국전에서의 미 공군전략』, pp. 92-96.

76   김일성은 38선 이북의 평양, 남포, 해주, 원산, 함흥 등, 38선 이남의 서울, 춘천, 개성, 의
      정부, 주문진, 강릉 등 도시와 농촌을 미군이 무차별적으로 폭격했다고 비난했다. "미제
      국주의자들의 무력침공을 단호히 물리치자: 전체 조선인민에게 한 방송연설(1950년 7월
      8일)", 『김일성 저작집』 제6권, pp. 33-34.

77   김일성은 미국이 야만적인 방법으로 인민들을 학살하고, 반년 남짓한 기간에 전 국토를
      잿더미로 만들었다고 비난했다. 김일성, "전후 평양시 복구건설 총계획도를 작성할 데
      대하여: 도시설계 일군들과 한 담화(1951. 1. 21)", 『김일성 저작집』 6권, pp. 277-278;
      김일성, "조국해방전쟁의 전망과 종합대학의 과업: 김일성종합대학 교직원, 학생들
      앞에서 한 연설(1952. 4. 13)", 『김일성 저작집』 7권, p. 143; 이명환, 『6 · 25전쟁 기간 중
      항공작전 연구』, 국방부 군사편찬연구소 군사사 연구총서 제1집(서울: 군사편찬연구
      소, 2001), p. 417.

78   케이글 · 맨슨, 『한국전쟁 해전사』, p. 63.

79   국방부 군사편찬연구소, 『소련 군사고문단장 라주바예프의 6 · 25전쟁 보고서』 2권,
      p. 261.

80   7월 27일에는 여수를 점령하고, 목포항과 여수항 방어를 위해 증강된 1개 대대씩을 주
      둔시켰다. 국방부 군사편찬연구소, 『소련 군사고문단장 라주바예프의 6 · 25전쟁 보
      고서』 1권, pp. 209-212.

81   미 공군은 전략폭격에 주안을 두었고 근접항공 지원작전은 유럽 국가들과 같이 통제항
      공기가 표적 정보를 제공했다. 반면 미 해군과 해병대의 근접항공 지원은 지상군 지휘관
      이 항공기를 직접 통제하도록 하였기에 화력지원의 성과가 높았다. 케이글 · 맨슨, 『한
      국전쟁 해전사』, pp. 68-72.

82   예컨대, 1950년 8월 16일, 제8군사령관 워커는 극동공군사령관에게 B-29 중폭격기의
      지원에 감사를 전했고, 9월 제25사단장 킨 소장은 인터뷰에서 제5공군의 근접항공 지원
      으로 여러 차례 위기를 넘겼다고 언급했다. 김태우, "한국전쟁기 미 공군의 공중폭격에

관한 연구", pp. 144-145.

83 국방부 군사편찬연구소, 『소련고문단장 라주바예프의 6·25전쟁 보고서』 1권, p. 178.

84 미군은 1952년 7월까지 파괴되거나 유기된 T-34 전차 256대에 대한 기술검사와 더불어
    참전자들에 대한 설문, 전투보고서 및 노획문서 대조로 원인을 분석했다. 그 결과 공산
    군 전차 97대(38%)가 UN군 전차와의 교전에 의한 피해로, 35대(14%)가 대전차로켓포
    에 의해서, 28대(10.9%)가 포병화력에 의하여 파괴되었으며, 63대(25%)가 파괴되지 않
    고 버려진 것으로 보아 대부분 유류와 수리부속 등 보급지원의 문제로 파악되었다. 한편
    1950년 7월부터 9월까지 미군 전차 손실은 총 136대였는데, 그중 70%가 북한군의 지뢰
    에 의한 것이었다. 육군본부, 『6·25전쟁 시 기갑부대 운용』, pp. 256-265.

85 7월 13일에는 원산을, 7월 22일에서 8월 7일 어간에 평양에 대한 공중폭격을 4회나 실
    시하여 초토화했다. 김태우, "한국전쟁기 미 공군의 공중폭격에 관한 연구", p. 94; 국방
    부 군사편찬연구소, 『6·25전쟁사 4권: 금강-소백산맥 선 지연작전』, pp. 693-699.

86 한국전쟁기에 참전한 항공모함(CV, Aircraft Career)은 공격항모(CVA, attack), 호위항
    모(CVE, escort), 경항공모함(CVL, light) 등으로 대별되었다. 공격항모는 핵무기 운용
    을 목적으로 대형 항재기의 이착륙이 가능한 항공모함이었으며, 호위항모는 보다 작은
    규모로 주로 해병대 항공단을 탑재했다. 그러나 공격항공모함(CVA)은 일반적으로 CV
    로 호칭되었다. 필드, 『미 해군 한국전 참전사』, pp. 165-169.

87 위의 책, pp. 5-7.

88 미국 본토에서 1개 사단을 투입하기 위해서는 집결 및 선적에 12일, 승선에 7일, 태평양
    횡단에 18일, 하선 및 정리에 7일이 평균적으로 소요되었다. 일본에서는 10일이 소요되었
    다. 국방부 군사편찬연구소, 『소련 군사고문단장 라주바예프의 6·25전쟁 보고서』 2권,
    pp. 258-259.

89 종심지역 "A", "B", "C"의 항공작전은 지상군 지원에 1/2, 지정된 지역에서의 차단 임무
    에 1/2의 전력을 사용하는 것이었다. 필드, 『미 해군 한국전 참전사』, p. 179; 미 제7함대
    항공모함 함재기들은 맥아더 장군의 명령에 따라 7월 25일부터 호남지역으로 우회한 북
    한군 격멸을 위하여 지상군 근접화력지원 작전에 투입되었다. 퍼트렐, 『한국전에서의
    미 공군전략』, pp. 111-113.

90 1950년 8월 1일부터 4일까지 천연적인 장애물인 낙동강을 따라 새로운 방어선을 구축
    했는데, 이는 동서로 90km, 남북으로 150km로 총 240km였다.

91 미군의 보병사단은 수색중대에 경전차를 장비하였고, 4개의 연대전투단은 전차중대를
    편성하고 있었다. 8월 20일까지 낙동강 방어선 내의 UN군 전차는 약 500대로 증강되어

5대 1의 우세를 보였다. 육군본부,『6 · 25전쟁 시 기갑부대 운용』, pp. 39-48.

92 낙동강 방어전투 동안, 북한군은 12만 명 정도였지만, 미 제8군(한국군 포함)은 방어선 내에만 17만 9,000여 명에 달하였고, 미 공군의 화력은 지상군 작전에 집중적으로 지원 하여 지상전투에 커다란 영향을 미쳤다. 서상문,『모택동과 6 · 25전쟁: 파병 결정과정 과 개입동기』, pp. 125-126; 김행복,『한국전쟁의 전쟁지도』, p. 267.

93 '시실리' 항모는 7월 27일에, '바둥 스트레이트' 항모는 7월 31일에 도착하였다. 케이글 · 맨슨,『한국전쟁 해전사』, pp. 73-81.

94 주영복,『내가 겪은 조선전쟁』제1권(서울: 고려원, 1991), pp. 415-416.

95 부산항은 1일 4만 5,000톤을 처리할 수 있었지만, 육상 수송능력 때문에 하루 양육량을 1만 4,000톤으로 제한하였다. 일본육전사연구보급회,『한국전쟁 1권: 38선 초기전투와 지연작전』, pp. 195-198.

96 일육전사연구보급회 편,『한국전쟁 5권: 유엔군의 반격과 중국군의 개입』, p. 14.

97 7,500명으로 판단되었던 북한군 제6사단에 대해, 제공권을 장악한 상태하에서 2만 4,000명의 대병력으로 실시한 이 공격작전도 지형과 북한군 전법의 특이성 때문에 소기 의 성과를 올리지 못했다. 김행복,『한국전쟁의 전쟁지도』, pp. 277-278.

98 제29연대가 가까운 오키나와에서 7월 24일 가장 먼저 도착했고, 제5연대전투단이 하와 이에서 7월 31일 도착했다. 제1임시해병여단과 제2보병사단의 2개 연대가 뒤를 이었고, 제2사단의 나머지 부대들은 8월 19일에 부산에 도착하여 낙동강 방어선에 투입되었다. 슈나벨 · 왓슨,『미국 합동참모본부사: 제3집 한국전쟁(상)』, pp. 148-157.

99 김행복,『한국전쟁의 전쟁지도』, p. 273.

100 교량 파괴는 1회당 4발의 폭탄을 사용하여, 평균 13.3회의 공중폭격이 요구되었다. 온창 일 외,『6 · 25전쟁 60대 전투』, pp. 74-75.

101 슈나벨 · 왓슨,『미국 합동참모본부사: 제3집 한국전쟁(상)』, pp. 146-147.

102 서상문,『모택동과 6 · 25전쟁』, pp. 119-124.

103 김행복,『한국전쟁의 전쟁지도』, pp. 282-284.

104 북한군 제8사단과 제15사단은 영천 정면에서 한국군 제6사단과 제8사단을 돌파하여 대 구 또는 경주로 진출하고, 북한군 제5사단과 제12사단이 안강과 포항에서 한국군 수도 사단과 제3사단을 돌파한 후에 부산으로 진격할 계획이었다. 북한 사회과학원력사연 구소,『조국해방전사 1』, 조선전사, 25권(평양: 과학백과사전출판사, 1981), p. 272.

105 미 제8군사령부의 공병참모 데이비드슨(Garrison H. Davidson) 준장의 이름으로 딴 마산-밀양-울산을 잇는 90km의 최후의 방어선이었다.

106 방문권 · 허종호,『혁명무력의 위대한 영도자』 4권, pp. 197-199.

107 일본육전사연구보급회 편,『한국전쟁 2권: 부산 교두보 확보』, pp. 278-291.

108 그 외에 북한군의 공격기동의 속도보다 미군의 증원속도가 빨라 시간과의 전쟁에서 UN군이 승리했으며, 한국군의 나라를 지킨다는 애국심과 높아진 사기로 동부 전장을 지켜낼 수 있었다. 김행복,『한국전쟁의 전쟁지도』, pp. 292-293.

109 김일성은 미군의 무차별 폭격과 동서해안의 상륙위협에 대비하여 1선은 북한군이, 2선은 내무기관이 방어해야 하며, 반항공대책도 세우도록 요청했다. "모든 것을 전선에로: 8 · 15 해방 5돌 기념 평양시 경축대회에서 한 보고(1950. 8. 15)",『김일성 저작집』 제6권, pp. 75, 78.

110 북한군 병사들은 짚신을 신거나 맨발이었고, 일부는 야맹증에 시달렸다. 북한군의 사기 저하에 영향을 미친 것은 UN공군의 폭격보다도 식량의 부족, 협박적인 지휘 등 북한군 내부적인 원인이 더 많았다. 국방부 군사편찬연구소,『소련 군사고문단장 라주바예프의 6 · 25전쟁 보고서 2권』, p. 205.

2부 맥아더의 전쟁

1 국방부 군사편찬연구소,『인천상륙작전과 반격작전』, 한국전쟁, 제6권(서울: 국방부 군사편찬연구소, 2009), pp. 98-100.

2 James F. Schnabel, *Policy and Direction: The First Year* (Washing, D.C.: Office of the Chief of Military History United States Army, 1972), pp. 139-140.

3 인천상륙작전에 참가한 공로로 2012년 6월 22일에야 화랑무공훈장을 수여받은 당시 KLO(Korea Liaison Office: 켈로부대) 부대원 최규봉 씨는 어선 '백구호'를 타고, 서해상에서 다시 영국 구축함으로 이동하여 미군 장교와 해양, 통신 등 분야별 전문가와 함께 임무를 수행했다고 증언했다.『국방일보』, 2012년 8월 10일, pp. 12-13.

4 이상호, "맥아더와 한국전쟁, 1945-1951"(한국학중앙연구원 한국학대학원 박사학위논

문, 2007), p. 131.

5   케이글·맨슨(Malcolm W. Cagle and Frank A. Manson), 신형식 역,『한국전쟁 해전사』
    (서울: 21세기 군사연구소, 2003), pp. 105-106.

6   김영호,『한국전쟁의 기원과 전개과정』(서울: 두레, 1998), p. 244. 이와 관련해 북한은
    인천상륙작전의 준비단계에서 그에 관한 첩보를 입수했을 가능성이 크다. 박명림,『한
    국전쟁의 발발과 기원』(서울: 나남출판사, 1996), p. 294.

7   서울의 북한군 병력은 김포 지역의 500명을 포함해 약 5,500명에 불과했고, 9월 4일 증
    원된 2,500명을 합하면 서울-인천 지역 전체의 북한군 병력은 1만여 명 정도였다고 추
    산한다. Roy E. Appleman, *South to the Naktong, North to the Yalu: June to November
    1950* (Washington D.C.: U.S. Government Printing Office, 1975), pp. 500, 508. 월미
    도에 북한군은 400명, 인천에는 3,000명이 있었다. 온창일 외,『6·25전쟁 60대 전투』
    (서울: 황금알, 2011), p. 96.

8   김일성은 서해안의 인천, 초도, 남포, 안주, 철산, 다사도와 동해안의 원산, 함흥, 신포를
    UN군의 상륙 예상지역으로 판단했다. "후방을 튼튼히 보위하자: 내무성, 민족보위성
    책임간부들, 도인민위원회 위원장 및 도 내무부장협의회에서 한 연설(1950. 8. 29)",『김
    일성 저작집』 6권, pp. 77-78.

9   서상문,『모택동과 6·25전쟁: 파병 결정과정과 개입동기』(서울: 국방부 군사편찬연구
    소, 2006), p. 138.

10 Appleman, *South to the Naktong*, pp. 485-487.

11 필드(James A. Field, Jr.), 해군본부 작전참모부 역,『미 해군 한국전 참전사』(서울: 해군
    본부, 1985), p. 230; 퍼트렐(Robert Frank Futrell), 강승기 역,『한국전에서의 미 공군전
    략』(서울: 행림출판, 1982), p. 139.

12 퍼트렐,『한국전에서의 미 공군전략』, pp. 152-154.

13 준비폭격은 9월 16일까지 계속되었다. 공군본부 작전참모부,『한국전쟁 항공전사』(서
    울: 공군본부, 1989), p. 135.

14 필드,『미 해군 한국전 참전사』, p. 237.

15 미 제7사단은 9월 초 일본의 요코하마에서 승선할 때 2만 4,845명이었는데, 원래 사단
    소속이 1/3이고, 미 본토에서 보충된 인원이 1/3, 전혀 훈련을 받지 못한 채 말도 통하지
    않은 한국군(8,673명)이 1/3로 구성되어 있었다. 일본육전사연구보급회, 육군본부 군사
    연구실 역,『한국전쟁 4권: 인천상륙작전』(서울: 육군본부, 1986), p. 179.

16 필드, 『미 해군 한국전 참전사』, pp. 240-242, 267.

17 일본육전사연구보급회, 『한국전쟁 4권: 인천상륙작전』, p. 179.

18 최용건은 철원의 제25교육여단, 사리원의 제27교육여단, 서울의 제31경비여단과 서울 근처의 제70·제75·제76·제78독립연대를 끌어모았으나 훈련 중인 병사들로 구성된 신편부대에 불과했다. 9월 18일에서 23일 어간에는 진남포, 해주, 원산, 수원에 있던 제 41·제43·제44·제45·제46독립탱크연대를 서울로 불러들였지만 대부분 분산하여 도주했다. 김광수, "인천 상륙 이후 북한군의 재편과 구조변화", pp. 182-183.

19 온창일 외, 『6·25전쟁 60대 전투』, pp. 89-104.

20 인천상륙작전을 계획할 때 UN군은 서울의 북한군 병력을 약 5,000명으로 판단했었다. 일본육전사연구보급회, 『한국전쟁 4권: 인천상륙작전』, pp. 196, 270-271.

21 위의 책, pp. 196, 219-220.

22 위의 책, pp. 196, 247-249.

23 Appleman, *South to the Naktong*, pp. 588-598. 9월 중순 7만여 명의 북한군은 전사상자 약 1만여 명, 9월 30일까지 포로 9,294명, 게릴라로 잠적 약 1만-2만 명, 남한에서 강제 징집된 자로서 부대를 이탈하여 집으로 돌아간 자를 4만여 명으로 추정했다. 또한 9월 말에 발견된 북한군의 은닉무기는 사용이 가능한 전차 11대, 자주포 4문, 야포 66문, 박 격포 50문, 대전차포 22문, 그리고 탄약이 483톤에 달하여 북한군은 거의 모든 중장비를 잃었다고 판단할 수밖에 없었다. 일본육전사연구보급회, 『한국전쟁 5권: UN군의 반격 과 중국군 개입』, pp. 136-142.

24 조성훈, "인천상륙작전을 전후한 맥아더 역할의 재평가", 『정신문화연구』 제29권 제3호 (2006), p. 160.

25 온창일 외, 『6·25전쟁 60대 전투』, pp. 105-109.

26 북한군 사단은 5,000-6,000명 수준이었고, 제105전차사단은 1,000명 수준이었다. 국방 부 군사편찬연구소, 『6·25전쟁사 6권: 인천상륙작전과 반격작전』, pp. 31-32, 35.

27 북한군은 고참병으로 독전대를 편성하여 전투 기피자나 도망자를 현장에서 사살하는 비 상수단을 강구했다. 북한군의 도망병은 의외로 적었다. 이를 근거로 극동군사령부는 북 한군의 사기가 드높고 군기가 엄정하다고 판단하게 되었다.

28 김광수, "인천 상륙 이후 북한군의 재편과 구조변화", p. 184.

29 일본육전사연구보급회, 『한국전쟁 4권: 인천상륙작전』, pp. 196, 257-261.

30 국방부 군사편찬연구소, 『6 · 25전쟁사 6권: 인천상륙작전과 반격작전』, pp. 4-5; 온창일 외, 『6 · 25전쟁 60대 전투』, pp. 110-112.

31 슈나벨 · 왓슨(James F. Schnabel and Robert J. Watson), 채한국 역, 『미국 합동참모본 부사: 제3집 한국전쟁(상)』(서울: 국방부 전사편찬위원회, 1990), p. 171에서 재인용.

32 김행복, 『한국전쟁의 전쟁지도: 한국군 및 유엔군 편』(서울: 국방부 군사편찬연구소, 1999), pp. 331-332.

33 슈나벨 · 왓슨, 『미국 합동참모본부사: 제3집 한국전쟁(상)』, p. 174.

34 위의 책, pp. 176-177.

35 이 훈령에서 UN군의 군사목표는 북한군을 괴멸시키는 데 있으며, 다만 국경지대에서 는 한국군만을 투입하고, 북한군의 조직적인 저항이 끝난 후 무장해제는 한국군에게 위 임한다고 명시되었다. 김행복, 『한국전쟁의 전쟁지도』, pp. 338-340.

36 미 합참이 한국전쟁에서의 전쟁 수행에 특별한 주의를 기울였던 이유는 유럽이나 중동 등 다른 지역에서 발생할 수 있는 소련의 위협에도 대비해야 했기 때문이었다. Chang-Il Ohn, "The Joint Chiefs of Staff and U.S. Policy and Strategy Regarding Korea 1945-1953," Ph.D. Dissertation, University of Kansas, 1978, pp. 112-113.

37 김행복, 『한국전쟁의 전쟁지도』, p. 344.

38 Appleman, *South to the Naktong*, pp. 615-617.

39 슈나벨 · 왓슨, 『미국 합동참모본부사: 제3집 한국전쟁(상)』, p. 191.

40 위의 책, p. 188에서 재인용.

41 위의 책, pp. 187-190.

42 맥아더 장군은 제8군사령관, 제10군단장, 극동해군사령관, 극동공군사령관 등 주요 지 휘관과 참모들에게 이 계획을 설명하고 시행방안을 토의했지만, 완전히 새로운 군수상 의 문제점들에 대하여 맥아더 장군과 감히 논쟁을 해보려는 참석자가 아무도 없었다. 필 드, 『미 해군 한국전 참전사』, pp. 278-280.

43 Appleman, *South to the Naktong*, pp. 609-612.

44 필드, 『미 해군 한국전 참전사』, pp. 278-280, 284-285.

45 동해안을 따라 북진 중이던 한국군 제1군단은 10월 1일에 38선을 돌파하여, 10월 5일에 통천을 탈취했고, 8일에는 원산 가까이 진격했다. 일본육전사연구보급회, 『한국전쟁 5 권: UN군의 반격과 중국군 개입』, p. 200.

46 국방부 군사편찬연구소, 『6 · 25전쟁사 6권: 인천상륙작전과 반격작전』, pp 385-403.

47 10월 10일까지 38선 이북으로 철수한 북한군은 9만 3,498명을 헤아렸다. 9월 중순 이래 제18 · 제19 · 제27 · 제31 · 제32 · 제41 · 제42 · 제43 · 제45 · 제46 · 제47사단이 새로 사단으로 승격되었는데, 이 부대들은 급히 인원만 보충하여 간부와 무기도 부족했다. 10월 11일 김일성은 전 인민에게 결사항전을 외친 후, 자신은 외국 대사관과 함께 10월 15일 평양을 떠나 10월 20일 평안북도의 대유동으로 피신했다. 김광수, "인천 상륙 이후 북한군의 재편과 구조변화", p. 185.

48 북한군의 기뢰 작전은 소련군의 공적이었다. 소련 해군은 10월 초순 철수하기까지 북한군에 기뢰학교를 개설하였고 거룻배와 지방 주민을 이용하여 2,000개 이상의 기뢰를 설치하여 4척의 UN군 함정을 침몰시켰으며, 원산항으로의 상륙기동을 6일이나 지연시켰다. 필드, 『미 해군 한국전 참전사』, p. 297.

49 이 밖에 12척의 일본 소해함이 투입 가능했다.

50 필드, 『미 해군 한국전 참전사』, pp. 274-275.

51 에식스급(Essex-class) 항공모함은 미 해군이 20세기에 가장 많이 건조한 디젤 항공모함으로 대형화되었고 만재배수량은 3만 6,000톤이었다. 그 후 미드웨이급(Midway-class) 항공모함은 6만 톤이었고, 제트전투기를 탑재하게 되면서 1954년에 진수한 포레스틸급(Forrestal) 항공모함은 9만 톤을 초과하게 되었다. http://bbs2.agora.media.daum.net/gaia/do/kin/read?bbsId=K162&articleId=41695 (검색일: 2014년 1월 1일)

52 소이탄 공격은 평양 전체를 불태워버린다는 의도였다. 필드, 『미 해군 한국전 참전사』, pp. 282-289; 마롤다(Edward J. Marolda), 김주식 · 정삼만 · 조덕현 역, 『한국전쟁과 미국 해군』(서울: 한국해양전략연구소, 2010), p. 387.

53 슈나벨 · 왓슨, 『미국 합동참모본부사: 제3집 한국전쟁(상)』, p. 204. 1950년 중국의 GNP는 아래 표와 같이 미국의 1/16에 지나지 않았다.

구분	중국	상대적 비교	미국
인구(억 명)	5.7	3.8 : 1	1.5
군대(만 명)	530	3.6 : 1	150
GNP(억 달러)	150	1 : 16	2,400
연간 군사비(억 달러)	7	1 : 20	150

출처: 중국 군사과학원 군사역사연구부, 『중국군의 한국전쟁사』 제3권, p. 25.

54 슈나벨 · 왓슨, 『미국 합동참모본부사: 제3집 한국전쟁(상)』, pp. 201-206.

55 위의 책, p. 208.

56 원산항의 기뢰를 제거하기 위하여 일본의 소해정 8척이 참가했으며, 일본은 1950년 12
월 5일까지 소해정 43척, 구 해군 연 1,200명을 투입했다. 양영조, "한국전쟁과 일본의
역할", 국방군사연구소, 『군사』 제27호, 1993년 12월, pp. 258-259.

57 Appleman, *South to the Naktong*, pp. 613-618.

58 케이글 · 맨슨, 『한국전쟁 해전사』, pp. 152-188.

59 11월 2일-15일까지 진남포 항로에서 635발의 기뢰를 제거하였다.

60 일본육전사연구보급회, 『한국전쟁 5권: UN군의 반격과 중국군 개입』, p. 284.

61 중국 군사과학원 군사역사연구부, 박동구 역, 『중국군의 한국전쟁사』 2권(서울: 국방부
군사편찬연구소, 2005), pp. 10-11.

62 김광수, "인천 상륙 이후 북한군의 재편과 구조변화", p. 188.

63 서상문, 『모택동과 6 · 25전쟁: 파병 결정과정과 개입동기』(서울: 국방부 군사편찬연구
소, 2006), pp. 66-67.

64 위의 책, pp. 34-35.

65 중국의 군(Army)은 3개 사단으로 편성되어, 대략적으로 미국 편성의 군단(Corps)과 유
사하며, 병력은 사단당 약 1만 명이었다. 중국 군사과학원 군사역사연구부, 『중국군의 한
국전쟁사』 2권, pp. 1-5; 또한 중국군은 10월 12일부터 압록강을 건너기 시작했다는 주장
도 있다. 일본육전사연구보급회, 『한국전쟁 5권: UN군의 반격과 중국군 개입』, p. 297;
한반도와 만주 사이의 국경에는 10개의 교량(압록강에 7개, 두만강에 3개)이 있었는데
그중에서 1,200m의 신의주교와 700m의 삭주교, 만포진과 집안을 연결하는 500m의 철
교 이 3개의 교량을 통해서 중국군은 한반도로 진입했다. 슈나벨 · 왓슨, 『미국 합동참모
본부사: 제3집 한국전쟁(상)』, pp. 717-718.

66 김일성은 근 5억의 인구를 가진 형제적 중국이 미 제국주의의 침략위협으로부터 북한을
돕고 중국을 수호하기 위한 적극적인 조치를 취했다고 말했다. "현 정세와 당면과업: 조
선로동당 중앙위원회 제3차 전원회의에서 한 보고(1950. 12. 21)", 『김일성 저작집』 제6
권, pp. 181, 187.

67 '運動戰'이란 정규병단이 긴 전선과 큰 전구에서 전역과 전투를 외선에서 속결하기 위한
진공전의 한 형식이다. 통상 진지전, 유격전과 서로 결합한다. 『中國軍事辭典』(解放軍
出版社, 1990), p. 424.

68 극동군사령부 작전명령 제4호를 통해 하달했다. 중국 군사과학원 군사역사연구부, 『중
국군의 한국전쟁사』 제2권, pp. 1-5.

69 맥아더 장군은 북한군이 항복할 것이라는 가정 아래 작전제한선을 설정했다고 말했다. 슈나벨·왓슨,『미국 합동참모본부사: 제3집 한국전쟁(상)』, p. 209.

70 필드,『미 해군 한국전 참전사』, pp. 313-315; 케이글·맨슨,『한국전쟁 해전사』, pp. 275-276.

71 미 합참은 9월 15일 북한의 군수산업은 실질적으로 무력화되었다고 선언했고, 9월 26일 북한 지역 전략폭격을 중지시켰다. 김태우, "한국전쟁기 미 공군의 공중폭격에 관한 연구"(서울대학교 대학원 박사학위논문, 2008), pp. 115-116.

72 퍼트렐,『한국전에서의 미 공군전략』, pp. 190-192.

73 일본육전사연구보급회,『한국전쟁 5권: UN군의 반격과 중국군 개입』, p. 278.

74 "JCS's Memorandom for the Seretary of Defense (23 October 1950)," Pertinent Papers on Korean Situation, Volume I, p. 301.

75 슈나벨·왓슨,『미국 합동참모본부사: 제3집 한국전쟁(상)』, pp. 206-207. 한편, 6월 27일의 UN 결의에 의거하여 태국 대대(10. 3-7), 터어키 여단(10. 12-18), 네덜란드 대대(10. 24), 영 제29여단 선발대(10. 24), 캐나다 대대(10. 24-말)가 속속 부산항에 도착했고, 한국군 제9사단을 창설(10. 25)하고 제2사단을 재편성(11. 7)하여 한국군은 모두 10개 사단이 되었다. 일본육전사연구보급회,『한국전쟁 5권: UN군의 반격과 중국군 개입』, pp. 279-280.

76 당시 맥아더는 도쿄에 있었기 때문에 미 제8군과 미 제10군단 간의 협조된 작전을 기대하기 어려웠다. 방문권·허종호,『혁명무력의 위대한 영도자』, pp. 212-213.

77 미 제8군은 미 제25사단이 경부선 지역을, 한국군 제11사단이 지리산 일대의 약 2만 명으로 추산되는 게릴라를, 태백산-오대산 일대와 화천·인제 지역은 한국군은 제1·제2·제3·제5·제6공비토벌대가, 평강-철원-김화 일대의 게릴라 4,000여 명은 한국군 제17연대가 토벌작전을 수행하게 했다. 10월 하순부터 새로 편성된 한국군 사단(제2·제5·제9사단과 제11사단)도 토벌작전에 투입되었다. 일본육전사연구보급회,『한국전쟁 6권: 중국군의 공세』, pp. 178-187.

78 중국군은 최초 한반도에 진입하면서 장진, 희천, 구성 이북지구와 장전 하구, 지안(輯安), 린장(臨江) 선을 확보하고, 6개월 이내에 반격여건을 조성하려는 방침을 세웠으나, UN군의 무모한 전진으로 공세의 기회를 얻게 되었다. 중국 군사과학원 군사역사연구부,『중국군의 한국전쟁사』 제2권, pp. 19-23.

79 미 합참에서는 한국군 이외의 군대가 한반도 동북지역, 즉 소련 및 만주에 가까운 지역

에서 절대로 작전하지 말라는 지시를 내린 바 있었다. 일본육전사연구보급회, 『한국전쟁 5권: UN군의 반격과 중국군 개입』, pp. 287-288.

80 김행복, 『한국전쟁의 전쟁지도』, p. 30; 슈나벨·왓슨, 『미국 합동참모본부사: 제3집 한국전쟁(상)』, pp. 206-207.

81 콜린스 장군은 맥아더 청문회에서 이 사건을 맥아더 장군이 합동참모본부의 지시를 위반한 첫 번째 사례라고 말했다. 슈나벨·왓슨, 『미국 합동참모본부사: 제3집 한국전쟁(상)』, pp. 210-211.

82 1950년 10월 24일 UN군 부대는 작전에 35%, 후방경계에 45%, 예비가 20%였다. 일본육전사연구보급회 편, 『한국전쟁 5권: 유엔군의 반격과 중국군 개입』, p. 290.

83 UN군의 총병력은 전투부대 21만 8,448명 외에 군수부대가 11만 1,660명으로 지상군이 33만 108명이고, 극동공군은 3만 6,677명, 미 극동해군은 5만 9,438명, 기타 330명이었다. 국방부 군사편찬연구소, 『6·25전쟁사 6권: 인천상륙작전과 반격작전』, p. 468.

84 퍼트렐, 『한국전에서의 미 공군전략』, p. 202.

85 일본육전사연구보급회, 『한국전쟁 6권: 중국군의 공세』, p. 15.

86 맥아더 장군은 북한군에게 재편성할 여유를 주지 않고 전쟁을 끝내야 소련과 중국의 한국전쟁 개입을 막을 수 있다고 판단했기 때문에 한만 국경선으로의 공격을 서둘렀다. 김행복, 『한국전쟁의 전쟁지도』, pp. 360-364.

87 중국 군사과학원 군사역사연구부, 『중국군의 한국전쟁사』 제2권, pp. 40-44.

88 Appleman, *South to the Naktong*, p. 677.

89 10월 29일까지 미 제8군의 정면에서 포획된 중국군 포로는 10명이었다. "Summary 1 October-31 October 1950," E.U.S.A.K., War Diary, 1 Sep.-30 Nov. 1950, p. 44.

90 미 제9군단과 한국군 제3군단은 후방지역에서 병참선 경비임무를 수행하고 있었다. Appleman, *South to the Naktong*, pp. 633-664.

91 위의 책, pp. 686-687.

92 "Summary 1 October-31 October 1950," E.U.S.A.K, War Diary, 1 Sep.-30 Nov. 1950, pp. 41, 47.

93 Appleman, *South to the Naktong*, p. 761에서 재인용.

94 슈나벨·왓슨, 『미국 합동참모본부사: 제3집 한국전쟁(상)』, p. 215.

95 Appleman, *South to the Naktong*, pp. 672-684.

96 미 공간사는 운산전투의 피해를 아직도 정확하게 알지 못한다고 기술하고 있다. 당초 미 제8기병연대의 행방불명자는 1,000명 정도였고, 약 600명이 전사한 것으로 추정하고 있다. 11월 3일 연대의 일보에는 보충병이 45%로 기술되어 있어 치명적인 손실을 입었던 사실이 입증된다. 일본육전사연구보급회, 『한국전쟁 6권: 중국군의 공세』, pp. 106-107.

97 11월 1일부터 11월 3일 오후 6시까지 중국군 제39군은 운산을 포위 공격하여 미 기병 제1사단을 타격하고, 한국군 제1사단 15연대 대부분을 섬멸하여 2,000여 명을 살상 또는 포로로 획득했다. 중국 군사과학원 군사역사연구부, 『중국군의 한국전쟁사』 제2권, p. 56.

98 "Summary 1 November-30 November 1950," E.U.S.A.K, War Diary, 1 Sep.-30 Nov. 1950, pp. 3-4. 운산전투는 미군 전사자가 많았던 10대 전투 중 9번째 전투였으며, 1일 전사자로는 4번째로 많았던 전투였다. http://www.koreanwar-educator.org/topics/casualties/p_casualties_deadliest.htm (검색일: 2013년 11월 25일).

99 Appleman, *South to the Naktong*, pp. 709-715; 맥아더 장군과 워커 장군의 의견 교환에 관하여는 국방부 군사편찬연구소, 『6·25전쟁사 6권: 인천상륙작전과 반격작전』, pp. 488-491.

100 Dr. Leonid Petrov, "The Korean War as Seen from Russia," 한국학중앙연구원 동아시아 역사연구소 국제학술회의, 2012년 12월 18일, 한국학대학원 강당, pp. 5-6.

101 소련제 MiG-15기가 출현한 후 미 행정부는 신예기인 F-84E기와 F-86A기로 편성된 2개의 전투비행단을 미 제5공군에 파병하였다. 강창국, "무기운용으로 본 6·25전쟁의 기원과 전개에 관한 연구", 경기대학교 정치전문대학원 박사학위논문(2006), pp. 113-114; 슈나벨·왓슨, 『미국 합동참모본부사: 제3집 한국전쟁(상)』, p. 222.

102 미군의 평가는 미국의 공간사와 기타 기록을 정리한 것이며, 중국군의 평가는 제66군의 "운산에 있어서의 전투경험에 관한 기초적 결론"이란 제목으로 1950년 11월 20일에 발간된 전훈속보(戰訓速報)에 기술된 내용이다. 일본육전사연구보급회, 『한국전쟁 6권: 중국군의 공세』, pp. 153-155.

103 Schnabel, *Policy and Direction*, p. 240.

104 슈나벨·왓슨, 『미국 합동참모본부사: 제3집 한국전쟁(상)』, p. 223.

105 퍼트렐, 『한국전에서의 미 공군전략』, pp. 209-210.

106 필드, 『미 해군 한국전 참전사』, p. 320.

107 슈나벨·왓슨, 『미국 합동참모본부사: 제3집 한국전쟁(상)』, pp. 226-230.

108 Harry S. Truman, *Years of Trial and Hope* (New York: Double & Company, INC., 1956), pp. 375-376.

109 미 공군의 항공폭격이 압록강 상의 교량을 파괴하는 데 별다른 효과가 없었고, 만주 상공에 대기 중이던 MiG-15 전투기와 공중전이 벌어졌다. 이후 미 공군의 추격전 논쟁이 벌어졌다. 일본육전사연구보급회,『한국전쟁 6권: 중국군의 공세』, pp. 172-178.

110 12월 5일까지의 공중폭격으로 압록강 상의 12개 철로와 4개 교량을 차단했다. 공산군은 재빨리 부교를 가설했지만, 곧 강이 결빙되어 부교마저 필요 없게 되었다. 퍼트렐,『한국전에서의 미 공군전략』, pp. 211-216.

111 11월 7일에 맥아더는 '즉각 추격'의 문제를 제기했다. 슈나벨 · 왓슨,『미국 합동참모본부사: 제3집 한국전쟁(상)』, p. 232.

112 Schnabel, *Policy and Direction*, pp. 249-250.

113 극동군사령부는 중국군이 참전한 상황에서 UN군의 전력이 보강되어야 한다고 미 합참에 건의하였다. "From CINCFE To JCS(7 November 1950)," Pertinent Papers on Korean Situation, Volume I, pp. 331-332.

114 5사단, 11사단, 2사단이 재편성되거나 창설되었다.

115 이것이 7월 9일에 극동군사령관이 요청한 '4개 사단으로 구성된 1개 군과 그 후에 파견된 1대 사단(제3사단) 간에 나타난 의견의 차이였다. 맥아더 장군이 요구한 8-8.5개 사단은 주일 미군 4개 사단, 해병 제1사단, 그리고 제2 · 제3사단과 몇 개의 연대전투단으로 실질적으로 충족되었다. 슈나벨 · 왓슨,『미국 합동참모본부사: 한국전쟁(상)』, p. 249.

116 일본육전사연구보급회,『한국전쟁 6권: 중국군의 공세』, pp. 231-232.

117 중국군의 자동소총 · 기관총 그리고 박격포는 모두 미국이 국민당정부에 제공한 것들이었다. 극동군사령부는 이러한 사실과 더불어 계급장도 없고, 화포도 제대로 갖추지 못한 중국군이 정규군일 리가 없다고 판단한 근거가 되었다. 일본육전사연구보급회,『한국전쟁 6권: 중국군의 공세』, p. 63.

118 중국군의 '군'은 3개 보병사단으로 구성되었고, 우리 육군의 군단급이다.

119 항미원조(抗美援朝)의 지원(志願)은 돕는다는 지원(支援)의 의미가 아닌 자원(自願)의 의미를 썼다. 중국 군사과학원 군사역사연구부,『중국군의 한국전쟁사』제2권, pp. 11-16.

120 국방부 군사편찬연구소,『소련 군사고문단장 라주바예프의 6 · 25전쟁 보고서』1권, pp. 243-246; 중국 군사과학원 군사역사연구부,『중국군의 한국전쟁사』제2권, p. 555.

121 UN군은 후방지역 대유격작전에 7만-8만 명에 달하는 병력을 투입했다. 국방부 군사편

찬연구소,『소련 군사고문단장 라주바예프의 6 · 25전쟁 보고서 1권』, pp. 264-267.

122 1950년 10월 이후 UN군의 북진작전 간에 북한군 게릴라부대는 UN군 후방지역을 교란하였다. 미 제8군은 전투병력의 약 30%를 보급선과 주요지역을 방어하기 위한 대게릴라 작전에 투입했다. 미 해외참전용사협회 엮음,『그들이 본 한국전쟁 2: 미군과 유엔군 1945-1950』, pp. 305-306.

123 미 제8군은 한만 국경선으로 진격을 하면 할수록 정면이 넓어져 청천강 선에서 처음 정면은 80km이었으나 나중에는 300km나 되었다. 일본육전사연구보급회,『한국전쟁 6권: 중국군의 공세』, pp. 228-230.

124 중국군은 북한군과 지역 주민으로 혼합 편성한 사단당 약 2개 대대의 정찰부대로 운용했다.

125 슈나벨 · 왓슨,『미국 합동참모본부사: 제3집 한국전쟁(상)』, pp. 233-234.

126 미 중앙정보국이 판단한 구체적 목표는 다음 여섯 가지로 보았다. ① 북한의 실패로 인해 생긴 심리적 · 정치적 상처를 보완한다. ② 유엔군으로 하여금 중-소와 실제 국경선에서 멀리 떨어지도록 한다. ③ 한반도에서 근거지를 확보하고 군사행동과 유격작전의 기지로 삼는다. ④ 한반도에 유엔군 특히 미군을 잡아둔다. ⑤ 북한의 수력발전시설의 전력분배권을 통제하고, 기타 경제적 이익을 획득한다. ⑥ 북한이 군사적으로 실패했지만 한반도 문제를 정치적으로 해결하는 데에 유리한 여건을 조성한다. 중국 군사과학원 군사역사연구부,『중국군의 한국전쟁사』 제2권, p. 106.

127 슈나벨 · 왓슨,『미국 합동참모본부사: 제3집 한국전쟁(상)』, pp. 239-240.

128 애치슨 장관이 주재한 회의였다. Truman, *Years of Trial and Hope*, pp. 378-380.

129 위의 책, pp. 245-246.

130 소이탄 사용 명령은 11월 5일 11시경 극동군사령관 명의로 내려졌으며 11월 30일까지 계속되었다. 스트래트마이어 극동공군사령관은 맥아더의 작전방침을 '초토화전(scorched earth policy)'이라고 말했다. 김태우, "한국전쟁기 미 공군의 공중폭격에 관한 연구", pp. 227-241.

131 Conrad C. Crane, *Raiding the Begger's Pantry*, pp. 884-895.

132 슈나벨 · 왓슨,『미국 합동참모본부사: 제3집 한국전쟁(상)』, p. 241.

133 필드,『미 해군 한국전 참전사』, p 326.

134 그 공격은 최초 11월 15일에 개시하도록 계획되었으나, 보급의 곤란으로 연기되었다. Appleman, *South to the Naktong*, pp. 771-772.

135 Schnabel, *Policy and Direction*, pp. 259-263.

136 슈나벨 · 왓슨, 『미국 합동참모본부사: 제3집 한국전쟁(상)』, pp. 252-257.

137 Appleman, *South to the Naktong*, pp. 772-773.

138 중국 군사과학원 군사역사연구부, 『중국군의 한국전쟁사』 제2권, pp. 56-63.

139 이상호, "웨이크 섬(Wake Island) 회담과 중국군 참전에 대한 맥아더사령부의 정보 인식", 『한국근현대사연구』 제45집(2008년 여름), pp. 164-165.

140 일본육전사연구보급회, 『한국전쟁 6권: 중국군의 공세』, pp. 193-208.

141 중국 군사과학원 군사역사연구부, 『중국군의 한국전쟁사』 제2권, p. 109.

142 슈나벨 · 왓슨, 『미국 합동참모본부사: 제3집 한국전쟁(상)』, pp. 258-259.

143 일본육전사연구보급회, 『한국전쟁 6권: 중국군의 공세』, pp. 223-224.

144 중국 군사과학원 군사역사연구부, 『중국군의 한국전쟁사』 제2권, p. 113.

3부 중국군과의 새로운 전쟁

1   낮의 길이가 짧아진 11월, 오전 10시에 공격을 개시한 것은 UN군사령부가 공산군에 대한 상황판단이 어떠했는지를 보여주는 단면이다. "Summary 1 November-30 November 1950," E.U.S.A.K, War Diary, 1 Sep.-30 Nov. 1950, p. 1.

2   James F. Schnabel, *Policy and Direction: The First Year* (Washington, D.C.: Office of the Chief of Military History United States Army, 1972), p. 273.

3   Roy E. Appleman, *South to the Naktong, North to the Yalu; June to November 1950* (Washington, D.C.: U.S. Government Printing Office, 1975), p. 758.

4   Matthew B. Ridgway, *The Korean War* (New York: Double day, 1967), p. 64.

5   "Summary 1 November-30 November 1950," E.U.S.A.K, War Diary, 1 Sep.-30 Nov. 1950, pp. 1-3.

6   미 제8군과 제10군단의 전투병력이 11만 명 미만이었는데 당시 중국군은 25만 6,000명,

북한군은 최소한 1만 명이 당일 전투에 참가하고 있었다. Rosemary Foot, *The Wrong War: American policy and the dimensions of the Korean conflict*, 1950-1953 (Ithaca: Cornell Univ. Pr., 1985), p. 101.

7   본 논문 부록의 한국군 사단 편성과 미군 사단의 편성을 참조.

8   11월 26일 한국군 제7사단과 제8사단이 붕괴되었다(collapsed)고 미 제8군은 작전상황을 기록했다. "Summary 1 November-30 November 1950," E.U.S.A.K, War Diary, 1 Sep.-30 Nov. 1950, p. 93.

9   슈나벨・왓슨(James F. Schnabel and Robert J. Watson), 채한국 역, 『미국 합동참모본부사: 제3집 한국전쟁(상)』(서울: 국방부 전사편찬위원회, 1990), pp. 260-261.

10   일본육전사연구보급회, 육군본부 군사연구실 역, 『한국전쟁 6권: 중국군의 공세』(서울: 육군본부, 1986), pp. 257-258.

11   맥아더 장군은 미국은 중국군의 참전으로 '완전히 새로운 전쟁(an entirely new war)'에 직면했다고 기고했다. *New York Times*, 29 Nov. 50, p. 1. 클라우제비츠의 관점에서 전쟁은 교전국 간 상호작용의 산물이기에 전쟁 참가국 혹은 정치적 목적이 바뀌면 새로운 전쟁일 수 있다. 베일리스(John Baylis) 외, 박창희 역, 『현대전략론』(서울: 경성문화사, 2009), pp. 52-54.

12   "From CINCFE To JCS (28 November 1950)," Pertinent Papers on Korean Situation, Volume I, pp. 345-346.

13   일본육전사연구보급회, 『한국전쟁 7권: 유엔군의 재반격』, p. 41.

14   Schnabel, *Policy and Direction*, pp. 278-279.

15   11월 30일 새벽 3시에 제40군이 군우리 방향으로 공격했고, 제38군과 배합하여 미 제2사단을 포위했다. 그날 16시까지 중국군 제38군, 제40군 그리고 제39군이 총공격을 감행해 미 제2사단을 살육했다. 중국 군사과학원 군사역사연구부, 박동구 역, 『중국군의 한국전쟁사』 2권(서울: 국방부 군사편찬연구소, 2005), pp. 153-170.

16   인디언의 태형은 죄인이 심판자들의 사이로 지나갈 때 뭇매를 때리는 형태로 집행되었다.

17   미 제2사단은 편제인원 1만 8,000명 중에서 8,662명밖에 남지 않았다. Billy C. Mossman, *United Army in the Korean War, Ebb and Flow, November 1950-July 1951* (Washington, D.C.: Center of Military History United States Army, 1990), pp. 126-127. 중국군에 대한 수수께끼는 ① 중국군의 개입 목적・시기 및 규모, ② 정찰력, ③ 위

장·축성력, ④ 장비와 병참, ⑤ 야간전투의 탁월성, ⑥ 인명을 경시하는 인해전술, ⑦ 기동력과 추격속도였다. 일본육전사연구보급회,『한국전쟁 6권: 중국군의 공세』, pp. 261-280, 285-287.

18 미 제2사단의 군우리 전투상황은 Mossman, *Ebb and Flow*, Map 10, p. 110.

19 1950년 11월 30일과 12월 1일, 이틀 동안에 미군 사상자가 1만 1,000명을 넘었다. Rosemary Foot, *The Wrong War*, p. 101.

20 슈나벨·왓슨,『미국 합동참모본부사: 제3집 한국전쟁(상)』, pp. 273-277.

21 한반도를 분단 상태에 둔다는 가정하에서 가장 좁은 방어 정면은 청천강-흥남 선이나 평양-원산 선이고, 그 다음은 서울-양양 선으로 판단했다. 위의 책, pp. 289-291.

22 김일성은 미군의 군사기술적 우세를 타승하는 효과적인 투쟁방도로 산악전을, 미군의 공중공격을 극복하기 위한 방법론으로 야간전투를 강조했다. 김일성, "조선노동당의 금후사업방침에 대하여: 조선인민군련합부대 및 중국인민지원군부대지휘관, 정치일꾼 련석회의에서 한 연설(1951. 1. 28)",『김일성 저작집』제6권, p. 291.

23 맥아더 장군이 한국군의 전투력을 문제 삼은 것은 장교단의 전문성과 지휘통솔력이었으며, 이는 한국군의 증강 정책에 영향을 미쳤다. 슈나벨·왓슨,『미국 합동참모본부사: 제3집 한국전쟁(상)』, pp. 279-280.

24 1950년 12월 초, UN군에게 가용한 공군기지는 서울과 동해안의 원산과 연포 비행장뿐이었다. 필드(James A. Field, Jr.), 해군본부 작전참모부 역,『미 해군 한국전 참전사』(서울: 해군본부, 1985), pp. 331-332.

25 이 지시의 위반은 몇 개월 후 맥아더 장군 해임의 명백한 근거가 되었다.

26 필드,『미 해군 한국전 참전사』, pp. 350-352.

27 중국군의 참전과 공산군의 MiG-15기의 출현에 직면한 극동공군사령관은 성능이 우수한 제트전투기의 증강을 긴급하게 건의했다. 위의 책, p. 321.

28 미 제10군단을 포위했던 중국군 제9병단은 장진호 전투에서의 피해로 작전능력을 상실했고, 전투력을 복원한 후에 전선에 다시 나타난 것은 1951년 3월 18이었다. 일본육전사연구보급회,『한국전쟁 3권: 미 해병대의 중국군 포위돌파』, pp. 249-258; 중국 군사과학원 군사역사연구부,『중국군의 한국전쟁사』2권, pp. 172-196.

29 일본육전사연구보급회,『한국전쟁 3권: 미 해병대의 중국군 포위돌파』, pp. 205-208.

30 중국 군사과학원 군사역사연구부,『중국군의 한국전쟁사 2권』, pp. 199-207. 미 해군의 자료에 의하면 제1해병사단은 11월 27일-12월 11일 사이에 사망 556명, 실종 182명 및

부상 2,872명의 전투 손실과 동상환자 3,648명의 비전투 손실을 입었다. 필드,『미 해군 한국전 참전사』, p. 380.

31 9개의 방어선이 계획되었는데, 첫 번째는 평양과 신계를 연결하는 선이, 아홉 번째 방어 선은 낙동강에서 영덕까지 연장된 구 부산방어선이었다. 슈나벨 · 왓슨,『미국 합동참모 본부사: 제3집 한국전쟁(상)』, p. 291.

32 미 제8군은 10일 만에 190km를 후퇴했는데, 부대원들은 스스로 '대규모 전선이탈'이라 고 칭했다. 그 결과 공산군의 보급거리는 480km로 급격히 신장되었고, UN군은 오히려 압도적인 항공력을 이용하여 마음 놓고 폭격할 수 있게 되었다. 미 해외참전용사협회, 박동찬 · 이주영 역,『그들이 본 한국전쟁 2: 미군과 유엔군 1945-1950』(서울: 눈빛출판 사, 2005), p. 389.

33 1950년 12월 6-12일, 한국군 2개 사단 중 제3사단은 흥남 북쪽 성진에서 이미 출항했 으며, 수도사단은 사주방어를 돕고 있었다. 일본육전사연구보급회,『한국전쟁 7권: 유 엔군의 재반격』, p. 68.

34 마롤다(Edward J. Marolda), 김주식 · 정삼만 · 조덕현 역,『한국전쟁과 미국 해군』(서 울: 한국해양전략연구소, 2010), p. 393.

35 12월 1일은 제35전폭기전대(미 공군 2개 대대, 호주 F-51 1개 대대)가 포함된 현황임. 또한 비행대대의 항공기 대수는 공격항모 CV는 80대, 경항모 CVL은 30대, 미 해병의 함재기를 탑재한 호위항모는 12-24대를 기준으로 계산함.

36 *New York Times*, 30 Nov. 50, p. 1.

37 슈나벨 · 왓슨,『미국 합동참모본부사: 제3집 한국전쟁(상)』, pp. 272-273.

38 Harry S. Truman, *Years of Trial and Hope* (New York, Double & Company, INC., 1956), pp. 395-396.

39 그러나 이 연구 결과에 대한 공식적 조치는 취해지지 않았고, 회람 중 몇 주 후에 철회되 었다. 슈나벨 · 왓슨,『미국 합동참모본부사: 한국전쟁(상)』, pp. 293-295.

40 미 제8군은 우측방이 와해된 채 청천강을 건너 후퇴했으며, 미 제2사단은 적의 공격으 로 전투력을 상실했다.

41 슈나벨 · 왓슨,『미국 합동참모본부사: 제3집 한국전쟁(상)』, pp. 281-284.

42 위의 책, pp. 266-267.

43 위의 책, pp. 268-269.

44 Dean Acheson, *Present at the Creation: My years in the State Department* (New York: Norton & Company, 1969), pp. 476-477.

45 이 호소에 참가한 국가는 아프가니스탄, 버마, 이집트, 인도네시아, 이란, 이라크, 레바논, 파키스탄, 필리핀, 사우디아라비아, 시리아 그리고 예멘이었다. *New York Times*, 6 Dec. 50, p. 1.

46 슈나벨·왓슨, 『미국 합동참모본부사: 제3집 한국전쟁(상)』, pp. 288-290.

47 그러한 이유로 소련의 개입을 자초할 가능성이 있는 만주 폭격은 무슨 일이 있더라도 피해야 했다. 일본육전사연구보급회, 『한국전쟁 6권: 중국군의 공세』, pp. 279-280.

48 리지웨이 장군은 1951년 4월 UN군사령관 및 극동군사령관으로 취임한 후에, 미국이 전쟁에 말려들지 않는 가운데 한반도에서 공산군의 침략을 격퇴하고 국제평화를 회복하는 것이 UN군의 참전 목적이며, 한국의 통일은 바람직하지만 기본적인 요건이 아니라고 강조하였다. 퍼트렐(Robert Frank Futrell), 강승기 역, 『한국전에서의 미 공군전략』 (서울: 행림출판, 1982), pp. 223, 335-336.

49 회의 결과는 '부대의 안전'을 가장 우선시해야 한다는 방향으로 의견이 모아졌고, UN이 새로운 군사행동을 결정할 때까지 방어가 가능한 부산 교두보로 철수할 것을 의결했다. 일본육전사연구보급회, 『한국전쟁 7권: 유엔군의 재반격』, p. 21.

50 슈나벨·왓슨, 『미국 합동참모본부사: 제3집 한국전쟁(상)』, p. 308.

51 Acheson, *Present at the Creation*, p. 514.

52 금강 방어선은 12월 8일 극동군사령관의 메시지에 계획된 9개의 방어선 중 7번째의 방어선이며, 이 초안은 대통령의 승인을 받아 12월 29일에 맥아더 장군에게 송부되었다. 슈나벨·왓슨, 『미국 합동참모본부사: 제3집 한국전쟁(상)』, pp. 311-315.

53 *New York Times*, 23 Dec. 50, p. 1; 슈나벨·왓슨, 『미국 합동참모본부사: 제3집 한국전쟁(상)』, p. 304.

54 퍼트렐, 『한국전에서의 미 공군전략』, pp. 237-246; 케이글·맨슨(Malcolm W. Cagle and Frank A. Manson), 신형식 역, 『한국전쟁 해전사』(서울: 21세기 군사연구소, 2003), pp. 172-192.

55 그 결과에는 중군군이 17만 7,018명, 북한군이 6만 2,749명으로 평가되었다. 퍼트렐, 『한국전에서의 미 공군전략』, pp. 244-249.

56 리지웨이는 1950년 12월 31일, 공산군의 제3차 공세에 즈음하여 후방지역의 사단을 북상하도록 명령하고, 자신도 서울의 전방지휘소로 이동했다. 그의 지론은 야전지휘관이

전투가 벌어질 지역을 예상해야 하며, 전투가 발생했을 때에는 가장 중요한 현장에 있어야 한다는 것이었다. 일본육전사연구보급회, 『한국전쟁 7권: 유엔군의 재반격』, pp. 83-93, 105; Ridgway, *The Korean War*, pp. 84-87.

57 중국 군사과학원 군사역사연구부, 『중국군의 한국전쟁사』 2권, pp. 261-266.

58 중국군 + 북한군을 '중조연합군'으로 부르는 것도 타당하지만 본고에서는 UN군과 구별되는 상대적 호칭으로 '공산군'과 병행하여 사용하고, 중국은 '중국군의 제3차 공세'로 기술하지만 그 공세에 북한군 3개 군단도 참가하여 중조연합사령부가 수행한 공세이므로 '정월 공세'로 칭한다.

59 김일성은 1950년 12월 3일에 북경을 방문하여 마오쩌둥, 저우언라이 등과 연합사령부 설치를 논의했는데, 중국군은 전장 경험이 풍부하기 때문에 연합작전에서 정(正)이 되고, 북한군이 부(副)가 되는 것에 대해 합의했다. 중국 군사과학원 군사역사연구부, 『중국군의 한국전쟁사』 2권, pp. 256-260.

60 1951년 3월에는 중조공군연합사령부를, 1951년 5월에는 중국군 4개 중대와 북한군 2개 중대 2,050명으로 연합 유격지대를, 1951년 8월에는 중조연합철도군사운수사령부와 철로군사관리총국을, 1951년 9월에는 서해안 방어사령부(중국군 한선초가 사령, 북한군 박정덕이 부사령)와 동해안 방어사령부(중국군 9병단장 송시륜이 사령, 북한군 7군단장 이이업을 부사령)를 설치했다. 그러나 1951년 6월부터 휴전협상이 시작되고 1952년 4월 평더화이가 신병 치료차 중국으로 귀환하면서 연합사령부의 위상이 약화되고 김일성의 영향력이 강화되었다. 이종석, "한국전쟁 중 중조연합군사령부의 성립과 그 영향", 『군사』 제44호., pp. 57-61.

61 미 해외참전용사협회 엮음, 『그들이 본 한국전쟁 2: 미군과 유엔군 1945-1950』, p. 13.

62 1950년 12월 초 중국의 지도부가 정전 문제를 진지하게 고민했다는 흔적이 여러 곳에 나타난다. 중국 해방군화보사, 『그들이 본 한국전쟁 1』, p. 283.

63 이종석, "한국전쟁 중 중조연합군사령부의 성립과 그 영향", 『군사』 제44호, p. 63.

64 중국 군사과학원 군사역사연구부, 『중국군의 한국전쟁사』 2권, pp. 266-275.

65 1951년 1월 미 제8군사령부 정보참모부는 공산군의 병력을 북한군 21만 1,100명, 중국군 24만 8,100명 총 45만 9,200명으로 판단하고 있었다. Walter G. Hermes, *Truce Tent and Fighting Front* (Washington, D.C.: U.S. Government Printing Office, 1966), p. 77.

66 김일성은 북한군 제2군단장에게 후퇴하는 어려운 조건에서도 적후에서 적극적인 투쟁을 벌여 양양, 고성, 통천을 비롯한 여러 지역들을 해방한 것을 치하하고 유격투쟁과 지

하투쟁을 당부했다. "적후투쟁을 강화할 데 대하여: 조선인민군 제2군단장에게 준 지시 (1950. 11. 17)", 『김일성 저작집』 6권, p. 167.

67 북한군은 각 보병연대에 1개 소대 규모로 '비행기 사냥군' 2-3개 조를 조직했고, 조원들에게는 봉급의 50%를 가산하고 솜옷과 신발을 지급하며, 적기 1대를 떨군 사수에게 국기훈장 제2급을 수여하고, 적기 3대 이상을 격추한 자에게 15일간 휴가를 보장했다. "비행기사냥군조를 조직할 데 대하여: 조선인민군 최고사령관 명령 제238호(1950. 12. 29)", 『김일성 저작집』 6권, pp. 233-234.

68 1951년 1월 1-5일까지 미 제5공군의 조종사들은 공산군 병력 약 8,000명을 살상했다고 보고했는데, 그 후 1월 6일부터 시베리아의 한파가 몰아쳐 눈보라와 시계 불량으로 공중공격이 곤란했고, 10일까지 항공모함의 비행갑판에 얼음이 끼어서 함재기의 이륙도 불가능했다. 퍼트렐, 『한국전에서의 미 공군전략』, pp. 249-251.

69 김일성은 "미제 침략자들이 야만적인 방법으로 인민들을 대량 학살하고, 전쟁이 개시되고 반년 남짓한 기간에 전 국토를 잿더미로 만들었다"고 말했다. "전후 평양시 복구건설 총계획도를 작성할 데 대하여: 도시설계일군들과 한 담화(1951. 1. 21)", 『김일성 저작집』 제6권, pp. 265-266.

70 동해상 3척의 공격 항공모함은 3교대로 하여, 2척이 작전에 참여하는 동안 다른 1척은 군수 재보급을 받았다. 필드, 『미 해군 한국전 참전사』, pp. 386-389.

71 미 제2사단은 청천강변에서 후퇴할 때 병력의 약 1/4 정도가 손실을 입었기 때문에, 프랑스 대대와 네덜란드 대대의 지원을 받아 재편성했다.

72 일본육전사연구보급회, 『한국전쟁 7권: 유엔군의 재반격』, pp. 113-120.

73 슈나벨 · 왓슨, 『미국 합동참모본부사: 제3집 한국전쟁(상)』, p. 323.

74 위의 책, p. 325.

75 Acheson, *Present at the Creation*, pp. 514-515.

76 일본육전사연구보급회, 『한국전쟁 7권: 유엔군의 재반격』, pp. 139-140.

77 Ridgway, *The Korean War*, pp. 92-97.

78 낙동강 전선에서 패주한 북한군 제5 · 12사단의 약 5,000명은 한국전쟁 이전부터 지리산과 태백산 등지에서 활약하고 있던 게릴라와 합류했으며, 2만 5,000-3만 명이라는 주장도 있다. 일본육전사연구보급회, 『한국전쟁 8권: 진지전으로 이전』, pp. 27-29.

79 헬리콥터는 산악에서의 토벌작전 중 유용한 수단이었으며, 공군 항공기는 의심스런 부락에 네이팜탄으로 불을 지르고 도주하는 게릴라를 기총사격으로 공격했다. 강원도

에서의 피난민 비율이 타도에 비하여 높았던 이유가 바로 이 때문이었다. 위의 책, pp. 30-36.

80 중국군 제39군의 전투력은 양호했다. 중국 군사과학원 군사역사연구부, 『중국군의 한국 전쟁사』 2권, pp. 292-296.

81 미 해외참전용사협회 엮음, 『그들이 본 한국전쟁 3』, p. 424.

82 일본육전사연구보급회, 『한국전쟁 7권: 유엔군의 재반격』, pp. 124-132.

83 중국 군사과학원 군사역사연구부, 『중국군의 한국전쟁사』 2권, pp. 286-291.

84 슈나벨 · 왓슨, 『미국 합동참모본부사: 제3집 한국전쟁(상)』, pp. 326-328, 333.

85 위의 책, pp. 329-330에서 재인용.

86 위의 책, pp. 329-331에서 재인용.

87 대만의 장래와 UN에서 중국의 대표권 문제 등을 해결하기 위한 중국, 소련, 영국, 미국 의 4개국 특별기구를 설치하자는 내용도 포함되었다. 위의 책, p. 334.

88 일본육전사연구보급회, 『한국전쟁 7권: 유엔군의 재반격』, p. 141에서 재인용.

89 위력수색이란 교전태세를 갖추고 위력적으로 행하는 정찰을 말한다.

90 *New York Times*, 15 Jan. 1951, p. 1.

91 Schnabel, *Policy and Direction*, p. 326.

92 슈나벨 · 왓슨, 『미국 합동참모본부사: 제3집 한국전쟁(상)』, p. 339.

93 위의 책, p. 341.

94 위의 책, p. 342.

95 위의 책, p. 343.

96 리지웨이는 적에 관한 정보를 수집하고 판단할 능력이 없거나 자신의 지휘의도를 구현 하기에 부적합한 지휘관을 교체했다. Ridgway, *Korean War*, pp. 113-118.

97 미 제5공군은 공산군 보급수송의 약 80%를 차단했다고 보고했다. 일본육전사연구보급 회, 『한국전쟁 7권: 유엔군의 재반격』, pp. 152-157.

98 전기원, "한국전쟁 시 미국 해군의 활동과 역할", 『군사』 제44호, p. 147.

99 필드, 『미 해군 한국전 참전사』, pp. 395-397.

100 일본육전사연구보급회, 『한국전쟁 7권: 유엔군의 재반격』, pp. 141-147.

101　Schnabel, *Policy and Direction*, pp. 334-336.

102　Ridgway, *The Korean War*, pp. 105-106.

103　이는 공산군의 주저항선이 38선 이북에 있다고 하더라도 더 이상 북으로 진격하지 않는다는 의미이다. 슈나벨·왓슨,『미국 합동참모본부사: 제3집 한국전쟁(상)』, pp. 352-353.

104　중국군은 중국군의 제4차 공세로 기술하고 있다.

105　중국 군사과학원 군사역사연구부,『중국군의 한국전쟁사 2권』, pp. 355-365.

106　횡성전투는 중국군 7개 사단이 한국군 제8사단을 집중 공격한 전투로 8사단은 1만여 명의 피해를 입었고, 지원하던 미군도 피해가 커서 사망자만 773명이나 되었다. 온창일 외,『6·25전쟁 60대 전투』(서울, 황금알, 2011), pp. 186-189.

107　당시 미 제23연대전투단은 미 제23연대, 프랑스 대대, 105mm 포병대대, 155mm 포병중대, 1개 전차중대, 1개 고사포 중대 등 6,000여 명으로 편성되었고, 1951년 2월 3일 지평리를 점령한 이후 원형 방어진지를 구축하고 있었다.

108　크롬베즈 특수임무부대는 제5기병연대 이외에 전차 2개 중대, 포병 2개 포대, 공병 1개 소대로 구성되었다. 온창일 외,『6·25전쟁 60대 전투』, p. 194.

109　Ridgway, *The Korean War*, pp. 106-107.

110　일본육전사연구보급회,『한국전쟁 7권: 유엔군의 재반격』, p. 279.

111　미 제10군단은 계속적인 전투로 지쳐 있었고, 미 제1해병사단마저 1월 상순 이래 단양-안동-영천 지역에서 게릴라 소탕작전에 묶여 있었다. 1951년 2월 17일부터 미 제1해병사단이 킬러작전에 투입되면서 한국군 제2사단이 토벌작전을 대신 수행하게 되었다. 일본육전사연구보급회,『한국전쟁 8권: 진지전으로 이전』, pp. 22-26, 37.

112　UN군은 15일간의 주야를 연속으로 공격하여, 3월 6일에 목표선인 한강 남안으로부터 양평-횡성-강릉 선에 이르렀다. Schnabel, *Policy and Direction*, p. 340.

113　필드,『미 해군 한국전 참전사』, pp. 403-405.

114　"From CINCFE To JCS (26 Feb. 1951)," Pertinent Papers on Korean Situation, Volume I, p. 412.

115　Schnabel, *Policy and Direction*, p. 347; 슈나벨·왓슨,『미국 합동참모본부사: 제3집 한국전쟁(상)』, p. 353.

116　위의 책, pp. 354-356.

117 Ridgway, *The Korean War*, pp. 112-114. 한국군 제1사단은 2월 10일경에 한강 선에 도
착하여 서울 탈환을 기다리고 있었지만 1개월이 지나도록 아무런 지시가 없었고, 3월 14
일 밤 백선엽 사단장이 2개 분대를 서울 시내로 잠입시켰는데 공산군의 그림자도 찾아
볼 수가 없었다. 일본육전사연구보급회,『한국전쟁 8권: 진지전으로 이전』, pp. 80-88;
국방군사문제연구소,『한국전쟁(중)』, p. 129.

118 슈나벨 · 왓슨,『미국 합동참모본부사: 제3집 한국전쟁(상)』, pp. 357-359.

119 위의 책, pp. 360-362.

120 Acheson, *Present at the Creation*, p. 517.

121 일본육전사연구보급회,『한국전쟁 8권: 진지전으로 이전』, pp. 104-117.

122 위의 책, pp. 118-124.

123 'rugged'는 험준하다는 뜻으로, 북으로 진격할수록 지형의 기복이 심하기 때문에 붙여진
공세작전의 명칭이다.

124 Schnabel, *Policy and Direction*, p. 363.

125 연합작전은 항상 인종과 언어의 벽을 극복해야 하는 어려움이 있지만, 한국군 제1군단
의 경우 백선엽 장군의 개인적인 역량과 인간관계가 크게 도움이 되었다고 한다. 백선엽
장군의 미국 유학 시절에, 아들의 보증인이었던 부크 제독이 극동해군 참모부장이 되었
고 이후 6년간이나 해군 참모총장을 역임했다. 일본육전사연구보급회,『한국전쟁 8권:
진지전으로 이전』, pp. 126-133. Ridgway, *The Korean War*, pp. 116-123.

126 동부전선의 철도와 도로망은 UN공군의 비행장과 멀리 떨어져 있었던 이유도 있었다.
필드,『미 해군 한국전 참전사』, pp. 409-410.

127 이상호, "맥아더와 한국전쟁, 1945-1951", p. 220.

128 트루먼 대통령은 맥아더 장군의 모든 직위(UN군사령관, 주일연합군사령관, 극동미군
사령관, 극동미육군사령관)를 해임했다. Schnabel, *Policy and Direction*, p. 379.

129 일본육전사연구보급회,『한국전쟁 8권: 진지전으로 이전』, pp. 168-169.

130 3월 24일 맥아더 장군의 중국군에 대한 성명을 트루먼 대통령은 제한전 정책에 대한 비
판으로 판단했다. 정토웅, "한국전쟁과 미국의 제한전쟁: 군사적 측면",『군사』제22호
(1991. 6), pp. 162-163.

131 슈나벨 · 왓슨,『미국 합동참모본부사: 제3집 한국전쟁(상)』, pp. 378-379.

132 1951년 5월에도 미 합참은 소련의 개입 가능성을 고려하여 전구작전의 방책을 검토

했다. "Memorandom for the secretary of Defence: Military Action in Korea (5 April 1951)," Pertinent Papers on Korean Situation, Volume I, pp. 423-424.

133 김일성은 UN군의 후방상륙을 거부하는 것이 가장 중요한 전략적 과업이라면서, 해안 방어를 위한 근로동원을 지시했다. "부대의 전투력을 높여 해안방어를 철벽으로 강화 하자: 조선인민군 제851군부대 장병들 앞에서 한 연설(1951. 4. 28)", 『김일성 저작집』 6권, pp. 377-378.

134 중국군 전사에는 4월 공세가 중국군의 제5차 전역으로 기술되어 있다.

135 중국 군사과학원 군사역사연구부, 『중국군의 한국전쟁사』 2권, pp. 465-474.

136 Harry G. Summers, Jr., *Korean War Almanac* (New York: Facts on File, 1990), pp. 256-257.

137 중국군은 이를 '제5차 공세'라 한다.

138 일본육전사연구보급회, 『한국전쟁 8권: 진지전으로 이전』, pp. 172-182.

139 중국 군사과학원 군사역사연구부, 『중국군의 한국전쟁사』, 2권, pp. 475-501.

140 케이글 · 맨슨, 『한국전쟁 해전사』, pp. 289-290.

141 Ridgway, *The Korean War*, pp. 121-122.

142 합동참모본부는 2월에 두 개의 주 방위사단을 파견하기로 결정했다. Schnabel, *Policy and Direction*, p. 345.

143 슈나벨 · 왓슨, 『미국 합동참모본부사: 제3집 한국전쟁(상)』, pp. 383-385.

144 위의 책, pp. 374-376.

145 위의 책, pp. 376-377에서 재인용. 애치슨 장관은 맥아더 장군의 청문회에서 38선을 기 준으로 협상에 기꺼이 수락할 것이라는 견해를 피력했는데, 이 가정은 훗날 휴전교섭의 장애요인이 되었다. Acheson, *Present at the Creation*, pp. 531-536.

146 밴 플리트 장군은 이 선이 일시적인 통제선의 의미밖에 없으므로 노네임(no name) 선 이라 불렀다.

147 국방부 군사편찬연구소, 『6 · 25전쟁사 8권: 중국군 총공세와 유엔군의 재반격』, p. 433.

148 일본육전사연구보급회, 『한국전쟁 8권: 진지전으로 이전』, pp. 236-237.

149 '밴 플리트 탄약량'은 화기별로 탄약 사용량의 기준 없이 무제한 사격한다는 의미였지만 한국군의 경우는 달랐다. 한국군 제1군단의 경우 사단별로 각 1개 포병대대 밖에 없었

고, 군단 포병은 존재조차 하지 않았다. 위의 책, pp. 220-226.

150 중국 군사과학원 군사역사연구부, 『중국군의 한국전쟁사 2권』, pp. 551-552.

151 이제 한국군 군단은 백선엽 장군이 지휘하는 제1군단만 남게 되었다. 이승만 대통령은 이러한 조치와, 고급장교의 양성을 미 교육기관에 의뢰하는 계획에 동의할 수밖에 없었다. 일본육전사연구보급회, 『한국전쟁 8권: 진지전으로 이전』, pp. 273-276.

152 김행복, 『한국전쟁의 전쟁지도: 한국군 및 유엔군 편』(서울: 국방부 군사편찬연구소, 1999), p. 570.

153 미 제8군의 판단으로 공산군 각 사단은 1일 40톤의 보급품이 필요하다고 보았다. 퍼트렐, 『한국전에서의 미 공군전략』, pp. 281-282, 390-391.

154 필드, 『미 해군 한국전 참전사』, pp. 426-428.

155 공산군의 차량은 관측 결과를 기초로 분석한 결과 약 2만 대를 운용했고, 그중에서 약 1/10을 야간에 운행했다. 필드, 『미 해군 한국전 참전사』, pp. 440-441, 497; 마롤다, 『한국전쟁과 미국 해군』, p. 406.

156 1951년 12월 26일 극동공군사령관 웨일랜드 장군은 기자들에게 스트랭글 작전으로 북한의 철도수송망이 붕괴되었고, 공산군의 증원역량도 파괴되었다고 말했다. 그러나 1952년 봄부터는 스트랭글이라는 암호명마저 사용하지 않았다. 퍼트렐, 『한국전에서의 미 공군전략』, pp. 395-396, 400-401.

157 UN군사령부는 캔자스 선이 임진강-연천-영평-화천-양구-대포리를 잇는 선으로 정면이 좁고 임진강과 화천저수지의 장애물을 이용할 수 있어서, 가장 방어하기 쉬운 선이라 판단했다. 일본육전사연구보급회, 『한국전쟁 8권: 진지전으로 이전』, pp. 270-273.

158 공산군의 전사상자는 유기된 시체 1만 7,000여 구와 포로 1만 7,000여 명을 근거로 산정한 것이다.

159 통계적으로 전사자와 부상자의 비율이 1 : 3-4인 점을 고려하여 공산군의 병력피해를 추정한 것이며 5월 공세에 투입된 공산군이 30만 명이라 본다면 돌격부대의 대부분이 전멸했다고 볼 수 있다. 한편 미군 피해는 전사 745명, 부상 4,218명, 행방불명 572명, 질병 등 비전투 손실이 6,758명이었다. 일본육전사연구보급회, 『한국전쟁 8권: 진지전으로 이전』, pp. 277-278.

160 NSC 48/5를 트루먼 대통령이 승인한 후에 미 행정부의 정책은 한국군의 증강과 이승만 정부와 관계 개선을 지향했다. "Memorandom for the secretary of Defence: President Rhee's Statements (23 May 1951)," Pertinent Papers on Korean Situation, Volume I, pp.

475.

161 슈나벨 · 왓슨, 『미국 합동참모본부사: 제3집 한국전쟁(상)』, p. 395.

162 미 행정부가 '휴전'에 관해 처음으로 논의한 때는 5월 16일 국가안전보장회의에서였다. 그 취지는 정치적 목적과 군사적 목적을 구분하자는 것으로, 정치적 목적은 통일된 자주 독립의 민주주의 국가를 창건하는 것이며, 군사적 목적은 침략자를 격퇴시킨 뒤에 휴전 협정을 체결하여 적대행위를 중지시키자는 것이었다.

163 국방부 군사편찬연구소, 『6 · 25전쟁사 8권: 진지전으로 이전』, pp. 72-75.

164 그러나 이러한 결심과 군사작전 수행의 변화과정에서 한국 측과 협의한 사실은 없다. 일본육전사연구보급회, 『한국전쟁 8권: 중국군 총공세와 유엔군의 재반격』, pp. 299-301.

165 중부전선의 철원과 김화에서 동부전선까지 일직선으로 전선을 끌어올리려고 했으나, 험한 금강산 때문에 펀치볼 탈취로 한정시키기로 했다. 위의 책, p. 303.

166 리지웨이 장군이 선정하고 미 행정부(합참)가 승인한 유리한 방어선 또는 확보선이 캔자스 선이다. 위의 책, pp. 298-301.

167 슈나벨 · 왓슨, 채한국 역, 『미국 합동참모본부사: 제3집 한국전쟁(하)』(서울: 국방부 전사편찬위원회, 1991), pp. 29-30.

168 일본육전사연구보급회, 『한국전쟁 8권: 진지전으로 이전』, pp. 304-308.

169 Ridgway, *The Korean War*, pp. 180-181.

170 중국 군사과학원 군사역사연구부, 『중국군의 한국전쟁사』 3권, pp. 28-37.

171 중국군은 현대식 MiG-15기를 445대나 보유하고 있는데 반해, 극동공군의 F-86기는 모두 89대에 불과했다. 퍼트렐, 『한국전에서의 미 공군전략』, pp. 357-361.

172 중국군 항공기 690대는 만주에 전개된 대수이고, 소련 공군은 1951년 1월에 제64전투비행군단을 편성하여 심양과 단동에 MiG-15기 270대를 주력기로 배치했다. 국방부 군사편찬연구소, 『6 · 25전쟁사 8권: 중국군 총공세와 유엔군의 재반격』, pp. 679-686.

173 중국 군사과학원 군사역사연구부, 『중국군의 한국전쟁사』 3권, pp. 2-7.

1   슈나벨·왓슨(James F. Schnabel and Robert J. Watson), 채한국 역,『미국 합동참모본부사: 제3집 한국전쟁(하)』(서울: 국방부 전사편찬위원회, 1990), pp. 20-21.

2   공산군으로서는 38선 이남의 역사상 고도인 개성을 통제한다는 상징성과 더불어, 휴전회담 장소로 활용되는 동안 중립지대화함으로써 군사적 위협을 피할 수 있다는 이점이 있었다. 위의 책, p. 26.

3   일본육전사연구보급회, 육군본부 군사연구실 역,『한국전쟁 9권: 회담과 작전』(서울: 육군본부, 1986), pp. 107-108.

4   팽호열도(澎湖列島)는 대만 서북쪽 63개의 섬이며, 이 훈령은 7월 10일 하달되었다. 위의 책, p. 25에서 재인용.

5   중국 군사과학원 군사역사연구부, 박동구 역,『중국군의 한국전쟁사』3권(서울: 국방부 군사편찬연구소, 2005), pp. 81-96.

6   대통령이 브래들리 장군과 국무성 자문위원 보렌을 한반도에 파견하여 확인한 결과 UN군의 군사상황이 생각보다 괜찮은 반면에, 공산군은 식량과 피복이 많이 부족하여 동계작전에서 고통을 겪고 있다고 보고했다. 슈나벨·왓슨,『미국 합동참모본부사: 제3집 한국전쟁(하)』, pp. 50-51.

7   8월 4일 점심시간에는 완전무장한 공산군 1개 중대가 UN군 대표단 건물로부터 100야드 정도 이격된 거리로 통과하자, 조이 제독은 남일 대장에게 UN군 대표단에 대한 무력시위라고 강력히 항의했다. 이 사건은 어떤 무장부대도 회담장 0.5마일 이내로 접근해서는 안 된다는 원칙을 위반한 것이었다. Walter G. Hermes, *Truce Tent and Fighting Front* (Washington, D.C.: U.S. Government Printing Office, 1966), pp. 40-41.

8   일본육전사연구보급회,『한국전쟁 9권: 회담과 작전』, pp. 111-116; 슈나벨·왓슨,『미국 합동참모본부사: 제3집 한국전쟁(하)』, pp. 54-55.

9   슈나벨·왓슨,『미국 합동참모본부사: 제3집 한국전쟁(하)』, pp. 32-37에서 재인용.

10   일본육전사연구보급회,『한국전쟁 10권: 정전』, pp. 20-22.

11   일본육전사연구보급회,『한국전쟁 9권: 회담과 작전』, pp. 109-110.

12   금강산에서 시발한 남강은 펀치볼 동북방을 향해서 남류하다가 U자형으로 북상하여 고

성에서 동해로 흘렀다. 남강 남단의 1031고지가 솟아 있고 정북방으로 역J자형의 능선이 발달되었기 때문에 이를 J자 능선으로 불렀다.

13 위의 책, pp. 165-178.

14 휴전회담이 시작된 이후에 단기간의 중단이나 휴회가 있었지만 '중립화 위반'을 이유로 회담이 중단된 것을 처음이었다. 일본육전사연구보급회, 『한국전쟁 10권: 정전』, p. 23.

15 일본육전사연구보급회, 『한국전쟁 9권: 회담과 작전』, pp. 290-295.

16 Hermes, *Truce Tent and Fighting Front*, p. 108.

17 휴전회담이 시작된 이후에 밴 플리트 대장이 미군의 희생을 줄이기 위해 한국군을 총알받이로 내세웠다는 비평이 있었지만, 한국군의 사기와 증강을 역설했던 전후사정과 후일 미군 부대의 악전고투를 보면 이 비평은 맞지 않는 것으로 정리되었다. 일본육전사연구보급회, 『한국전쟁 9권: 회담과 작전』, pp. 179-194.

18 위의 책, pp. 199-201.

19 위의 책, pp. 199-205.

20 이 연습은 허드슨 항구(Hudson Harbor)라 알려졌으며, 1951년 10월 15일에 종결되었다. 슈나벨 · 왓슨, 『미국 합동참모본부사: 제3집 한국전쟁(하)』, pp. 60-61.

21 이 선을 제임스타운 선으로 불렀다.

22 일본육전사연구보급회, 『한국전쟁 9권: 회담과 작전』, p. 241.

23 미 제8군사령관은 1951년 10월 1일에 추계공세계획을 명령했다. 위의 책, p. 242에서 재인용.

24 10월 3일, 한국 해병대가 영국 해군의 지원 아래 옹진반도와 해주 · 연안 일대에 상륙하여 코만도 작전을 실시했다. 10월 5일에는 흥남항을 포격했으며, 전파감시선이 기뢰에 접촉되어 대파되었다. 위의 책, p. 243.

25 위의 책, pp. 244-254.

26 위의 책, pp. 255-258.

27 일본육전사보급회, 『한국전쟁 9권: 진지전으로 이전』, pp. 266-274, 온창일 외, 『6 · 25 전쟁 60대 전투』(서울: 황금알, 2011), pp. 255-257.

28 위의 책, pp. 260-274.

29 위의 책, pp. 283-288.

30 "1211고지를 목숨으로 사수하자: 조선인민군 제256군부대 지휘관들과 한 담화(1951. 9. 23)", 『김일성 저작집』 6권, pp. 455-463.

31 김일성은 UN군 추계공세의 주공이 1211고지를 지향하고 있다고 판단하고 '적극적인 진지방어전'을 독려했다. 방문권·허종호, 『혁명무력의 위대한 영도자: 자주시대의 위대한 수령 김일성 동지』 4권(평양: 사회과학출판사, 1988), pp. 229-233.

32 북한 최고인민회의 상임위원회는 1211고지를 '영웅고지라 칭하고, 방어에 임했던 제2사단의 장병 15명에게 북한군 영웅 칭호를 부여했다. 북한군은 기술적 우위를 호언하던 UN군을 진지전으로 승리할 수 있다는 자신감을 갖게 되었다. 일본육전사연구보급회, 『한국전쟁 9권: 회담과 작전』, pp. 275-282.

33 퍼트렐(Robert Frank Futrell), 강승기 역, 『한국전에서의 미 공군전략』(서울: 행림출판, 1982), pp. 365-367; 스튜어트(James T. Stewart) 편저, 공군본부 작전참모부 역, 『한국전쟁에서의 공군력』(서울: 공군본부, 1981), p. 81.

34 슈나벨·왓슨, 『미국 합동참모본부사: 제3집 한국전쟁(하)』, pp. 68-70.

35 1951년 9월에 극동공군의 제4전투요격비행단 조종사들은 MiG기의 북한 진입을 1,170회나 목격했으며, MiG기와 911회나 교전했다. 1951년 10월에는 MiG기 19대를 격파했다. 퍼트렐, 『한국전에서의 미 공군전략』, pp. 362-368.

36 그 계획은 1952년 2월 봄에 진행되었다. 위의 책, p. 369.

37 Mark O'Neill, "Soviet Involvement in the Korean War: A New View from the Soviet-Era Archives," *Magazine of History*, Vol. 14, No. 3, The Korean War (Spring, 2000), p. 22.

38 슈나벨·왓슨, 『미국 합동참모본부사: 제3집 한국전쟁(하)』, pp. 52-53.

39 일본육전사연구보급회, 『한국전쟁 10권: 정전』, pp. 28-29.

40 Hermes, *Truce Tent and Fighting Front*, pp. 113-114.

41 리지웨이 장군은 교섭을 통해 개성을 중립화 지역으로 둘 생각이었다. 이후 UN군 측은 개성 지역을 요구하면서 그 대가로 금성과 고성의 돌출부를 양보하는 교환조건을 내놓았다. 일본육전사연구보급회, 『한국전쟁 10권: 정전』, p. 39.

42 미 합참의 군사분계선 협상에 관한 지침은 "JCS 86291(6 Nov. 1951)," Pertinent Papers on Korean Situation, Volume II, pp. 691-692 참조.

43 Hermes, *Truce Tent and Fighting Front*, p. 119.

44 중국 군사과학원 군사역사연구부, 『중국군의 한국전쟁사』 3권, pp. 209-215.

45 퍼트렐, 『한국전에서의 미 공군전략』, p. 418.

46 슈나벨 · 왓슨, 『미국 합동참모본부사: 제3집 한국전쟁(하)』, pp. 65-67.

47 UN군 측 전사상자 6만여 명의 약 4배인 것으로 판단되었다. 일본육전사연구보급회, 『한국전쟁 10권: 정전』, p. 55.

48 이와 같은 사례들은 게릴라들의 전략이 습격, 병참선 차단 등의 공세전략에서 탈피하여, 지리산을 근거지로 하는 후방교란으로 변화되었음을 의미한다. 위의 책, pp. 72-76.

49 백 야전전투사령부를 '백 부대'라고도 칭했으며, 토벌작전을 '쥐잡기작전'으로 불렀다. 1952년 1월 말까지의 종합전과는 1만 9,000여 명의 게릴라와 공비를 사살하거나 포획한 것으로 보고되었다. 1952년 2월 초순 제8사단은 다시 펀치볼 북쪽 전선으로 복귀했고, 수도사단은 3월 15일까지 게릴라 토벌작전을 성공리에 마무리했다. 위의 책, pp. 77-103.

50 일본육전사보급회, 『한국전쟁 10권: 정전』, pp. 147-148.

51 공산군 측은 의제 3항에 대하여 다음 5개항을 제의했다. ① 휴전이 조인되자마자 즉시 모든 전투는 중지한다. ② 모든 군대는 휴전 조인 3일 내에 비무장지대에서 철수한다. ③ 모든 무장부대는 5일 이내에 도서와 해상을 포함한 상대방의 후방지역에서 군사분계선 자신들 쪽을 철수한다. ④ 어떠한 무장부대도 비무장지대로 진입할 수 없으며, 비무장지대에 대하여 군사력을 사용할 수 없다. ⑤ 쌍방은 동수의 군사정전위원을 지명하여 휴전의 구체적 사항 · 감시 · 휴전협정의 이행을 공동으로 책임진다. 그러나 '감시' 및 '이행'과 관계된 절차에 대하여는 아무것도 언급하지 않았다. 슈나벨 · 왓슨, 『미국 합동참모본부사: 제3집 한국전쟁(하)』, pp. 89-99.

52 일본육전사연구보급회, 『한국전쟁 10권: 정전』, pp. 150, 173.

53 위의 책, pp. 64-66.

54 위의 책, pp. 116-118.

55 3월 15일에 양측은 월간 3만 5,000명의 교대와 5개의 출입항을 수락했다. 공산군 측은 신의주, 청진, 만포진, 홍남 그리고 신안주. UN군 측은 부산, 인천, 강릉, 군산 및 대구.

56 일본육전사연구보급회, 『한국전쟁 10권: 정전』, p. 193에서 재인용.

57 위의 책, pp. 196-197.

58 Hermes, *Truce Tent and Fighting Front*, pp. 135-136.

59 슈나벨 · 왓슨,『미국 합동참모본부사: 제3집 한국전쟁(하)』, pp. 126-130.

60 위의 책, pp. 140-141.

61 위의 책, pp. 146-147.

62 경계병의 대부분은 한국군이었으며, 한국군 경계병과 북한 포로 간의 적대감이 고조된 상황이었다. 위의 책, pp. 106-161.

63 1952년 6월 밴 플리트 장군은 중부전선 평강 북방에서 제한목표 공격을 제안했으나, 클라크 장군은 '사상자 수'를 이유로 그 계획을 기각했다.

64 또한 북한군은 진남포 서남 30km 거리의 대동강 하구에 있는 석도(席島)를 공격하여 한국군 방어부대를 축출했다. 필드(James A. Field, Jr.), 해군본부 작전참모부 역,『미 해군 한국전 참전사』(서울: 해군본부, 1985), pp. 517-518.

65 일본육전사연구보급회,『한국전쟁 10권: 정전』, p. 119.

66 Hermes, *Truce Tent and Fighting Front*, pp. 175-185.

67 김일성은 북한군과 인민은 마지막 피 한 방울까지 다 바쳐 싸울 각오가 되어 있기 때문에 반드시 승리할 것이라고 주장하면서, '정치사상적 우월성'을 강조했다. 김일성, "조국해방전쟁의 전망과 종합대학의 과업: 김일성종합대학 교직원, 학생들 앞에서 한 연설(1952. 4. 13)",『김일성 저작집』7권, pp. 142-150.

68 일본육전사연구보급회,『한국전쟁 10권: 정전』, pp. 120-122.

69 위의 책, pp. 113-114.

70 위의 책, pp. 106-109.

71 슈나벨 · 왓슨,『미국 합동참모본부사: 제3집 한국전쟁(하)』, pp. 170-179.

72 위의 책, pp. 179-186.

73 위의 책, pp. 153-159.

74 미 합참의 훈령은 "JCS 907375 to CINCFE (26 Apr. 1952)," Pertinent Papers on Korean Situation, Volume II, pp. 946-947.

75 Hermes, *Truce Tent and Fighting Front*, pp. 163-164.

76 일본육전사연구보급회,『한국전쟁 10권: 정전』, pp. 248-249.

77 그 성명은 UN군에 의해 포로가 죽었거나 부상당하였다는 것을 인정했으며, 제네바 협정에 따라 포로에게 인간적인 대우를 할 것을 약속하고, 재분류심사를 중단하며, 포로들

의 협의체를 인정하는 것이었다. 슈나벨 · 왓슨, 『미국 합동참모본부사: 제3집 한국전쟁 (하)』, pp. 189-192.

78 1951년 5월 17일에 미 대통령이 승인한 NSC 48/5에 근거하여, 미국은 한국군을 가능한 빨리 충분한 전력을 가진 군대로 육성하여 UN군의 짐을 덜어줄 계획을 수립했다. 한국 정부는 육군을 20개 사단으로 증강할 것을 요청했으나, 리지웨이 장군은 부정적 입장을 취하였다. 그것은 한국군의 훈련 부족과 자격이 있는 군사 지도자가 없다는 이유였다. 위의 책, pp. 214-215.

79 국방일보, 2013년 5월 13일, p. 12.

80 퍼트렐, 『한국전에서의 미 공군전략』, p. 439.

81 물론 결정적 요인은 히로시마와 나가사키에 대한 원폭 투하였지만, 실제로 일본 정부는 1945년 8월 이전에 이미 전쟁의 종결방안을 검토하고 있었다.

82 밴 플리트 장군은 그 외에도 악천후나 야간공격에 실패하여, 원자무기를 사용하지 않아 서 실패했다고 기술했다. 케이글 · 맨슨(Malcolm W. Cagle and Frank A. Manson), 신 형식 역, 『한국전쟁 해전사』(서울: 21세기 군사연구소, 2003), pp. 323-326.

83 퍼트렐, 『한국전에서의 미 공군전략』, pp. 380-381.

84 위의 책, pp. 425-433.

85 리지웨이 장군은 항공차단작전 성과에 대한 실망과 더불어 휴전교섭에 미칠 악영향 을 우려했기 때문에 '전략폭격' 작전에 부정적이었다. Conrad C. Crane, "Raiding the Begger's Pantry: The Search for Airpower Strategy in the Korean War," *The Journal of Military History*, Vol. 63, No. 4 (Oct. 1999), pp. 912.

86 두 번째 공격은 1952년 9월 12일에 수행되었고, 한국전쟁이 종료될 무렵 소련의 기술자 들은 이들 발전소들을 재가동할 수 있게 만드는 데 몇 년 이상 걸릴 것이라고 추산했 다. 스튜어트 편저, 『한국전쟁에서의 공군력』, pp. 105-124.

87 북한의 발전시설에 대한 공격은 미국의 동맹국들을 놀라게 하였다. 에치슨 장관은 당시 참석하고 있던 영국 · 프랑스 · 미국의 3개국 런던외상회담에서 영국과 프랑스의 비판을 받았다. Hermes, *Truce Tent and Fighting Front*, pp. 320-322.

88 수풍 발전소의 파괴로 말미암아 중국 동북부지역에는 1952년 전력소요량의 23%를 상 실했다. 퍼트렐, 『한국전에서의 미 공군전략』, pp. 434-439; 필드, 『미 해군 한국전 참전 사』, pp. 524-526.

89 슈나벨 · 왓슨, 『미국 합동참모본부사: 제3집 한국전쟁(하)』, pp. 247-249.

90   Conrad C. Crane, *Raiding the Begger's Pantry*, p. 914.

91   슈나벨 · 왓슨, 채한국 역, 『미국 합동참모본부사: 제3집 한국전쟁(상)』(서울: 국방부 군
      사편찬위원회, 1990), pp. 277-285.

92   Hermes, *Truce Tent and Fighting Front*, p. 276.

93   국무성 관리가 힐리난의 제안을 어떻게 알았는지에 관한 자료는 없으나, 힐리난은 9월
      6일 연설에서 그의 제안을 공개했다. *New York Times*, 7 Sep. 1952, p. 46.

94   1952년 6월부터 6개월 동안에 제77기동부대의 함재기 조종사들은 저지작전이나 정찰
      보다는 수력발전소, 아연공장, 마그네사이트 공장, 광산, 정유공장 등 다양한 공업시설
      물을 40회 이상이나 공격했다. 케이글 · 맨슨, 『한국전쟁 해전사』, pp. 507-531; 퍼트렐,
      『한국전에서의 미 공군전략』, pp. 472-478.

95   중국 군사과학원 군사역사연구부, 『중국군의 한국전쟁사 3권』, pp. 373-377. 오일 정
      유시설 공격을 미 합동참모본부가 특별 승인했지만, 소련 국경으로부터 12마일 이내의
      목표물 공격을 금지되었음을 강조했다. Hermes, *Truce Tent and Fighting Front*, pp. 324-
      325.

96   퍼트렐, 『한국전에서의 미 공군전략』, p. 451.

97   1952년 6월 이후 북한 상공에 출현한 MiG기의 90%가 MiG 회랑에서 발견되었다. 위의
      책, pp. 455-457, 459, 463.

98   서부전선을 담당했던 지원군 제19병단의 제63군단은 연안, 백천, 누천리 지역에서 서해
      안 방어임무를 지원했고, 북한군 전선사령부는 4개 연대 규모를 동해안 방어에 투입하
      고 제2군단을 예비대로 운용했다. 중국 군사과학원 군사역사연구부, 『중국군의 한국전
      쟁사』 3권, pp. 404-405.

99   위의 책, pp. 401-425.

100   트루먼 대통령은 공산군 측이 UN군 측의 교섭조건을 수락할 의향이 있다면 언제라도
      기꺼이 회담을 재개하면 될 것이라고 말했다. 슈나벨 · 왓슨, 『미국 합동참모본부사: 제
      3집 한국전쟁(하)』, pp. 289-309; 군사적 압력의 강화는 군사작전이 모든 제한사항의 해
      제를 포함했다. Foot, *The Wrong War: American Policy and the Dimensions of the Korean
      Conflict, 1950-1953* (Ithaca: Cornell Univ. Press, 1985), p. 183.

101   Hermes, *Truce Tent and Fighting Front*, pp. 296-318.

102   위의 책, pp. 328-329.

103   OPLAN 8-52는 군사적 승리를 구가하면서, 휴전회담을 압박하기 위한 방책이었다.

Foot, *The Wrong War*, p. 184

104 미 국무성은 자유중국군의 한반도 파병이 중국공산당을 자극하여 휴전교섭을 어렵게
      할 것이라는 이유로 반대했고, 이후 자유중국군의 한반도 파병 논의는 중단되었다. 슈나
      벨 · 왓슨,『미국 합동참모본부사: 제3집 한국전쟁(하)』, pp. 268-272.

105 위의 책, pp. 267-273.

106 Mark W. Clark, *From Danube to the Yale* (New York: Harper & Brothers, 1954), pp.
      232-239.

107 슈나벨 · 왓슨,『미국 합동참모본부사: 제3집 한국전쟁(하)』, p. 328.

108 케이글 · 맨슨,『한국전쟁 해전사』, p. 532-555.

109 미 해병사단을 서부전선으로 배치한 것은 도서쟁탈전이 격화되어 있었기 때문에 수륙
      양면작전이 능한 해병부대가 담당함으로써 서울의 방어 또한 확실하게 할 수 있다고 판
      단한 결과였다. 부대교대에 관한 내용은 일본육전사연구보급회,『한국전쟁 10권: 정
      전』, p. 123.

110 Hermes, *Truce Tent and Fighting Front*, pp. 403-406; Acheson, *Present at the Creation*, p
      705.

111 중국 군사과학원 군사역사연구부,『중국군의 한국전쟁사』3권, pp. 516-519.

112 전선 정면의 중국군 10개 군단은 14개 포병연대와 독립 포병 14개 대대, 고사포병 24개
      대대가 지원부대로 함께 배치되었다.

113 대동강 하구에서 북쪽의 고군영까지 북한군 제4군단과 1개 여단, 중국군 제137사단과
      제138사단의 2개 연대, 제50군단이 있었고, 철산반도에서 중국 경내의 따후산(大弧山)
      까지는 중국군 제130사단이 배치되었다. 중국 군사과학원 군사역사연구부,『중국군의
      한국전쟁사』3권, p. 542.

114 위의 책, pp. 541-545.

115 또한 공산군은 대공화력을 급속히 증강했는데, 그 주력은 유효사거리 2만 5,000피트의
      소련제 85mm 고사포 786문과 분당 180발을 발사하는 유효사거리 4,500피트의 소련제
      37mm 기관총 1,672정이었다. 퍼트렐,『한국전에서의 미 공군전략』, pp. 458, 545.

116 슈나벨 · 왓슨,『미국 합동참모본부사: 제3집 한국전쟁(하)』, pp. 335-338.

117 *New York Times*, 6 Mar. 1953, p. 1.

118 부상병 포로의 교환 문제는 UN군 측에서 1953년 2월 22일에 제안한 것이다.

119 상병 포로의 교환은 1953년 5월 3일에 완료되었다.

120 데이비드 핼버스텀, 정윤미 · 이은진 역,『콜디스트 윈터』(서울: 살림출판사, 2009). p. 971.

121 한국군이 UN군사령부의 지휘를 거부할 수도 있다는 가정하에 미 제8군은 에버 레디 (Ever ready) 계획을 수립했다. 슈나벨 · 왓슨,『미국 합동참모본부사: 제3집 한국전쟁 (하)』, p. 383.

122 미 NSC는 중국본토와 만주 공격 등 6개의 방책을 제안했다. Foot, *The Wrong War*, pp. 206-207.

123 위의 책, p. 345.

124 중국 군사과학원 군사역사연구부,『중국군의 한국전쟁사』 3권, p. 601.

125 이들은 제트전투기 1,700기, 제트 경폭격기 320기, 재래식 중(中)폭격기 220기 등으로 구성되어 있었다.

126 1953년 7월 극동공군은 19개 비행단, 항공기 1,536기를 보유했다. 퍼트렐,『한국전에서 의 미 공군전략』, p. 644.

127 1953년 3월에 작성된 극동공군의 보고에 근거한다. MiG기를 격파한 조종사들은 제2 차 세계대전 중에 평균 18회의 출격 경험을 가지고 있었지만, 격파하지 못한 조종사들의 출격기록은 평균 4회밖에 되지 않았다. 퍼트렐,『한국전에서의 미 공군전략』, pp. 625- 628.

128 제18전폭비행단은 1953년 2월 25일에, 제8전폭비행단은 4월 7일에 한국전쟁에 처음 출 격했다. 위의 책, pp. 585-589.

129 전쟁 종결과 핵 강압에 관한 논의는 Rosemary J. Foot, "Nuclear Coercion and Ending of the Korean Conflict," *International Security*, Vol. 13, No. 3 (Winter, 1988-1989), pp. 92-112.

130 슈나벨 · 왓슨,『미국 합동참모본부사: 제3집 한국전쟁(하)』, pp. 346-357.

131 Hermes, *Truce Tent and Fighting Front*, pp. 427-428; 퍼트렐,『한국전에서의 미 공군전 략』, pp. 624-628.

132 북한의 관개저수지 파괴는 미국의 폭격정책(bombing policy) 변화의 단면이다. Foot, *The Wrong War*, p. 243.

133 퍼트렐,『한국전에서의 미 공군전략』, pp. 601-604.

134 중국 군사과학원 군사역사연구부, 『중국군의 한국전쟁사』 3권, pp. 604-608.

135 슈나벨·왓슨, 『미국 합동참모본부사: 제3집 한국전쟁(하)』, pp. 388-389.

136 이중근 편저, 『6·25전쟁 1129일』(서울: 우정문고, 2013), p. 947.

137 제5공군이 1,043회, 제77기동부대 532회, 해병기와 황해에서 출동한 함재기들이 478회 출격하였다. 퍼트렐, 『한국전에서의 미 공군전략』, p. 607.

138 Hermes, *Truce Tent and Fighting Front*, pp. 465-468.

139 *New York Times*, 18 June 1953, p. 1.

140 중국 군사과학원 군사역사연구부, 『중국군의 한국전쟁사』 3권, pp. 591-596.

141 공산군의 '금성 전역'을 1953년 5월 이후에 실시한 '하계 전역 3단계'라 칭했다.

142 일본육전사연구보급회, 『한국전쟁 10권: 정전』, pp. 137-140.

143 중국 군사과학원 군사역사연구부, 『중국군의 한국전쟁사』 3권, pp. 650-664.

144 7월에만 제5공군이 4,716회를, 제1해병비행단과 우방 공군이 1,462회를, 폭격기 사령부의 B-29기가 100회를, 제77기동부대의 함재기들이 453회의 야간공격을 실시했다. 필드, 『미 해군 한국전 참전사』, pp. 540-541.

145 미 제8군사령부의 정보판단에 의하면 6월과 7월의 전투에서 UN군의 사상자가 5만 3,000명 발생한 데 비하여 공산군 측은 10만 8,000명 이상의 사상자가 발생했다. 슈나벨·왓슨, 『미국 합동참모본부사: 제3집 한국전쟁(상)』, p. 435. 공산군은 한국군 4개 사단을 괴멸시켰으며, 160km²의 지역을 빼앗음으로써 휴전회담을 촉진시켰다고 주장했다. 중국 군사과학원 군사역사연구부, 『중국군의 한국전쟁사』 3권, p. 675.

146 Hermes, *Truce Tent and Fighting Front*, pp. 475-478.

147 한국전쟁의 종결은 휴전교섭이 되지 않을 경우에 핵무기를 사용할 수도 있다는 "분명한 경고(unmistakable warning)"를 중국 측에 전달했기 때문이었음을 델레스(John Foster Dulles) 미 국무장관이 밝혔다고 한다. Roger Dingman, "Atomic Diplomacy during the Korean War," *International Security*, Vol. 13, No. 3 (Winter, 1988-1989), p. 50.

148 북한은 조국해방전쟁을 평가함에 있어서, 세계 최강의 군대인 미군의 침략을 저지했으며, 역사상 처음으로 미군을 타승함으로써 위대한 승리를 쟁취했음을 밝혔다. 『조선대백과사전』 17권(평양: 백과사전출판사, 2000), p. 504.

149 김일성은 7월 27일 정전협정이 조인되었음을 밝히면서 조국해방전쟁에서 승리했다면서 특별히 중국인민지원군 장병들의 우의를 높이 평가했다. "조국해방전쟁의 위대한 승

리를 축하한다: 조선인민군 최고사령관 명령 제470호(1953. 7. 27)", 『김일성 저작집 7권』, pp. 521-523; "정전협정체결에 즈음하여: 전체 조선인민에게 한 방송연설(1953. 7. 28)", 『김일성 저작집』 7권, pp. 524-529.

150 김원곤, 『한국전쟁피해통계집』(서울: 국방군사연구소, 1996), pp. 135-138.

151 이승만 대통령이 석방한 포로가 3만여 명이었고, 자유송환원칙에 의하여 구제된 포로가 2만 2,000여 명이었다. 포로의 대교환작전(Operation Big Switch)은 판문점에서 중립국감시위원회(NNRC)의 감독하에 1953년 8월 5일부터 9월 6일 사이에 실시되었다. UN군은 7만 5,823명을 송환했는데 그중에 7만 183명은 북한인이었고, 5,640명은 중국인이었다. 공산군은 1만 2,773명을 인도했으며, 그 가운데에는 미국인 3,597명, 한국인 7,862명이 포함되었다. 더욱 시간을 요한 것은 송환을 반대한 포로의 처리문제였다. UN군은 2만 2,604명을 관리하고 있었는데, 그중 1만 4,704명은 중국인이었고, 7,900명은 북한인이었다. 90일간의 시한이 마감된 12월 23일까지 137명(중국인 90명과 북한인 47명)만이 마음을 바꾸어 송환되었다. 다시 30일이 지난 뒤에도 미결상태의 포로는 석방되었고, 중립국송환위원회는 1954년 2월 1일에 표결로써 해산했다. 일본육전사연구보급회, 『한국전쟁 10권: 정전』, p. 329.

152 미 해외참전용사협회 엮음, 『그들이 본 한국전쟁 3: 미군과 유엔군 1951-1953』, pp. 820-821.

부록

1. 사단 전투력 비교

전투력

구분		한국군 사단	북한군 사단	중국군 사단	미군 보병사단
병력		10,000명	11,000명		17,003명
전차		–	–	–	123대
대전차화기		2.35″: 54	45G: 30	27문 (?)	57mm: 54
화력	박격포	60mm: 81	61mm: 108	60mm(?): 111문	60mm: 81
		81mm: 36	82mm: 81	미군 사단의 18%	81mm: 36
		–	120mm: 18		4.2″: 36
	곡사포	105mm: 15	76mm: 48		105mm: 54
		–	122mm: 12		155mm: 18

출처: 일본육전사연구보급회, 『한국전쟁 1 : 38선 초기전투와 지연작전』, pp. 20, 24, 117

한국군 사단 편성

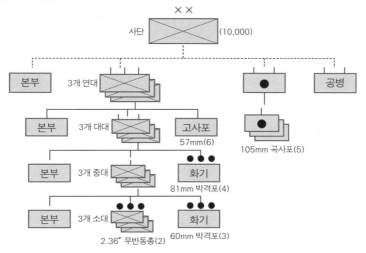

355

북한군 사단 편성

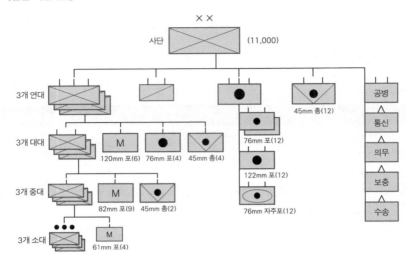

미 보병사단 편성

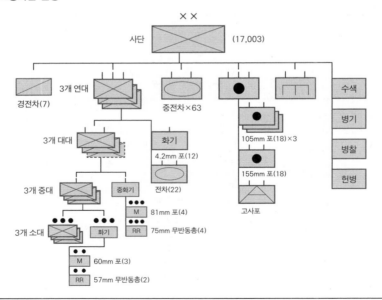

2. 미 지상군 전개 현황

한국 도착	증원 부대	부대 이동 출발	부대 이동 기간	부대 이동 도착	운용(최초 투입)
7. 1	스미스 TF	이다츠게	1일	부산	오산 북방 죽미령
7. 6	제24사단	사세보	4일	부산	평택-안성-천안
7. 15-7. 20	제25사단	모지, 사세보		부산	상주 방어
7. 18-7. 22	제1기병사단			포항	영동-김천 방어
7. 22-7. 24	제29연대전투단	오키나와		부산	진주, 24사단 배속
7. 29-7. 30	제5연대전투단	하와이	8일	부산	마산, 24사단 지원
7. 31	제9연대전투단	타코마	14일	부산	마산, 8군 예비
8. 2	임시 제1해병여단	샌디에이고	19일	부산	마산, 8군 예비
8. 4	제89전차대대	일본		부산	제25사단 편입
8. 5	제23연대전투단	타코마	15일	부산	밀양, 8군 예비
8. 7	제6전차대대	샌프란시스코	15일	부산	8군 예비
8. 7	제70전차대대	샌프란시스코	15일	부산	1기병사단 편입
8. 7	제73전차대대	샌프란시스코	15일	부산	8군 예비
8. 16	제72전차대대	타코마		부산	2사단 편입
8. 19	제38연대전투단	타코마	15일	부산	
8. 29	영 제27여단	홍콩	?	부산	미 제1기병사단 배속

출처: 일본육전사연구보급회, 『한국전쟁 2: 부산교두보 확보』, pp. 309-310.

3. 한국 육군 창설 현황

구분		1950. 6. 25	1950. 7	1950. 11	1951. 12	1953. 1	휴전 시
군단		-	제1군단(7. 15)	제1군단	제1군단	제1군단	제1군단
			제2군단(7. 15)	제2군단	해체	재창설	제2군단
				제3군단 (10. 16)	해체	?	제3군단 (1953. 5. 1)
사단		수도경비사	수도사단	수도사단	수도사단	수도사단	수도사단
		제1사단	제1사단	제1사단	제1사단	제1사단	제1사단
		제2사단	(해편)	재창설	제2사단	제2사단	제2사단
		제3사단	(23연대)	재창설	제3사단	제3사단	제3사단
		제5사단	(해편)	재창설	제5사단	제5사단	제5사단
		제6사단	제6사단	제6사단	제6사단	제6사단	제6사단
		제7사단	(해편)	재창설	제7사단	제7사단	제7사단
		제8사단	제8사단	제8사단	제8사단	제8사단	제8사단
				제9사 (10. 25)	제9사단	제9사단	제9사단
				제11사 (10. 27)	제11사단	제11사단	제11사단
						제12사단 (1952. 11. 8)	제12사단
						제15사단 (1952.11. 8)	제15사단
						제20사단 (1953. 2. 9)	제20사단
						제21사단 (1953. 2. 9)	제21사단
							제22사단 (1953. 4. 1)
							제25사단 (1953. 4. 1)
							제26사단 (1953. 6. 18)
							제27사단 (1953. 6. 18)
계		8개 사단	4개 사단	10개 사단	10개 사단	14개 사단	18개 사단

4. UN 해군 참전 현황

구분	항공모함 (Aircraft Carrier)	전함 (Battleship)	순양함 (Crusier)
함정 수	22척	4척	9척
미국	Essex(CV-9) Boxer(CV-21) Bon Home Richard(CV-31) Leyte(CV-32) Kearsarge(CV-34) Oriskany(CV-34) Antietam(CV-36) Princeton(CV-37) Lake Champlain(CV-39) Valley Forge(CV-45) Philippine Sea(CV-47) Bataan(CVL-29) Rendova(CVE-114) Bairoko(CVE-115) Badong Straight (CVE-116) Sicily(CVE-118) Point Cruz(CVE-119) (17척)	Iowa Missouri New Jersey Wisconsin	Helena Juneau Rochester St. Paul (4척)
기타	영국 4척 　(Glory, Ocean, Thesus, Triumph) 호주 1척 　(Sydney)	없음	영국 5척 　Belfast, Kenya, 　Brimingham, 　Jamaica, 　New Castle

출처: 필드(James A. Field, Jr.), 해군본부 작전참모부 역, 『미 해군 한국전 참전사』(서울: 해군본부, 1985).

*1953년 여름 미 해군은 34척(17척의 CVA, CVL 5척, CVE 12척)의 항공모함을 운용했는데, 이는 개전 초기의 2배 규모였다.

5. 한국전쟁기 미군의 주요 군사작전

작전명	작전 실시 (기간)	작전 주안/내용
크로마이트 (Chromite)	1950. 9. 15	UN군사령부의 인천상륙작전
테일보드(Tail Board)	1950. 10. 26	제10군단의 원산상륙작전
울프 하운드 (Wolfhound)	1951. 1. 15-25 (11)	제8군의 오산 → 수원 방향 위력수색
선더볼트 (Thunderbolt)	1951. 1. 25-2. 1 (8)	제8군의 한강 이남으로의 진격작전
라운드 업(Round up)	1951. 2. 5-11 (7)	제10군단의 원주 → 홍천 → 춘천 진격
킬러(Killer)	1951. 2. 21-3. 1 (9)	제8군의 중부전선에 중점을 둔 반격
리퍼(Ripper)	1951. 3. 7-15 (9)	제8군의 서울 동북방 확보를 위한 공세
커레이저스 (Courageous)	1951. 3. 22-29 (8)	제8군의 38도선을 향한 진격작전
러기드(Rugged)	1951. 4. 3-6 (4)	제8군의 캔자스-와이오밍 선 목표로 공격
파일 드라이버 (Pile Driver)	1951. 6. 1-13 (13)	제1군단의 캔자스-와이오밍 선 구축 작전
래트 킬러(Rat Killer)	1951. 12. 2- 1952. 3. 15 (105)	후방지역 게릴라 토벌작전(백 야전사)
쇼다운(Showdown)	1952. 10. 13- 11. 8 (27)	제9군단의 제한된 공세?(철의 삼각지대)
체로키 스트라이크 (Cherokee strike)	1952. 10. 9- 1953. 7. 27 (292)	해군 항공의 적 후방 군수시설 폭격작전
스트랭글(Strangle)	1951. 6 이후	공군의 북한지역 도로와 철도 파괴작전
세추레이트(Saturate)	1952. 3. 3-6. 30	공군의 적 철도에 대한 새로운 차단작전
허드슨 하버 (Hudson Harbor)	1951. 4 이후	미국의 원자탄 사용계획(NSC-147)

6. UN군 함정 및 전차 피해

공산군 기뢰에 의한 함정 피해

국가	일자	군함	결과
미국	1950. 9. 29	소해정 Magpie	침몰, 21명 실종
	1950. 9. 30	구축함 Mansfield	손상, 5명 실종
	1950. 10. 12	소해정 Pirate	침몰
		소해정 Pledge	침몰
	1951. 2. 2	소해함 패트리지	침몰, 8명 사망
	1951. 5. 7	프리깃함 Hoquiam	손상
	1951. 6. 12	구축함 Walke	손상, 26명 사망
	1951. 6. 14	DMS 톰프슨	손상
	1951. 10. 7	스몰함	손상, 9명 사망
	1952. 8. 30	지원함 사시함	침몰, 2명 실종
	1952. 9. 16	구축함 바톤함	손상
한국	1951. 5. 5	JMS 306정	침몰
	1951. 12. 26	PC-704	손상

출처: 필드(James A. Field, Jr.), 해군본부 작전참모부 역, 『미 해군 한국전 참전사』(서울: 해군본부, 1985).

미군의 전차 피해

구분	계(대)	경전차	중전차	구난전차
총계	777	65	675	34
적에 의한 파괴	301	33	260	7
적과 무관한 파괴	181	13	155	12
수리 불가	251	16	225	10
유기	44	3	35	5

출처: 『한국전쟁피해통계집』(서울: 국방군사연구소, 1996), p. 137.

7. 인명피해 현황

미군의 인명피해 총괄 현황

구분	계(명)	전사 / 사망	부상	실종	포로
총계	528,083	54,246	468,659	739	4,439
육군	484,762	37,133	442,971	664	3,994
해군	6,130	4,501	1,576	22	31
공군	7,725	7,084	368	53	220
해병대	29,466	5,528	23,744	–	194

출처:『한국전쟁피해통계집』(서울: 국방군사연구소, 1996), p. 135.
*전사/사망은 실종자 및 포로와 부상자 치료기간 중 사망자를 포함함.

미군 사망자가 많았던 10대 전투

기간 (일수)		전투명	총 사망자		일일 평균 사망자	
			명	순위	명	순위
1950	7. 13-16 (4)	금강	490	8	118	5
	7. 19-20 (2)	대전	638	6	319	2
	8. 4-9. 16 (44)	부산 교두보	3,603	1	82	8
	9. 16-27 (12)	낙동강 반격	834	4	69	9
	11. 1-2 (2)	운산	454	9	227	4
	11. 27-12. 9 (14)	장진호	1,641	2	117	6
	11. 29-12. 1 (3)	군우리	1,194	3	398	1
1951	2. 11-13 (3)	횡성	773	5	258	3
	5. 17-20 (4)	소양	406	10	102	7
	9. 13-10. 15 (33)	단장의 능선	616	7	19	10

http://www.koreanwar-educator.org/topics/casualties/p_casualties_deadliest.htm(검색일: 2013년 12월 10일)
*사망자는 전투 중 사망자, 부상치료 중 사망자, 포로기간 사망자와 실종자 중에서 나중에 사망자로 선언된 자를 포함한
숫자임.

미군 · 한국군의 월별 인명피해(1951년 1월–1953년 5월)

구분		미군(명)		한국군(명)	
연도	월	전사(KIA)	총 손실	전사(KIA)	총 손실
1951	1	311	1,832	574	24,314
	2	756	6,814	1,370	22,966
	3	669	5,212	995	7,030
	4	607	6,228	583	11,656
	5	607	6,001	1,161	28,389
	6	689	6,019	1,092	6,852
	7	206	1,619	507	2,790
	8	286	1,932	1,211	6,701
	9	1,094	7,701	1,080	6,783
	10	1,163	9,003	1,542	9,263
	11	350	2,389	1,121	5,514
	12	130	981	400	1,592
1952	1	135	963	420	1,765
	2	100	719	284	889
	3	137	715	168	550
	4	197	963	307	1,022
	5	128	959	194	786
	6	297	2,265	427	2,009
	7	276	2,068	510	2,436
	8	295	1,942	344	1,502
	9	381	2,674	907	3,638
	10	429	3,446	2,502	13,050
	11	245	1,575	1,582	6,575
	12	138	959	776	2,780
1953	1	135	925	731	2,442
	2	192	1,257	650	2,034
	3	366	2,179	852	2,997
	4	229	1,604	725	2,524
	5	162	1,093	1,847	5,453

출처: United Nations Command G–3 Operation Report, 1 Jan. 1951–30 May 1953.

안보를 염려하는 국민이라면 모름지기 전쟁사를 힘써 읽어야 한다.

애꿎은 민초들의 6·25전쟁에 대한 기억은 '피난'이었다. 1950년 6월 25일 북한의 기습 남침으로 3일 만에 서울을 내줘야 했을 때, 상황 파악조차 어려웠던 무고한 국민들은 어떻게든 북한군의 진격속도보다 더 빨리 피난을 나서야 했다. 전선이 낙동강에서 압록강과 두만강을 눈앞에 둔 안주-혜산진-청진선까지 오갈 때는 피할 방향을 찾는 것도 어려웠다. 영화 〈국제시장〉의 장면처럼 1950년 12월 중공군의 예기치 않은 포위공격으로 인해 미 제10군단과 한국군 제1군단이 흥남항을 통한 해상 철수를 결정했을 때, 약 10만 명의 피난민들은 오직 '생존'을 위해 흥남항으로 모여들었고 행선지도 모른 채 철수 선박에 목숨을 걸고 기어올라야 했다. 이 좁은 땅에서 1,000만 명의 이산가족의 삶은 그렇게 시작되었다.

전쟁이 터지기 전 신성모 국방부 장관은 명령만 있으면 "아침은 서울에서, 점심은 평양에서, 저녁은 신의주에서"라며 큰 소리쳤고, 전쟁 개시 다음 날 국회에서는 "의정부 전선에서 북한군을 격퇴 중이며, 1주일 내에 평양 탈환을 자신한다"고 답변했다.

국가와 군의 지도자들이 무능하여 전쟁 준비를 잘 못하면, 그 결과의 피해는 오롯이 국민들이 감당해야 할 몫이다. 이것은 국민들이 전쟁의 본질을 이해하고, 군을 격려하며, 때로는 날카로운 눈으로 국가안보와 국방태세를 감시해야 하는 이유이다.

국민의 안보의식과 의지는 어떻게 함양되는 것일까? 국가는 각종 보훈사업을 내실 있게 실시함을 물론 이 땅에서 일어난 전쟁사를 연구하여 그 교훈을 찾고 보완하는 데 진력해야 하며, 국민들 또한 전쟁사를 즐겨 읽음으로써 전쟁의 폐해와 실체를 이해해고 국가 안위의 중요성을 자각해야 한다. 요컨대 평화를 원하는 국민들은 국가 안위를 책임질 만한 정치지도자를 선택하고, 합리적인 대비계획과 정책을 지원하고 협력해야 하는 것이다.

특별히 6 · 25전쟁은 아직 끝나지 않은 전쟁이며, 6 · 25전쟁사는 이 땅에 남겨진 전쟁의 상처를 치유하는 지혜의 보고임에 틀림없다. 이는 모든 국민들이 전쟁사에 관심을 가지고 이 책이 읽히기를 소원하는 이유이다.

군은 전쟁사를 오롯이 군사적 시각에서 연구하고, 그 교훈을 찾아 안보태세를 유지하는 데 한 치의 빈틈도 없어야 한다.

이 책을 쓰는 동안 필자는 '부끄러웠고' 연구를 거듭할수록 '회한(悔恨)'을 떨쳐버릴 수 없었다. 부끄러웠던 이유는 1975년 1월 육사에 입교한 이래 38년간 군인의 길을 걸으며 전문직업인이라고 자처했던 내가, 그것도 작전(作戰) 직능으로 전시계획과 작전운용 면에서 그래도 능력을 인정받아왔다고 생각했던 내가, 불과 60여 년 전 이 땅에서 일어났던 6 · 25전쟁의 실체와 군사작전의 수행과정도 제대로 알지 못했었다는 사실 때문이었다. 그리고 회한은 미 극동군사령부가 항공모함 전단과 각종 전함으로 한반도 동서해안을 봉쇄한 상태에서 평균 1,200대의 항공기에 의한 공중폭격으로 UN군의 의지를 강요했던 군사전략과 연합 및 합동작전, 1950년 10월 UN군이 압록강-두만강 선까지 진격하여 전쟁을 종결하고자 했던 상황에서 묘향산 일대 지형의 전략적 중요성을 간파했던 마오쩌둥을 더 일찍 연구했더라면, 군 재직 동안에 작전계획의 수립과 연습(exercise) 등 주어진 과업을 훨씬 발전적으로 수행했을 것이라는 후회 때문이었다.

따라서 필자는 이 책이 군 내부에서 6·25전쟁 연구의 새로운 붐을 조성하는 단초가 되기를 간절히 소망하면서, 아래의 연구할 목록들은 후배들에게 넘기고 40년 가까이 입었던 군복을 심정적으로 훌훌 벗고자 한다.

- 군사전략 혹은 작전술 차원의 한반도 지형 연구
- 중조연합군과 UN군의 연합작전 비교연구
- 한·미동맹의 태동과정으로 본 발전적 지평과 한계 연구
- 미 극동군사령부 전쟁 수행의 현대적 해석
- 비대칭전 연구(군사사상, 군 구조 및 편성, 대응 전략)
- 합동성 사례 연구(공-지, 지-해, 해-공 작전)
- 경찰작전 연구(지휘통제, 편성, 작전성과)
- 진지전으로 전환된 이후의 항공력 운용
- 한국적 지형에서의 전차 운용
- 군수지원 부대의 편성과 운용 연구(보급, 정비, 수송 등)
- 의무지원 사례 연구(병원선, 헬기, 응급후송체계 등)
- 북한의 6·25전쟁 경험과 4대 군사노선
- 북한의 핵전략 연구
- 서해5도의 전략적 유용성과 NLL
- 북한군의 기뢰전과 대응방안 연구

- 해상봉쇄 및 통제 사례 연구과 시사점
- 상륙작전 위협과 성과
- 휴전교섭 간 군사작전 수행
- 피 · 아 심리전 수행 비교연구
- 패전 연구(3군단 현리 전투, 운산 전투 등)
- 국가동원과 모병 사례 연구
- 피난민 통제 및 지원
- 포로 관리
- 민간인 피해사례 연구
- 피 · 아 점령지역 통제(민군작전)

끝으로 최첨단의 무기체계를 다루어야 하고, 복잡한 사회구조와 높아진 국민의 눈높이에 부응해야 할 현실에서 군의 간부들이 '전문직업인'으로서 연구하고 창의적인 대안을 제시하는 멋진 군대로 거듭나길 기도한다.

미국의 6 · 25전쟁사

참고문헌

국내 문헌 _____

1. 1차 자료

국방군사연구소, 『한국전쟁 자료총서 1: 미 국가안전보장회의 문서』(1996).

국방부 군사문제연구소, 『한국전쟁일지』(1992).

국사편찬위원회, 『미국의 대한원조관계문서』(2006).

_____, 『북한관계사료집』 9, 11, 16, 30(2008).

_____, 『자료 대한민국사: 1951년 4-6월』(2006).

_____, 『한국전쟁, 문서와 자료, 1950-1953』(2006).

국방군사연구소, 「한국전쟁 자료총서-NSC 자료집」 제1-3권 (1996).

_____, 『(6 · 25전쟁 북한군) 전투명령』(2001).

_____, 『(6 · 25전쟁 북한군) 병사수첩』(2001).

국방부 정훈국, 『한국전란 1년지』, 『한국전란 2년지』, 『한국전란 3년지』, 『한국전란 4년지』,
　　　『한국전란 5년지』(1950-1956).

육군본부 군사연구실, 『한국전쟁사료』 1-110권(육군본부).

행정자치부 정부기록보존소, 『한국전쟁과 중국』 I, II(2002).

2. 논문

강성일, "전쟁수단이 전쟁결과에 미치는 영향 연구"(명지대학교 대학원 정치외교학과 박사학
　　　위논문, 2002).

강창국, "무기운용으로 본 6 · 25전쟁의 기원과 전개에 관한 연구"(경기대학교 정치전문대학원
　　　박사학위논문, 2006).

기세찬, "중일전쟁시기(1937-1945) 국민정부군의 대일군사전략 변화 연구"(고려대학교 대학원 사학과 박사학위논문, 2010).

김광수, "인천 상륙 이후 북한군의 재편과 구조 변화,"『한국전쟁 시 한미 군사적 역할과 주변국의 대응』, 국방부 군사편찬연구소 한미 국제학술세미나집(2003).

_____, "한국전쟁 전반기 북한의 전쟁 수행 연구: 전략, 작전지휘 및 동맹관계"(경남대학교 북한대학원 박사학위논문, 2008).

김보영, "한국전쟁기 휴전회담 연구"(한양대학교 대학원 박사학위논문, 2008).

김선문, "전략의 본질, 불확실성,"『군사평론』제405호(육군대학, 2010. 6).

김영성, "미국과 이라크간 전쟁(2003)에 관한 연구: 미국과 이라크의 군사전략 비교"(고려대학교 대학원 정치외교학과 박사학위논문, 2007).

김태우, "한국전쟁기 미 공군의 공중폭격에 관한 연구"(서울대학교 대학원 박사학위논문, 2008).

남도현, "불독이라 불린 장군(하)", 한국방위산업진흥회,『국방과 기술』, 통권 376호(2010. 6).

남정옥, "미국의 국가안보체제 개편과 한국전쟁시 전쟁정책과 지도"(단국대학교 대학원 사학과 박사학위논문, 2006).

도진순, "한국전쟁의 기본개념으로서 제한전(limited war)의 성립과 분화",『한국사연구(125)』.

박기련, "미국 안보정책과 군사전략의 변화: 그 특징과 결정요인"(충남대학교 대학원 박사학위논문, 2003).

박명림, "한국전쟁/6 · 25를 기억하는 방식," 역사비평 편집위원회,『역사용어 바로쓰기』(서울: 역사비평사, 2006).

박창희, "중국의 전쟁 수행전략에 관한 연구: 모택동 전략을 중심으로"(고려대학교 대학원 정치외교학과 박사학위논문, 2001).

서용선, "미국의 한국전쟁 개입정책에 관한 연구: 봉쇄정책과 NSC 68을 중심으로"(단국대학교 대학원 정치외교학과 박사학위논문, 1999).

송요태 · 김민성, "한국전쟁 시 중국군과 북한군의 연합작전에 관한 연구"(육군3사관학교 부설 충성대연구소, 2004. 12).

온창일, "전쟁사 연구의 의의 및 중요성",『전사』제1호(1999).

_____, "총력전 그리고 제한전: 6 · 25전쟁의 수행과정", 한국정치외교사학회,『한국전쟁의 정치외교사적 고찰』(서울: 평민사, 1989).

서용선, "미국의 한국전쟁 개입정책에 관한 연구"(단국대학교 박사학위논문, 1998).

양영조, "한국전쟁과 일본의 역할", 국방군사연구소,『군사』제27호(1993. 12).

이상호, "맥아더와 한국전쟁, 1945-1951"(한국학중앙연구원 한국학 대학원 박사학위논문,

2007).

_____, "웨이크 섬(Wake Island) 회담과 중국군 참전에 대한 맥아더사령부의 정보 인식", 『한국 근현대사연구』 제45집(2008년 여름).

이종석, "한국전쟁 중 · 조 연합사령부의 성립과 그 영향", 국방부 군사편찬연구소, 『군사』 제 44호(2001. 12).

이종판, "한국전쟁 당시 일본의 역할에 관한 연구: 일본의 대미협력활동을 중심으로"(한양대학 교 국제학대학원 일본학과 박사학위논문, 2007).

임성채, "미국의 6 · 25전쟁전략이 한국 해군력에 미친 영향 연구"(명지대학교 대학원 북한학 과 박사학위논문, 2008).

장성규, "한국전쟁 시 미 공군의 전략에 관한 연구: 전쟁양상 변화에 따른 미 극동공군의 전략 변화를 중심으로"(국방대학교 안전보장대학원 박사학위논문, 2012).

전기원, "한국전쟁 시 미국 해군의 활동과 역할", 국방부 군사편찬연구소, 『군사』 제44호 (2001. 12).

정토웅, "한국전쟁과 미국의 제한전쟁: 군사적 측면," 『군사』 제22호(1991. 6).

정명복, "6 · 25전쟁기 중공군 5월 공세에 관한 연구"(공주대학교 대학원 사학과 박사학위논문, 2009).

조성훈, "인천상륙작전을 전후한 맥아더 역할의 재평가", 『정신문화연구』 제29권 제3호, 통권 104호(2006년 가을).

한승주, "안보정책과 군사전략", 김준엽, 로버트 스칼라피노 편, 『북한의 오늘과 내일』(1982).

황성칠, "북한군의 한국전쟁 수행전략에 관한 연구: 클라우제비츠의 마찰이론을 중심으로"(고 려대학교 대학원 박사학위논문, 2008).

허준, "한국전쟁 시 해군력 운용과 역할에 관한 연구"(국방대학원 안전보장학 군사전략 석사학 위논문, 1989).

3. 단행본

고영일 외, 『중국항일전쟁과 조선민족: 1910-1952년 조선민족통사』(서울: 백암, 2002).

고재홍, 『한국전쟁의 원인: 남북 군사력 불균형』(파주: 한국학술정보, 2007).

공군본부 작전참모부, 『한국전쟁 항공전사』(서울: 공군본부, 1989).

국방부 군사편찬연구소 역/편, 『소련고문단장 라주바예프의 6 · 25전쟁 보고서』 1-3권 (2001).

국방부 전사편찬위원회, 『한국전쟁 요약』(1986).

국방군사연구소, 『중공군의 전략전술 변천사』(서울: 국방군사연구소, 1996).

_____, 『중국 군사정책, 1949-1990: 교육훈련체제를 중심으로』(서울: 국방군사연구소, 1999).

_____, 『한국전쟁피해통계집』(서울: 국방군사연구소, 1996).

국방부 군사편찬연구소, 『전쟁의 배경과 원인』, 6·25전쟁사, 1권(2004).

_____, 『북한의 전면남침과 초기 방어전투』, 6·25전쟁사, 2권(2005).

_____, 『한강선 방어와 초기 지연작전』, 6·25전쟁사, 3권(2006).

_____, 『금강-소백산맥선 지연작전』, 6·25전쟁사, 4권(2008).

_____, 『낙동강선 방어작전』, 6·25전쟁사, 5권(2008).

_____, 『인천상륙작전과 반격작전』, 6·25전쟁사, 6권(2009).

_____, 『중공군 총공세와 유엔군의 재반격』, 6·25전쟁사, 8권(2011).

국방부 군사편찬연구소 편, 『6·25전쟁과 동북아 군사관계의 변화』(2005).

국방부 군사편찬위원회, 『현리전투』(1988).

_____, 『한국전쟁사의 새로운 연구』 1-3권 (2002).

귄터 블루멘트리트, 류제승 역, 『전략과 전술: 페르시아전쟁에서 20세기 핵전쟁까지』(서울: 한울 아카데미, 2004).

권주혁, 『기갑전으로 본 한국전쟁』(파주: 지식산업사, 2008).

김경학 외, 『전쟁과 기억: 마을공동체의 생애사』(서울: 한울, 2005).

김영호, 『한국전쟁의 기원과 전개과정』(서울: 두레, 1998).

김원권, 『한국전쟁피해통계집』(서울: 국방군사연구소, 1996).

김주환 편, 『미국의 세계전략과 한국전쟁』(서울: 청사, 1989).

김중생, 『조선의용군의 밀입북과 6·25전쟁』(서울: 명지출판사, 2000).

김찬정, 『비극의 항일빨치산』(서울: 동아일보사, 1992).

김철범, 『한국전쟁: 강대국 정치와 남북한 갈등』(서울: 평민사, 1989).

_____, 『한국전쟁과 미국』(서울: 평민사, 1990).

김학준, 『한국전쟁: 원인·과정·휴전·영향』(서울: 박영사, 1989).

김행복, 『한국전쟁의 전쟁지도: 한국군 및 유엔군 편』(서울: 국방부 군사편찬연구소, 1999).

_____, 『한국전쟁의 포로』(서울: 국방군사연구소, 1996).

남정옥, 『한미 군사 관계사 1871-2002』(서울: 국방부 군사편찬연구소, 2002).

데이비드 핼버스탬, 정윤미·이은진 역, 『콜디스트 윈터』(서울: ㈜살림출판사, 2009).

듀피(T. N. Dupuy), 최종호·정길현 역, 『패전 분석』(서울: 삼우사, 2000). [원저: *Understaning Defeat: How to Recover from Loss in Battle to Gain Victory in War*].

드류 · 스노우(Dennis M. Drew and Donald M. Snow), 김진항 역, 『전략은 어떻게 만들어지나?』(서울: 연경문화사, 2000).

라종일, 『끝나지 않은 전쟁: 한반도와 강대국 정치(1950-1954)』(서울: 오름, 1995).

애플만(Roy E. Appleman), 육군본부 작전참모부 역, 『낙동강에서 압록강까지』(서울: 육군본부, 1963).

리지웨이(Matthew B. Ridgway), 김재관 역, 『한국전쟁』(서울: 정우사, 1984).

마롤다(Edward J. Marolda) 편저, 김주식 · 정삼만 · 조덕현 역, 『한국전쟁과 미국 해군』(서울: 한국해양전략연구소, 2010).

모스맨(Billy C. Mossman) , 백선진 역, 『밀물과 썰물』(서울: 대륙연구소 출판부, 1995).

모택동, 김정계 · 허창무 역, 『모택동의 군사전략』(대구: 중문출판사, 1994).

미 육군 지휘참모대, 『군사전략』(서울: 군사과학출판사, 1986).

미 해외참전용사협회 엮음, 박동찬 · 이주영 역, 『그들이 본 한국전쟁 2: 미군과 유엔군 1945-1950』(서울: 눈빛출판사, 2005). [원저: Veterans of Wars, memorial edition *Pictorial History of the Korean War, MacArthur Report, 1945-1950* (1951)].

_____, 『그들이 본 한국전쟁 3: 미군과 유엔군 1951-1953』(서울: 눈빛출판사, 2005). [원저: *Pictorial History of the Korean War, Ridgway and Clark Report, 1951-1953* (1954)].

박갑동, 『한국전쟁과 김일성』(서울: 바람과 물결, 1990).

박명림, 『한국 1950: 전쟁과 평화』(서울: 나남출판, 2002).

박영준 외, 『군사학 개론』, 국방대학교 교육학술연구과제(2007).

방선주 외, 『한국현대사와 미군정』(서울: 한림대학교 아세아문화연구소, 1991).

박태균, 『한국전쟁』(서울: 책과 함께, 2007).

베일리스(John Baylis) 외, 박창희 역, 『현대전략론』(서울: 경성문화사, 2009).

보프르(Andre Boufre), 국방대학원 안보문제연구소 역, 『전략론』(1974).

브루스커밍스(Bruce Cummings) 외, 박의경 역, 『한국전쟁과 한미관계』(서울: 청사, 1987).

서대숙, 서주석 역, 『북한의 지도자 김일성』(서울: 청계연구소, 1989).

서동만, 『북조선사회주의체제 성립사 1945-1961』(서울: 선인, 2005).

서상문, 『모택동과 6 · 25전쟁: 파병 결정과정과 개입동기』(서울: 국방부 군사편찬연구소, 2006).

소련 과학 아카데미 편, 함성사 편집부 역, 『레닌그라드로부터 평양까지: 조선해방에 있어 소련장성 11인의 회고록』(서울: 함성사, 1989).

순요우지에, 조기정 · 김경국 역, 『압록강은 말한다: 한국전쟁에 대한 새로운 이야기』(서울: 살림, 1996).

슈나벨 · 왓슨(James F. Schnabel and Robert J. Watson), 채한국 역, 『미국 합동참모본부사: 제 3집 한국전쟁(상)』(서울: 국방부 전사편찬위원회, 1990). [원저: *The History of the Joint Chiefs of Staff: The Joint Chiefs of Staff and National Policy, Vol III, The Korean War, part 1* (1978)].

_____, 『미국 합동참모본부사: 제3집 한국전쟁(하)』(서울: 국방부 전사편찬위원회, 1991).

스튜어트(James T. Stewart) 편저, 공군본부 작전참모부 역, 『한국전쟁에서의 공군력』(서울: 공 군본부, 1981). [원저: *Air Power: The Deciive Force in Korea*].

심헌용, 『러시아의 한반도 군사관계사』(서울: 국방부 군사편찬연구소, 2002).

아카기 칸지(赤木完爾) 외, 이종판 역, 『일본의 6 · 25전쟁 연구』(서울: 국방부 군사편찬연구 소, 2009).

안드레이 란코프, 김광린 역, 『러시아의 군사학』(서울: 육군사관학교 화랑대연구소, 1996).

온창일 외, 『6 · 25전쟁 60대 전투』(서울: 황금알, 2011).

육군사관학교, 『전략론: 이론과 실제』(서울: 한원, 1994).

육군사관학교 화랑대연구소, 『한국전쟁 시 중공군 전술분석 및 평가』, 군사연구총서 제49집 (2004). [원저: 中國人民志願軍抗美援朝戰爭經驗總結編寫委員會, 『抗美援朝戰爭的戰 術經驗總結』(1955)].

육군본부 역, 『위대한 장군 밴 플리트』(대전: 육군교육사령부, 2001).

엽우몽, 오정윤 역, 『서울로 간 모택동』 1-3(서울: 독서당, 1993).

와다 하루키(和田春樹), 서동만 역, 『한국전쟁』(서울: 창작과 비평사, 1999).

예프게니 바자노프 · 나탈리아 바자노바, 김광린 역, 『소련의 자료로 본 한국전쟁의 전말』(서 울: 열림, 1998).

이기봉 편저, 『전 북한 인민군 부총참모장 이상조 "증언"』(서울: 원일정보, 1989).

이명환, 『6 · 25전쟁기간 중 항공작전 연구』, 국방부 군사편찬연구소 군사사 연구총서 제1집 (서울: 편자출판, 2001).

이영식(본명 윤철식), 『빨치산』(서울: 행림출판, 1988).

이은득, 『전쟁과 군사전략』(고양: 국방대학교, 2001).

이재훈, 『소련 군사정책 1917-1991』(서울: 국방군사연구소, 1997).

이종학, 『전략이론이란 무엇인가: 손자병법과 전쟁론을 중심으로』(대전, 충남대학교출판부, 2009).

이중근 편저, 『6 · 25전쟁 1129일』(서울: 우정문고, 2013).

이창건, 『KLO의 한국전 비사』(서울: 지성사, 2005).

일본육전사연구보급회 편, 육군본부 군사연구실 역, 『한국전쟁 1: 38선 초기전투와 지연작전』

　　(서울: 명성출판사, 1986).

_____,『한국전쟁 2: 부산교두보 확보』.

_____,『한국전쟁 3: 미 해병대의 중공군 포위돌파』.

_____,『한국전쟁 4: 인천상륙작전』.

_____,『한국전쟁 5: 유엔군의 반격과 중공군 개입』.

_____,『한국전쟁 6: 중공군의 공세』.

_____,『한국전쟁 7: 유엔군의 재반격』.

_____,『한국전쟁 8: 진지전으로 이전』.

_____,『한국전쟁 9: 회담과 작전』.

_____,『한국전쟁 10: 정전』.

정현수 외,『중국 조선족 증언으로 본 한국전쟁』(서울: 선인, 2006).

주지안룽, 서각수 역,『모택동은 왜 한국전쟁에 개입했을까』(서울: 역사넷, 2005).

주영복,『내가 겪은 조선전쟁』1 · 2권 (서울: 고려원, 1991).

중국 국방대학, 박종원 · 김종운 역,『중국전략론』(서울: 팔복원, 2001).

중국 군사과학원 군사역사연구부, 박동구 역,『중국군의 한국전쟁사』1 · 2 · 3권(서울: 국방부
　　군사편찬연구소, 2005).

중국 해방군화보사, 노동환 외 역,『그들이 본 한국전쟁 1』(서울: 눈빛출판사, 2005).

최장집 편,『한국전쟁 연구』(서울: 태암, 1990).

커밍스 · 할리데이(Bruce Cummings and Jon Halliday), 차성수 · 양동주 역,『한국전쟁의 전개
　　과정』(서울: 태암, 1989).

케이글 · 맨슨(Malcolm W. Cagle and Frank A. Manson), 신형식 역,『한국전쟁 해전사』(서
　　울: 21세기군사연구소, 2003). [원저: *The Sea War in Korea* (Annapolis: U.S. Naval
　　Institute, 1957)].

크레벨트(Martin van Creveld), 주은식 역,『전투력과 전투수행』(서울: 한원, 1994).

퍼트렐(Robert Frank Futrell) 편저, 강승기 역,『한국전에서의 미 공군전략』(서울: 행림출판,
　　1982). [원저: *United States Air Forces in Korea* 1950-1953 (Alabama, Air University,
　　1961)].

필드(James A. Field, Jr), 해군본부 작전참모부 역,『미 해군 한국전 참전사』(서울: 해군본부,
　　1985). [원저: *United States Naval Operations, Korea* (Washington, D.C.: Department of
　　the Navy, 1962)].

토르쿠노브(Torkunov A. V.), 허남성 · 이종판 역,『한국전쟁의 진실: 기원, 과정, 종결』(서울:
　　국방대학교 안보문제연구소, 2002).

한국정치외교사학회, 『한국전쟁의 정치외교사적 고찰』(서울: 평민사, 1989).

한재덕, 『김일성을 고발한다: 조선로동당 치하의 북한 회고록』(서울: 내외문화사, 1965).

함택영, 『국가안보의 정치경제학』(서울: 법문사, 1998).

홍성태, 『한국전의 기동전 분석』(대전 : 육군교육사령부, 1996).

홍학지, 『중국이 본 한국전쟁』(2008).

4. 기타

1) 신문

『동아일보』, 2013년 7월 29일자.

『국방일보』, 2012년 8월 10일자.

『국방일보』, 2013년 5월 13일자.

2) 인터넷 검색

http://www.koreanwar-educator.org/topics/casualties/p_casualties_deadliest.htm (검색일: 2013. 12. 10)

3) 학술회의 발표문

Dr. Leonid Petrov, "The Korean War as Seen from Russia", 한국학중앙연구원 동아시아 역사연구소 국제학술회의(2012. 12. 18).

미국 문헌 _____

1. 1차 자료

1) 미 국립문서기록관리청(NARA) 소장문서

RG 218, Records of the U. S. Joint Chiefs of Staff CCS 383.21 Korea (3-19-45).

RG 242 Captured Enemy Documents (North Korea).

Pertinent Papers on Korean Situation, (Volume I).

"Security Information: From CINCFE To JCS (30 June 1950)," pp. 222-224.

"Memorandom for the secretary of Defence: U.S. Courses of Action in the Event Soviet Forces Enter Korean Hostilities (10 July 1950)," pp. 236-237.

"JCS's Memorandom for the Seretary of Defense (23 Oct. 1950)," p. 301.

"From CINCFE To JCS (7 Nov. 1950)," pp. 331-332.

"From CINCFE To JCS (28 Nov. 1950)," pp. 345-346.

"From CINCFE To JCS (26 Feb. 1951)," p. 412.

"Memorandom for the secretary of Defence: Military Action in Korea (5 Apr. 1951)," pp. 423-424.

Pertinent Papers on Korean Situation, (Volume II).

"JCS 86291 (6 Nov. 1951)," pp. 691-692.

"JCS 907375 to CINCFE (26 Apr. 1952)," pp. 946-947.

2) 국방부 군사편찬연구소 소장문서

United Nations Command G-3 Operation Report, 1 Jan. 1951-30 May 1953.

CINCUNC Order No.5 (1950. 12. 8).

E.U.S.A.K., War Diary, 25 June-30 Aug. 1950.

E.U.S.A.K, War Diary, 1 Sep.-30 Nov. 1950.

E.U.S.A.K, Command Report, Dec. 1950.

2. 논문

Alexander L. George, "American Policy-Making and North Korean Aggression," *World Politics*, Vol. 7, No. 2 (Jan. 1955), pp. 209-232.

Chang-Il Ohn, "The Joint Chiefs of Staff and U.S. Policy and Strategy Regarding Korea 1945-1953," Ph.D. Dissertation, University of Kansas, 1978.

Conrad C. Crane, "Raiding the Begger's Pantry: The Search for Airpower Strategy in the Korean War," *The Journal of Military History*, Vol. 63, No. 4 (Oct. 1999), pp. 885-920.

Daniel T. Kuehl, "Refighting the Last War: Electronic Warfare and U.S. Air Force B-29 Operations in the Korean War, 1950-53," *The Journal of Military History,* Vol. 56, No. 1 (Jan. 1992), pp. 87-112.

David S. McLellan, "Dean Acheson, and Korean War," *Political Science Quarterly,* Vol. 83, No. 1 (Mar. 1968), pp. 16-39.

Edward A. Suchman, Rose K. Goldsen, Robin M. Williams, Jr., "Attitudes Toward the Korean War," *The Public Opinion Quarterly,* Vol. 17, No. 2 (Summer, 1953), pp. 171-184.

Edward L. Katzenbach, Jr. and Gene Z. Hanrahan, "The Revolutionary Strategy of Mao Tse-Tung," *Political Science Quarterly,* Vol. 70, No. 3 (Sep. 1955), pp. 321-340.

Hao Yufan and Zhai and Zhihai, "China's Desision to Enter the Korean War: History Revisited," *The China Quarterly*, No. 121 (Mar. 1990), pp. 94-115.

Hong-Kyu Park, "American Involvement in the Korean War," *The History Teacher*, Vol. 16, No. 2 (Feb. 1983), pp. 249-263.

John Slessor, "Air Power and World Strategy," *Foreign Affairs,* Vol. 33, No. 1 (Oct. 1954), pp. 43-53.

M. L. Dockrill, "The Foreign Office, Anglo-American Relations and the Korean War, June 1950-June 1951," *International Affairs (Royal Institute of International Affairs 1944-),* Vol. 62, No. 3 (Summer, 1986), pp. 459-476.

Mark O'Neill, "Soviet Involvement in the Korean War: A New View from the Soviet-Era Archives," *Magazine of History,* Vol. 14, No. 3, The Korean War (Spring, 2000), pp. 20-24.

Michael H. Hunt, "Beijing and the Korean Crisis, June 1950-June 1951," *Political Science Quarterly,* Vol. 107, No. 3 (Autumn, 1992), pp. 453-478.

Paul H. Godwin, "Chinese Military Strategy Revised: Local and Limited War," *Annals of the American Academy of Political and Social Science*, Vol. 519, China's Foreign Relations (Jan. 1992), pp. 191-201.

Phillip S. Meilinger, "A History of Effects-based Air Operations," *The Journal of Military*

History, Vol. 71, No. 1 (Jan. 2007), pp. 139-167.

Richard H. Kohn and Joseph P. Harahan, "U.S. Strategy Air Power, 1948-1962: Excerpts from an Interview with Generals Curtis E. LeMay, Leon W. Johnson, David A. Burchinal, and Jack J. Catton," International Security, Vol. 12, No. 4 (Spring, 1988), pp. 78-95.

Robert Jervis, "The Impact of the Korean War on the Cold War," The Journal of Conflict Resolution, Vol. 24, No. 4 (Dec. 1980), pp. 563-592.

Roger Dingman, "Atomic Diplomacy during the Korean War," International Security, Vol. 13, No. 3 (Winter, 1988-1989), pp. 50-91.

Ronald James Caridi, "The G.O.P. and the Korean War," The Pacific Historical Review, Vol. 37, No. 4 (Nov. 1968), pp. 423-443.

Rosemary J. Foot, "Nuclear Coercion and Ending of the Korean Conflict," International Security, Vol. 13, No. 3 (Winter, 1988-1989), pp. 92-112.

William Stueck, "The Soviet Union and Origins of the Korean War," World Polics, Vol. 28, No. 4 (July 1976), pp. 622-635.

Young Choi, "The North Korean Buildup and Its Impact on North Military Strategy in the 1980s," Asian Survey, Vol. 25, No. 3 (Mar. 1985), pp. 341-355.

Xiaoming Zhang, "China and the Air War in Korea, 1950-1953," The Journal of Military History, Vol. 62, No. 2 (Apr. 1998), pp. 335-370.

3. 단행본

Bernard Brodie, War and Politics (New York: Macmillan, 1973).

Billy C. Mossman, United Army in the Korean War, Ebb and Flow, November 1950-July 1951 (Washington, D.C.: Center of Military History United States Army, 1990).

Carl Von Clauzewitz, On War, Micael Howard and Peter Paret, trans. (Prinston, New Jersey, 1976, 2nd ed. 1984).

Dean Acheson, Present at the Creation: My years in the State Department (New York: Norton & Company, 1969).

Harry G. Summers, Jr., Korean War Almanac (New York: Facts on File, 1990).

Harry S. Truman, Years of Trial and Hope (New York: Double & Company, INC., 1956).

James F. Schnabel, *Policy and Direction: The First Year* (Washington, D.C.: Office of the Chief
of Military History United States Army, 1972).

Mark W. Clark, *From DANUBE to the YALU* (New York: Harper & Brothers, 1954).

Matthew B. Ridgway, *The Korean War* (New York: Doubleday, 1967).

Roy E. Appleman, *South to the Naktong, North to the Yalu ; June to November 1950* (Washington,
D.C.: U.S. Government Printing Office, 1975).

James F. Schnabel and Robert J. Watson, *The History the Joint Chiefs of Staff and National
Policy,* Vol. III-The Korean War (Washington, D.C.: The Chiefs of Staff, 1978).

Rosemary Foot, *The Wrong war: American policy and the dimensions of the Korean conflict, 1950-
1953* (Ithaca: Cornell Univ. Pr., 1985).

Walter G. Hermes, *Truce Tent and Fighting Front* (Washington, D.C.: U.S. Government
Printing Office, 1966).

Williamson Murray and Mark Grimsley, *The Making of Strategy: Rulers, States, and War*
(Massachusetts: Cambridge Univ Press, 1977).

4. 신문

New York Times, 30 Nov. 1950.

New York Times, 15 Jan. 1951.

New York Times, 6 Mar. 1953.

New York Times, 18 June 1953.

북한 문서 _____

1. 『김일성 저작집』

김일성, 『김일성 저작집 제6권: 1950. 6-1951. 1』(평양: 조선로동당출판사, 1980).

김일성, 『김일성 저작집 제7권: 1952. 1-1953. 7』(평양: 조선로동당출판사, 1980).

2. 사전, 연감 등

『땅크부대 야전규정』(북한군 총참모부, 1949).

『조선대백과사전』 3권 (평양: 백과사전출판사, 1996).

『조선대백과사전』 17권 (평양: 백과사전출판사, 2000).

『조선중앙연감 1950』(평양: 조선중앙통신사, 1951).

『조선중앙연감 1951-1952』(평양: 조선중앙통신사, 1953).

『조선중앙연감 1953』(평양: 조선중앙통신사, 1954).

3. 단행본

강석희, 『조국해방전쟁사』 2(평양: 과학백과사전종합출판사, 1993).

과학원 력사연구소, 『자유와 독립을 위한 조선 인민의 정의의 조국해방전쟁』(평양: 조선로동
　　　당출판사, 1959).

국제문제연구소, 『력사가 본 조선전쟁』(평양: 사회과학출판사, 1993).

김일성, 『세기와 더불어』 1-6(평양: 조선로동당출판사, 1992).

김일성, 『세기와 더불어』 7-8(계승본)(평양: 조선로동당출판사, 1996, 1998).

리권무, 『영광스러운 조선인민군』(평양: 조선로동당출판사, 1958).

방문권·허종호, 『혁명무력의 위대한 영도자: 자주시대의 위대한 수령 김일성 동지』 4권(평양:
　　　사회과학출판사, 1988).

북한 사회과학원력사연구소, 『조국해방전사 1』, 조선전사 제25권(평양: 과학백과사전출판사,
　　　1981).

사회과학출판사 편, 『혁명의 위대한 수령 김일성 동지께서 령도하신 조선인민의 정의의 조국
　　　해방전쟁사』 1-3권(동경: 구원서방 번인, 1972).

안룡선,『위대한 수령님과 전사 강건』(평양: 금성청년출판사, 1998).

장종렵,『조국해방전쟁의 승리를 위한 조선 인민의 투쟁』(평양: 조선로동당출판사, 1957).

허종호,『미제의 극동침략정책과 조선전쟁』1, 2 (평양: 사회과학출판사, 1993).

_____,『조국해방전쟁사』1-3(평양, 과학백과사전종합출판사, 1993).